施策デザインのための機械学習入門

データ分析技術のビジネス活用における正しい考え方

齋藤優太 + 安井翔太 著　株式会社ホクソエム 監修

Foundations of
Practical Machine Learning

技術評論社

■ 免責

● 記載内容について

本書に記載された内容は、情報の提供だけを目的としています。したがって、本書を用いた運用は、必ずお客様自身の責任と判断によって行ってください。これらの情報の運用の結果について、技術評論社および著者はいかなる責任も負いません。

本書に記載がない限り、2021年6月現在の情報ですので、ご利用時には変更されている場合もあります。以上の注意事項をご承諾いただいた上で、本書をご利用願います。これらの注意事項をお読みいただかずにお問い合わせいただいても、技術評論社および著者は対処しかねます。あらかじめ、ご承知おきください。

● 商標、登録商標について

本書に登場する製品名などは、一般に各社の登録商標または商標です。なお、本文中に™、® などのマークは省略しているものもあります。

はじめに

機械学習の実践における苦悩

機械学習がビジネスの至るところで使われるようになっています。例えば、NetflixやSpotify、YouTubeなどの巨大プラットフォームは、ユーザごとに異なるコンテンツを推薦するしくみを構築し、最適なコンテンツを届けることでユーザ体験の改善や収益の増大を図っています。Netflixが同じ映画を推薦する場合でも、ユーザごとにサムネイルを作り替えているというArtwork Personalizationの事例は、その代表例でしょう[*1]。

■ **図 0.1**／同じ映画タイトルでもユーザの興味に応じて表示を切り替えているNetflixの事例（[Chandrashekar 17]より）

このような華々しい実践例に胸を躍らされる一方で、**機械学習を駆使しているにもかかわらず、ビジネス上有益な変化をもたらすことができないという現実**に頭を悩ませている機械学習エンジニアやデータサイエンティストが多く存在します。特に厄介なのは、以下の標準的な手順に則って手元のデータに対して高性能を発揮する機械学習モデルを得ることに成功したにもかかわらず、実環境に導入した途端に効力を失ってしまうというパターンです。

＊1　https://netflixtechblog.com/artwork-personalization-c589f074ad76

1. 学習に必要なデータを収集する
2. 手元のデータをトレーニングデータとバリデーションデータに分ける
3. トレーニングデータを使って機械学習モデルを学習する
4. バリデーションデータで予測精度を確かめる
5. 1〜4の手順を繰り返し、特徴量エンジニアリングやハイパーパラメータを試行錯誤しつつ、予測精度を追求する

上記の実務における機械学習利用の流れには、一見大きな問題点は見当たりません。しかし、実際のところ想定通りにことは進まず、ビジネスインパクトを残せないケースが多いというのですから、なんとも厄介な話です。

これらの問題は、例えば以下のような症状として我々の前に現れます。

- 数ある機械学習の書籍に書かれているテクニックを駆使したはずなのに、機械学習を使っていない既存ロジックに負けてしまう
- ログデータ上の評価指評の値を改善する機械学習モデルを得たにもかかわらず実環境に導入した途端その威力は姿を消してしまい、その原因分析もままなっていない

本書を手に取っていただいた読者の中にも、似た経験を持つ人がいるのではないでしょうか。

休日を返上して知識を蓄えコンペに精を出し技術を磨いたにもかかわらず、実環境において望ましい結果を得られないとしたら、これまで行ってきた努力は無駄だったと思ってしまいそうです。ストイックな人や機械学習技術が好きな人は、まだまだ努力が足りなかったと感じて最先端の論文を読み込み、さらに予測精度の向上を追い求めるかもしれません。しかし、近年の機械学習研究における論文数の増大や、最先端手法の再現性に関する不毛な議論がそこかしこで飛び交っている現状を鑑みると、この方針は筋が悪いように思えてなりません。

機械学習の実践に潜む落とし穴

正しいと思われる手順に則って機械学習の導入を進めたはずなのに望んだ結果を（継続して）得られないとき、予測精度の向上はもう無理だと諦めをつけるしかないのでしょうか。たしかに私たちの目的は、機械学習を華々しく導入することではなく、ビジネス指標やユーザ体験について望ましい結果を得ることですから、ときには機械学習の導入に見切りをつけることも大切です。しかし、しかし多くの場合問題なのは、予測精度ではなくむしろ**機械学習に解く意味がない問題を押し付けてしまっている**ことだという事実にまずは意識を向けなくてはなりません。この問題を理解するための鍵は、機械学習の実践においてよく素通りされてしまう「重大な落とし穴」の存在です。

まずよくある落とし穴の1つに、**機械学習に解かせる問題の誤設定**があります。機械学習を予測のための方法論として学んできた人の多くは、（しばしば無意識に）機械学習に予測の問題を解かせてしまうことがあります。もちろん本来解きたい問題が予測の問題ならばそれで良いのですが、そうでないケースもたくさん存在します。例えばあるユーザに対して広告を配信すべきか否かを決める問題があったとしましょう。そしてこの広告配信の問題を、「広告を配信した場合のクリック確率を予測し、予測値がある一定以上のユーザには広告を配信する」という流れで解くことにしたとします。すると、広告を配信した場合のクリック確率を予測する部分が機械学習の担当範囲となり、機械学習には予測の問題を解かせることになります。しかし元々の問題は、あるユーザに対して広告を配信すべきか否かを**決める**問題であり、何かを**予測する**問題ではありません。この場合、元々の問題に整合するよう機械学習には意思決定の問題を解かせるのが自然であり、関係のない予測の問題を解かせるべきではありません。予測の問題を解かせる場合、損失関数は予測に特化したものが設定されますから、それに基づいて学習を行ってしまうと、意思決定の質を犠牲にしてまで予測の質を追い求めてしまうという食い違いが生じてしまいます。厄介なのは、**「私は予測の問題を機械学習に解かせることにしたんだ」という意識を持っていなければ、この食い違いに気付くことすらできない**ことです。すなわち、機械学習の導入が思った通りに進まなかった場合に、「データが少なかった」「精度がまだ足りないようだ」などの短絡的で筋の悪い原因分析に陥ってしまう可能性があるのです。このように本来解きたい問題とは別の問題を機械学習に解かせていたら、本来解きたい問題に対して望ましい結果が得られる可能性はとても低くなってしまいます。仮に望ましい結果が得られたとしても多くの場合それは偶然の産物であり、一時的なものでしょう。機械学習はあくまで与えられた問題をうまく解くための1つの方法論であり、機械学習にどの問題を解かせるべきか設定しなければならないのは我々自身です。機械学習のアルゴリズムや理論、テクニックをたくさん知っていたとしても、機械学習に解かせる問題を適切に選択できないのであれば、せっかく蓄えた知識は無に帰してしまいます。またそもそも機械学習に解かせる問題は自分で決めていいし、決めなければならないという意識を持っていなければ、機械学習の精度に問題があるはずだという思い込みに基づき、やみくもに書籍や論文を読み漁るといったバランスの悪い努力を続けてしまうかもしれません。

それ以外の代表的な落とし穴には、**実環境と観測データの乖離（バイアス）の影響**があります。機械学習の実践においては、ある特徴を持つデータが他のデータに比べて観測されやすかったり、逆に観測されにくかったりします。例えば音楽のストリーミングサービスにおける推薦システムで人気のアーティストの楽曲ばかり推薦した場合、それらに関するデータは観測されやすいでしょうが、まだ人気ではないアーティストについてのデータはなかなか観測されません。そのような状況では、本来人気アーティストは全体のほんの一部なはずなのにもかかわらず、観測されるデータは人気アーティストに関するものばかりというバイアスが生じます。このバイアスを無視してしまうと、観測されやすい人気アーティストについての情報が優先されてしまい、いつまで経っても人気アーティストの楽曲しか推薦しない偏った推薦システムができ上がってしまいます。人気のアーティストにひいきした推薦を行っているサービスに、新規のアーティストがあえて楽曲を提供してくれることはなさそうですから、これは由々しき問題でしょう。このバイアスの問題に対応するためにはまず、機械学習が、「**観測データが実環境や予測対象をまんべんなく代表したデータで**

あるという仮定に基づいた技術」であることを理解しなければなりません。先の音楽ストリーミングサービスの例のように、ある特徴を持ったデータが観測されやすい状況は、機械学習が機能するために必要な仮定が満たされていない状況と言えます。このバイアスの存在を無視して先に進むことは、機械学習が威力を発揮するため土壌が整備されないまま先に進み、あれこれこねくりまわしている状態に対応します。そして残念なことに、機械学習の実践に潜むバイアスの問題やそれに対処する方法を扱っている実践書は存在せず、ほとんどの人がこの問題に気付いていない上に適切に対応する術を身に付けていません。バイアスの存在やその影響を無視して先に進み機械学習の性能を高める努力をしたところで、望ましい結果を継続して得ることは不可能に近いにもかかわらずです。

本書のアプローチ

本書は機械学習に関する書籍を謳いながら、学習やそれにまつわるテクニックについての詳細な解説を行わないという斬新なアプローチをとります。それは、機械学習それ自体に注目が集まりすぎており、**機械学習を機能させるために必要不可欠なステップが意識されていない**という筆者の問題意識に基づきます。ここで**機械学習を機能させる**とは、「機械学習の性能（目的関数や評価指標の値）の改善が、実環境で望ましい結果を得ることにつながるための前提が満たされている状況を導くこと」を指します。例えばバイアスの問題に対応するためには、**手元のデータがどのような経路をたどって観測されるに至ったか**を意識することが重要です。そうすることで、バイアスの存在やその影響に自覚的になることができます。さらに、バイアスによる影響を除去するための方法を自らデザインできるようになります。このように本書では、これまで素通りされてきた**機械学習を機能させるための前段階**に焦点を当て、機械学習の実践においてたどるべき思考回路を理解・体得することに注力します。「この方法さえ使っておけばとりあえずは大丈夫」といった甘い言葉で読者を安易に単一の方法論に食い付かせることはせず、考え方や取り組み方を説くことに集中します。また実践に活きる実のある能力の養成を目指すため、読者にもある程度の努力と能動的な姿勢を求めます。

もちろん機械学習においていわゆる**学習**と呼ばれるステップも重要であることに異論はありません。機械学習それ自体の性能がまったく担保されなければ、それに基づくビジネス施策がうまくいくことはないからです。しかし、本書ではおおよそ機械学習という言葉から連想される予測精度を高めるための技術やテクニックにはあえてふれません。理由は大きく2つあります。1つ目の理由は、いわゆる学習と呼ばれる工程は機械学習の実践において下流に位置するステップだからです。より上流に位置する機械学習を機能させるために必要なステップがクリアされていない状態で、機械学習それ自体に関する議論をするのは時期尚早でしょう。まずはどんな問題が訪れようとも、機械学習が機能する状況を自力で整えられるようになることが重要です。2つ目の理由は、機械学習を使って予測精度を追求するためのテクニックに関する話は世の中にありふれていて、わざわざ本書で語る必要がないからです。初手としてどの機械学習アルゴリズムを用いるのが適切か、どんな特徴量エンジニアリングが有効なのか、はたまたハイパーパラメータチューニングにおけるコツなどは、本書の範囲外です。これらの内容に関しては、他の良書を参照するのが良いでしょう。

機械学習の着実な実践のためには、難解な理論や最新の話題を知っていることよりも、どこに落とし穴が潜んでいるのかを理解した上で、機械学習の実践で本来クリアすべきステップに意識を向けることが重要です。それらのステップを臨機応変にクリアできるようになることで、本書では扱いきれない未知の状況にも柔軟に対応できるようになります。華麗なテクニックや最先端の論文を読むと誰でも勉強した気になってしまいがちですが、実践者としては、それらを実務に活かすための術を身に付けていなければ宝の持ち腐れです。このことから本書では、「**機械学習を機能させるために必要な手順を理解し、それを臨機応変に使えるようになること**」を目指します。特に、**臨機応変に使えるようになること**が重要です。機械学習の実応用は、サービスや会社ごとに扱っている問題設定や取得できるデータ、収益構造、その他特殊な事情などが入り組んで実に多種多様です。そのような機械学習の実践における背景を前提とすると、「この方法に愚直に従っておけばすべてうまくいく」といった単一の具体的な正解を説くことやそれを求めることには無理があります。場面ごとに適切と思われる機械学習の実践手順は異なり、それはその時々に応じて自分で導出しなければならないのです。よって本書ではまず、機械学習の実践において本来たどるべき手順をまとめたフレームワークを提示します。そしてそのフレームワークが意図するところを理解した上で、それを厳選された問題設定に当てはめながら機械学習の実践においてたどるべき思考の流れを繰り返し体験します。そうすることで、何か1つの正解やテッパンのテクニックを覚えることに終始せず、**問題設定に合わせた機械学習の実践手順を自分の意思で臨機応変に導ける状態**を目指します。これはとても挑戦的な目標で、著者の知る限りこのような目標を掲げ、本書と同様のアプローチをとっている文献は存在しません。しかしこの目標が達成できたとしたら、機械学習の実践において望ましい結果を得やすくなるだけではなく、結果が得られなかった場合の原因分析の見通しも良くなります。また原因分析がしやすくなることで、機械学習に頼ること自体に無理がある状況における引き際の判断も自信を持って下せるようになります。

さらに本書の内容は、これまで界隈で重視されてきた「いかに予測精度を担保するか」という点に加えて**「いかに機械学習が機能する状況を導くか」というデータ分析者としての新たな腕の見せ所**を浮かび上がらせます。個々の機械学習エンジニアやデータサイエンティストにとっては、多くの人がすでに着目している予測精度を担保する部分で能力の差別化をするのは難しい現状にあります。一方で、機械学習が機能する状況を導出するための思考回路を身に付けている人はほとんどいません。よって本書の内容を臨機応変に応用できるレベルでいち早く会得できれば、それは個人の能力の差別化にもつながることでしょう。

本書の構成

本書は、次の5章および演習問題で構成されます。

- 1章 機械学習実践のためのフレームワーク
- 2章 機械学習実践のための基礎技術

- 3章 Explicit Feedbackに基づく推薦システムの構築の実践
- 4章 Implicit Feedbackに基づくランキングシステムの構築
- 5章 因果効果を考慮したランキングシステムの構築
- 付録 演習問題

最も重要なのは1章です。1章では、実応用において機械学習を機能させるためにたどるべき手順をフレームワークとしてまとめています。1章で導入するフレームワークでは、多くの人が無意識にこなしてしまっている上流の手順を明文化しています。まずはこのフレームワークが意図するところを理解し、そこに登場するステップの存在とその重要性を認識することが、その後の実践的な内容に取り組む際の基礎となります。1章の内容を道標に、未知の状況にも自力で柔軟に立ち向かえるようになることが本書の最終目標であり、筆者が伝えたい内容は1章に凝縮していると言えます。1章で本書が基礎として繰り返し用いる中心的な概念を導入したあと、2〜5章では厳選した問題設定にフレームワークを適用する流れを体験します。これにより、フレームワークを自在に応用し実践で活かせるようになるための実力を養います。

2章では手始めとして、広告配信の場面を想定したシンプルな問題設定に1章で導入したフレームワークを適用、ビジネス施策につなげる一連の流れを体験します。本書は良い意味でまだ誰も語っていないユニークかつ重要な問題意識に切り込んでいる一方、多くの人の脳裏に焼き付いている典型的な機械学習の実践手順からの少々の飛躍を含みます。よって、多くの人が思い浮かべる機械学習の実践手順に比較的近い設定から始めることで、できるだけスムーズに本書のコンセプトに慣れることがねらいです。2章を皮切りにそれ以降の章では、徐々に独自性の高い内容を扱う構成にまとめています。

3章では、Explicit Feedbackと呼ばれるユーザのアイテムに対する嗜好度合いのデータを用いて、効果的なアイテム推薦を行うための推薦システム構築の場面を扱います。Explicit Feedbackの代表例は、映画や楽曲などに付与されるレーティングデータです。これは、ユーザがアイテムに対して持っている嗜好度合いを自己表明したデータであるため、推薦システムを学習するために非常に有用で正確な情報源です。事実、レーティングデータなどのExplicit Feedbackを活用して、推薦システムを学習するための方法論に関する解説は多く存在します。しかし既存の文献では、やはり推薦システムの学習の部分のみに焦点が当てられてしまっています。実際は、ユーザやアイテムごとにレーティングデータの観測されやすさにバラツキがあることが知られており、この問題を無視してしまっては、いくら学習の部分を頑張っても望ましい結果を継続的に得ることは難しいのです。3章では本書のフレームワークに基づいて丁寧に手順を進めることで、ユーザの行動パターンに依存して発生する実環境と観測データの乖離を扱う方法を自然に導く流れを体験します。また導出した手順の実装と簡単な性能検証を通じて、必要なステップを無視することで発生する厄介な問題の存在を実証的に確認します。

4章では、Implicit Feedbackと呼ばれるデータの活用を想定した、より現実的な問題設定を扱います。3章で扱うExplicit Feedbackはたしかに推薦システム構築における主要なトピックの1つであるものの、ユーザに嗜好を表明してもらう必要があるため実務では大量に収集できないという難点があります。そこでExplicit Feedbackの代わりに用いられるのが、クリックデータを代表とするImplicit Feedbackです。Implicit Feedbackとは、ユーザが自己表明しているわけではないが、ユーザの嗜好に関する情報を含むと思われる（と分析者が想定している）データの総称です。例えば、クリックデータはユーザが自らの嗜好度合いを表明することで生まれたデータではなく、嗜好に関する情報を含んでいるデータだと分析者が見込んで使っているという意味でImplicit Feedbackに分類されます。Implicit FeedbackはExplicit Feedbackと比較すると大量に入手できるため、頻繁に活用されています。しかし注意しなければならないのは、Implicit FeedbackとExplicit Feedbackは大きく性質の異なる情報であるということです。Implicit Feedbackはユーザが嗜好度合いを自己表明したデータではないため、ユーザの真の嗜好とImplicit Feedbackの間にはどうしても乖離が生じてしまいます。にもかかわらず、現実の推薦システム構築の場面においては、どのような乖離が発生しているかについては目もくれず、Implicit Feedbackをそのまま目的変数として学習に用いてしまう例が散見されます。たしかにImplicit FeedbackとExplicit Feedbackの間に存在する乖離を埋めつつ機械学習の実践を進めるのは、とても難しい問題です。しかしそれは、本書のフレームワークを自在に操れるようになるための格好の練習題材であるとして肯定的に捉えることもできます。4章では、Implicit Feedbackを用いて推薦システムを構築するという自由度が高い問題設定に立ち向かうことで、本書のアプローチにさらに慣れていきます。4章の内容を理解し、それをどう変形すれば自分が取り組んでいる問題設定に応用できるのかを考えられるようになったら、上級者を自負して良いでしょう。

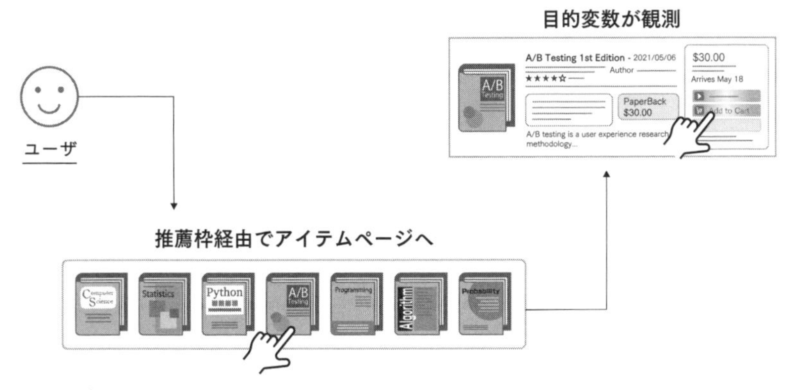

■ **図 0.2**／推薦枠経由で観測される目的変数

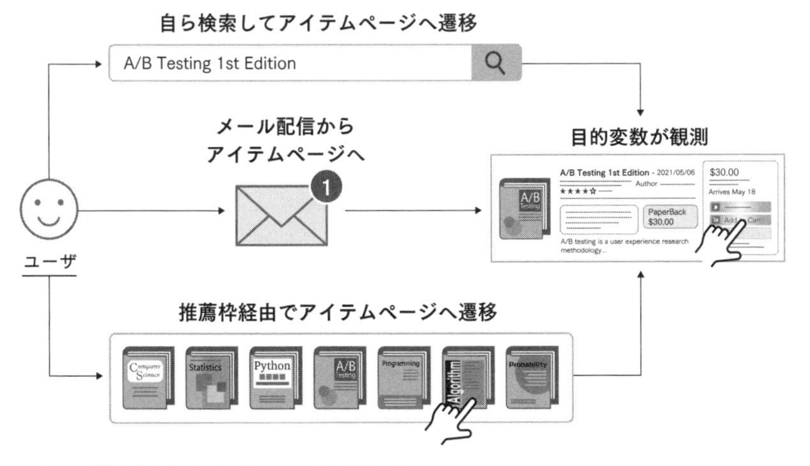

■ **図 0.3**／推薦枠非経由で観測される目的変数の例

5章では、因果効果を考慮した推薦システム構築という学術研究でもまだあまり扱われていない発展的かつ先端的な話題を扱います。推薦システムの実践でよく発生する悩みに「とある推薦枠の推薦アルゴリズムを刷新した結果、その推薦枠経由のビジネス指標は改善したのだが、プラットフォーム全体についてのビジネス指標にはまったく影響がなかった」というものがあります。ここで「推薦枠経由のビジネス指標」とは、図0.2のように施策で扱っている推薦枠で発生するクリックを経由して観測される売上などのことを指します。一方で、「プラットフォーム全体におけるビジネス指標」とは、図0.3のように推薦枠以外の検索枠やメール配信など、さまざまな経路で観測される売上の合計を指します。本来はプラットフォーム全体についてのビジネス指標を改善することが目標となるはずですが、それが推薦枠経由のビジネス指標と連動してくれないという現象がデータサイエンティストを苦しめるのです。推薦枠経由のビジネス指標は改善できているとするならば、機械学習の性能は悪くないように思えます。にもかかわらず、プラットフォーム全体の指標にはまったく影響がないというのですから何とも厄介です。この類の問題も、機械学習の実践においてクリアすべき上流のステップの存在をすっ飛ばしてしまっていることが原因の1つだと考えられます。しかし、そもそも機械学習の前段階にどのようなステップをこなす必要があるのかを認識していなければ、何が問題なのかすら特定できません。論文などの参考にできる当てがない新規で独特な問題を扱う経験を積んでおくことで、さらなる応用力と自由自在な感覚を養います。

さて5章を読み終える頃には、自分にどれくらいの応用力が身に付いているのか気になってくることでしょう。そこで、いくつかの演習問題を付録として掲載しています。本書で養った知識や考え方、感覚を駆使して演習問題に取り組むことで、未知で特定の解のない問題に立ち向かう経験を積んでいきましょう。

なお1～5章および演習問題にいたるまで、基本的には齋藤が執筆を担当しています。安井さんには、2章で用いる問題設定の考案および全体のレビューをしていただきました。さらに株式会社ホクソエムの江口さんと高柳さん、また清水さんには、加筆・修正に合わせて何度も全体のレビューをしていただいています。

想定読者と読者に望む姿勢

本書は、機械学習を活用したビジネス施策の実践に取り組んでいるすべての機械学習エンジニアやデータサイエンティストに向けた指南書です。

本書を読むにあたって、統計や機械学習の基礎知識を前提としますが、それ以上の複雑な数学や数理統計学の知識は不要です。具体的に本書では、以下に並べるキーワードは前提知識として扱っています。

- 統計
  - 確率変数と実現値
  - 推定量
  - 期待値と分散
  - 条件付き確率
  - ベルヌーイ分布
  - 不偏推定量
- 機械学習
  - 特徴量と目的変数
  - 回帰と分類
  - 学習と評価
  - 過学習
  - トレーニングデータ・バリデーション
- データ・テストデータ
  - 交差検証
  - ハイパーパラメータ
  - ロジスティック回帰
  - 正則化
  - 確率的勾配降下法
  - scikit-learn

上記のキーワードが何を指すものなのかすでに定着している方は、本書をいきなり読み進めて問題ないでしょう。1〜2個のキーワードについて理解があやふやだと思った方も、都度調べれば対応可能だと思われます。仮に上記のキーワードの大半について聞いたことがない・何を指すものなのか分からないという場合は、統計や機械学習の入門書で該当の前提知識を身に付けてから本書に戻ってくるのが良いと思います。

上記のキーワードに含まれていない、例えば仮説検定に関する知識や機械学習アルゴリズムの背後にある深淵な理論、最新の深層学習手法の発展などに詳しい必要はありません。後半の章になるにつれて数式の登場頻度が多くなっていきますが、決して難解な理論を扱っているわけではなく、またできるだけ飛躍が生まれないよう丁寧な式展開を心がけています。なお実環境と観測データの乖離の問題を扱うため因果推論の基礎知識があると理解がスムーズになる箇所がありますが必須ではなく、仮に事前知識がなくても理解が可能な内容になっています。

本書を読み進めるにあたって持ち合わせていると便利な知識を扱っていたり、併用することでより威力を発揮する良書としては以下のものが挙げられます。

- 統計学：[東京大学出版会91]
- 機械学習・データ分析：[有賀21]、[門脇19]
- 因果推論・効果検証：[安井20]、[Kohavi21]
- ビジネス実践・プロジェクトマネジメント：[有賀21]、[大城20]

ただし上記の参考文献はあくまで著者が知っている範囲での一例であり、他に適切なお気に入りの良書があればそれを参考にしても良いでしょう。

またすでに述べたように、本書の目標は、それぞれに固有の問題設定で機械学習を機能させるための手順を自力で臨機応変に導けるようになることです。そのための必要な要素として、期待値計算やそれに関係する式展開は何度か登場しますが、理論に関する話題は本書の興味外であり詳しくは扱いません。あくまで実践者をターゲットとしているため、厳密さというよりもむしろ直感的な分かりやすさを優先した記述や言葉遣いをあえて選択している部分も多々あります。よって、機械学習や因果推論、それらの融合に関する基礎理論に興味がある方や研究者の方にとって、本書の内容は物足りないかもしれません。あくまで**実践者に向けた指南書**であることは、ぜひここで心に留めておいてください。

さて本書は他の多くの機械学習に関する書籍とは異なり、手法やそれに関する理論および実装などを数多く紹介するためのものではありません。本書を通じて身に付けるべきなのは知識ではなく、汎用的な思考回路や取り組み方です。もちろん本書の内容を理解し飲み込むことはある程度必要ですが、それだけでは本書で扱っている限られた問題設定にしか対応できないでしょう。これまで何度か述べているように**機械学習の実践においては人それぞれ取り組んでいる問題設定が異なるわけですから、エッセンスを理解したあとはそれを自由に修正しつつ、個々の問題設定に自力で対応できなければ意味がありません**。そのため**ある単一の正解や固定化された知識を学べば良いという受動的な意識や姿勢を持っていては、本書から得られる学びは非常に限られたものになってしまいます**。読み進めるにあたってはまず、本書の内容は正解ではなくあくまで機械学習の実践において重要な手順を理解し、意識化し、身に付けるための一例にすぎないことを理解しておいてください。また特に2〜5章では「自分が扱っている問題設定ではこのような手順をとると良さそうだ」「この本では○○という流れで学習につなげているが、この部分をこう変えたらあとの手順はどう変化するだろうか」など常に頭を動かしながら能動的な姿勢で読み進めていただきたいです。

5章の内容を例にとると、「因果効果を考慮したランキングシステムという方法論を使えば、プラットフォーム全体の指標を扱うことができる」と考えるのではなく、「プラットフォーム全体の指標を扱うことを念頭に置いたら、因果効果を考慮したランキングシステムとでも呼ぶべき手順が1つの妥当な方法として自然と導出された」という認識を持つことが大事です。前者は、本書に対して単一の正解を求めている受動的な考え方です。一方で後者は、本書の内容はあくまで理解を助けるための1つの選択肢にすぎず、状況に応じて適切な方法は変化するため、実践では自らが適切な手順を見極めなければならないという本書に対する正しい臨み方を心得ている能動的な考え方です。本書の内容を前者のように**受け取る**読者と後者のように**取り組む**読者とでは、同じ文章でも読み終わったあとに、圧倒的な差がつくことでしょう。

サンプルコードと参考文献

本書で行うサンプル実験は、Pythonで実行しています。コードの重要な部分は本書の中で解説しますが、全体の実装はGitHub上で[BSD 3.0 LICENSE]で公開しているので、そちらをご確認ください。

https://github.com/ghmagazine/ml_design_book

また本書では、Pythonのコードを実行する環境としてJupyter Notebookを採用しています。PythonとJupyter Notebookのインストールや基本的な作法については、以下の公式ドキュメントなどを参照してください。

https://jupyter.org/documentation

なお、章内で言及している論文や資料については「参考文献」として章末にまとめて掲載しています。本書の解説をより深く理解したい場合などに参考にしてください。

参考文献

- [東京大学出版会91] 東京大学教養学部統計学教室. 統計学入門. 東京大学出版会, 1991.
- [門脇19] 門脇大輔, 阪田隆司, 保坂桂佑, 平松雄司. Kaggleで勝つデータ分析の技術.
  技術評論社, 2019.
- [安井20] 安井翔太. 効果検証入門. 技術評論社, 2020.
- [Kohari21] Ron Kohavi, Diane Tang, Ya Xu, (訳 大杉直也). A/Bテスト実践ガイド. KADOKAWA, 2021.

- [有賀21] 有賀康顕, 中山心太, 西林孝. 仕事ではじめる機械学習. オライリージャパン, 2018.
- [大城21] 大城信晃, マスクド・アナライズ, 伊藤徹郎, 小西哲平, 西原成輝, 油井志郎.
  AI・データ分析プロジェクトのすべて. 技術評論社, 2021.

目次

2章 機械学習実践のための基礎技術

3章 Explicit Feedbackを用いた推薦システム構築の実践

4章 Implicit Feedbackを用いたランキングシステムの構築

1章

機械学習実践のための フレームワーク

ビジネス実践においてデータやアルゴリズム、機械学習を駆使した施策の導入が広く行われています。しかしほとんどの場合において、機械学習の予測の精度を高めることのみに過度の注目が集まり、機械学習が機能するための前提を整えるという重要なステップが見逃されてしまっています。本章ではまず、ビジネスにおける機械学習の実践に潜む代表的な落とし穴の存在とそれが施策の性能に及ぼす影響について説明します。また機械学習のあるべき実践手順を記した汎用フレームワークを導入します。そしてフレームワークに登場するステップの重要性を理解し、その後の実践的な内容に取り組む際に必要となる基礎を築きます。

1.1 機械学習の実践に潜む落とし穴

1.1.1 ビジネスにおける機械学習の実践

より良い性能を発揮する施策を追い求めて、データやアルゴリズム、機械学習をビジネスに活用する取り組みが至るところで行われています。本書において**施策**とは、売上やアクティブユーザ数などのビジネス上重要なKey Performance Indicator(KPI)の最大化や最小化をねらって行う何らかのアクションのことを指します。**ロジック**という言葉の方がしっくりくる方がいるかもしれませんが、本書においてこれらの言葉は同義だと思っていただいて問題ありません。またある施策を導入して得られるKPIの値を、その施策の**性能**と呼ぶことにします。機械学習に基づいた施策の例としては、次のようなものが挙げられます。

- 音楽ストリーミングサービスにおいて、過去にユーザが楽曲に対して付与したレーティングデータをもとに、ユーザの楽曲に対する嗜好度合いを予測する。予測値をもとに、サービストップページで「あなたにおすすめの楽曲」という推薦を行う
- ショッピングサイトにおいて、検索クエリごとに各商品のクリック確率を予測する。投げられたクエリに対して、クリックされる確率が高いと予測された商品を上から順に並べた検索結果をユーザに提示する
- オンラインブックストアにおいて、クーポンを配布した場合とそうでない場合の売上金額をユーザごとに予測する。予測値をもとに、クーポンを配布した場合の売上がそうではない場合の売上を上回る場合にのみ、クーポンを配布する

以上の例に代表されるデータや機械学習を駆使した施策を実施・企画した経験がある方も多いでしょう。もちろんこれらの機械学習の実践の中には、とてもうまくいっている事例もあります。その一方「まえがき」で紹介したように、意図した性能が発揮できず、その原因も分からないまま頓挫

してしまう事例も多くあるようです。また、ユーザに提示されたアイテム推薦経由のKPIは改善の兆しを見せる一方で、プラットフォーム全体で定義されるKPIには何の影響も与えていない、などといった矛盾が起こっているケースも多く存在します。実はこれらの問題は、**本来踏むべきステップの多くを見逃してしまっていたり、無意識のうちに落とし穴にハマっていたりすることが原因で発生していると考えられます**。落とし穴を避けながら、機械学習を使うことに意味がある状況を自らの手で整えなければ、いくら機械学習の精度が向上しているように見えても効果的な実践にはつながらないのです。

1.1.2 機械学習の実践に潜む落とし穴

ここでは機械学習のビジネス実践においてしばしば軽視されてしまう代表的な落とし穴を、簡単な具体例を用いて説明します。

解くべき問題の誤設定

まず最初に紹介するのは、**解くべき問題をそもそも間違えている**というパターンです。解くべき問題を設定する段階で方向性を見誤っていたら、そのあとでデータや機械学習をいくら上手に活用したとしても、望ましい結果を継続して得ることは難しいでしょう。万が一望ましい結果が得られたとしてもそれは偶然にすぎず、結果の再現性は低いと考えられます。では「解くべき問題をそもそも間違えている」というのは、具体的にどのような状況を指すのでしょうか？ ここでは「意思決定の問題を予測の問題として解いてしまう」という典型的な問題設定の誤りを紹介します。説明のために、Eコマースプラットフォームにおけるクーポン配布の場面を模した擬似的なデータを使います。

▼表1.1／ユーザごとの売上（疑似データ）

ユーザの性別	クーポンありの場合の売上	クーポンなしの場合の売上	売上の差分
男性	600	700	−100
女性	500	300	＋200

表1.1は、男性と女性のそれぞれについて、クーポンを配布した場合と配布しなかった場合の売上を示しています。また売上の差分として、クーポンありの場合の売上からクーポンなしの場合の売上を差し引いた値を示しています。

ここでは、「男性と女性のそれぞれについてクーポンを配るべきか否かを切り替えることで、売上を最大化する」ための施策を得たいとします。そこで、このEコマースプラットフォームのクーポン配布戦略を担うデータサイエンティストは、売上を最大化するための施策を次の手順で導くことにしました。

1. 男性と女性のそれぞれについて、クーポンを配布した場合としなかった場合の売上の差分を予測する
2. 「クーポンありの場合の売上の予測値がクーポンなしの場合の売上の予測値よりも大きかったときにクーポンを配布する」といったように売上の予測値に基づいてクーポン配布有無を決める

いかにもありそうな手順と言えるのではないでしょうか。さてこの手順に基づいて、データサイエンティストはまず2つの売上予測モデル（予測モデルaと予測モデルb）を学習しました[*1]。

この2つの売上予測モデルは、それぞれ表1.2に示す予測を行うモデルだったとします。

▼表1.2／売上予測モデルによる予測値と予測誤差（疑似データ）

真の値と予測値	男性における売上の差分	女性における売上の差分	平均的な予測誤差
真の値	−100	＋200	
予測モデルaによる予測値	＋50	−50	200
予測モデルbによる予測値	−400	＋500	300

＊1　例えば、クーポンありの場合となしの場合の売上を予測し、その予測値を引き算することで差分を予測する方法などが考えられますが、ここでの焦点はあくまで問題設定の部分であり、具体的な予測方法はあまり重要ではありません。

表1.2には、男性および女性における売上の差分の真の値と、それに対する予測モデルaおよび予測モデルbによる予測値を示しました。真の値は、表1.1の売上の差分からとってきています。また、予測モデルの平均的な予測誤差も示しました。平均的な予測誤差は、男性における売上の差分と女性における売上の差分に対する予測誤差を絶対誤差で評価し、それを平均したものです。例えば、予測モデルaの平均的な予測誤差は $(|-100-(+50)|+|+200-(-50)|)/2=200$ と計算しています。

ここで**平均的な予測誤差に着目すると、予測モデルaの方が予測モデルbよりも正確に売上の差分を予測できている**ことが分かります。この予測誤差に着目したデータサイエンティストは、予測モデルaを使ってクーポンを配るべきか否かを決定し、売上の最大化をねらうことにしました。ここでデータサイエンティストがとったように、予測誤差を最小化しながら何かしらの目的変数を予測しその予測値に基づいてクーポン配布などの施策を決める手順は、よく活用されるいたって標準的なものと思われます。しかし、この手順は本当に良い施策につながっているのでしょうか？

それを確認するためにまず、予測モデルaと予測モデルbをそれぞれ信じた場合に、どのようなクーポン配布施策ができあがるかを確認します。まず予測モデルaを信じた場合、男性における売上の差分として正の値（$+50$）が予測されていますから、男性にはクーポンを配るべきであるという結論になります。また女性における売上の差分として負の値（-50）が予測されていますから、女性にはクーポンを配るべきではないという結論が導かれます。一方で、データサイエンティストが予測精度が悪いという理由で見切りをつけた予測モデルbについてはどうでしょうか？ 予測モデルbを信じた場合、予測モデルaの場合と同様に考えると、男性にはクーポンを配るべきではなく、女性にはクーポンを配るべきであるという結論が得られます。

さて、予測モデルaと予測モデルbに基づいたクーポン配布施策を確認したところで、それぞれを導入した場合にデータサイエンティストが得る売上を計算してみることにしましょう。まず予測モデルaは、男性ユーザにはクーポンを配り女性ユーザにはクーポンを配らない施策を導くので、表1.1のデータに基づくと期待売上は $(600+300)/2=450$ となります。

600は男性ユーザにクーポンを配ったときの売上で、300は女性ユーザにクーポンを配らなかったときの売上です。次に予測モデルbは、男性ユーザにはクーポンを配らず女性ユーザにはクーポンを配る施策を導くので、その期待売上は $(700+500)/2=600$ となります。したがって、**データサイエンティストが見切りをつけたはずの予測モデルbの方が、より大きな期待売上をもたらすはずだった**ことが分かりました。機械学習において標準的な予測誤差に着目しながら予測モデルaを使うことにしたデータサイエンティストですが、どうやら売上の最大化に失敗してしまったようです。どうしてこのような失敗が起こってしまったのでしょうか？

ここで重要なのは、このクーポン配布施策を導く上でデータサイエンティストが本来解くべき問題は、**予測ではなく意思決定の問題だった**ということです。よくよく考えてみると、現在考えているクーポン配布の問題において、売上を左右するのは「クーポンを配るか否か」という意思決定であり、予測モデルaや予測モデルbによる予測値は意思決定を下すために副次的に出てくる中間生産物にすぎないのです。したがって、**機械学習を使ってまで解くべき問題はあくまで意思決定の最適化問題であって、予測誤差の最小化問題ではありません**。本来は意思決定の性能を最適化するタスクを解くべきだったにもかかわらず、データサイエンティストはこれを予測の問題だと勘違いしてしまい、中間生産物にすぎない予測の正確さに気を取られていました。結果的に「予測精度は良いものの意思決定には失敗する予測モデル」を信じてしまったのです。このように、初期段階で解くべき問題を見誤ってしまっていては、その後の手順がどれだけ正しく洗練されていたとしても売上の最大化に失敗してしまう可能性を含んだ（もしくはうまくいったとしても偶然にすぎない）施策ができあがってしまいます。

読者の中にも、例えばどのアイテムを推薦するかを決める意思決定の問題を解きたいはずなのにもかかわらず、クリック確率予測などの予測誤差最小化の問題を機械学習に解かせてしまっているといった問題設定の食い違いに覚えがある人もいるのではないでしょうか。その場合でも仮に完璧に（予測誤差がまったくなく）クリック確率を予測できるならば、正確な意思決定につながります。しかし、いくら機械学習や深層学習の発展が目覚ましいからといって、現実世界で完璧な予測を得ることは不可能です。

完璧な予測が不可能な現実において、**どのような間違いを許容するのか**(意思決定の間違いを許すのか、予測の間違いを許すのか)を決めるのが目的関数の役割です。そのときに、仮に目的関数として予測誤差を設定してしまったとしたら、意思決定の間違いを許容してまで予測誤差を小さくする方向に機械学習モデルの学習が進んでしまうため、効果的な施策につながらない場合があります。意思決定の問題を解いているのであれば、意思決定の間違いを避けるための目的関数を設定するのが自然なのです。

過去の施策の傾向に起因するバイアス

次に気を付けなければならない落とし穴は、過去の施策に起因するバイアスの見逃しです。これは具体的にどういった状況を指すのでしょうか?先ほどと同様、Eコマースプラットフォームにおける売上データを使って説明します。

▼表1.3/ユーザごとの売上(疑似データ)

ユーザ	観測された売上	クーポンありの場合の売上	クーポンなしの場合の売上	過去のクーポン配布
男性1	700	600	700	0(配布なし)
女性1	500	500	300	1(配布あり)
女性2	500	500	300	1
女性3	500	500	300	1
男性2	700	600	700	0
女性4	300	500	300	0
男性3	700	600	700	0
男性4	600	600	700	1
女性5	500	500	300	1
男性5	700	600	700	0

表1.3には、表1.1のデータを少し拡張した擬似データを示しています。いくつかの大きな違いがあります。1つはユーザ数が、男性5人・女性5人の計10人になっている点です。また、「観測された売上」「過去のクーポン配布」という2つの列が追加されています。「過去のクーポン配布」は、

過去に実施された施策がそれぞれのユーザにクーポンを配布していたのか否かを表します。過去にクーポンが配布されていたら過去のクーポン配布の列に1が、過去にクーポンが配布されていなければ0が表記されています。

次に、「観測された売上」は過去のクーポン配布の結果、データとして観測された売上を表します。例えば、男性1は過去の施策においてクーポンが配布されていないので、「観測された売上＝クーポンなしの場合の売上」となっていますし、女性1には過去の施策でクーポンが配布されているので、「観測された売上＝クーポンありの場合の売上」となっています。なおここでは説明のため、「クーポンありの場合の売上」と「クーポンなしの場合の売上」の両方がすべてのユーザについて見えていますが、実際にはこれら2つの列の情報が同時に観測されることはありません。あるユーザにクーポンを配布した場合、仮にクーポンを配布しなかった場合の売上は観測し得ないからです（その逆も然り）。

さてここでデータサイエンティストが取り組むのは、「表1.3で与えられた10人の実績データを用いて、全員にクーポンを配布する**全配布施策**と誰にもクーポンを配らない**全非配布施策**のどちらが良いのかを判断する」という問題です。先ほどの失敗から学習したデータサイエンティストは、クーポンありの場合の売上とクーポンなしの場合の売上の予測値を比較してクーポン配布の意思決定に変換するという非直接的な方針ではなく、施策の導入によって得られる売上を評価してそれを比べるという直接的な方針をとることにしました。ここまでは良い調子に見えます。

この方針でデータサイエンティストが行わなければならないのは、**全配布施策と全非配布施策の性能を観測可能なデータのみから評価すること**です。もちろんすべてのデータについてクーポンありの場合の売上とクーポンなしの場合の売上が観測されるならば、それぞれの値を平均して比較することで、どちらの施策が有効かを簡単に見極めることができるでしょう。しかし、実際はそう簡単にはいきません。データサイエンティストが観測できるのは、表1.3における「観測された売上」のみだからです。

そこでデータサイエンティストは、過去にクーポンが配布された人と配布されていない人を2つのグループに分けて、それぞれのグループにおける観測された売上の平均値を全配布施策と全非配布施策の性能として比較することで、施策の良し悪しを判断することにしました。実際にこの計算を行ってみると、表1.3において過去にクーポンが配布されたユーザ(女性1・女性2・女性3・男性4・女性5)について観測された売上の平均は $(500+500+500+600+500)/5=520$ で、過去にクーポンが配布されなかったユーザ(男性1・男性2・女性4・男性3・男性5)について観測された売上の平均は $(700+700+300+700+700)/5=620$ となります。したがって、過去にクーポンが配布されたユーザ群における観測された売上の平均(520)よりも過去にクーポンが配布されなかったユーザ群における観測された売上の平均(620)の方が大きいことが分かりました。データサイエンティストは、クーポンが配布されなかったユーザ群における平均売上の方が大きいという分析結果に基づき、全非配布施策の方が売上最大化の意味で性能が良いという結論にたどり着きました。さてここでのデータサイエンティストの判断は正しいものだったのでしょうか?

それを確認するために、本来は分析者が観測できないはずの「クーポンありの場合の売上」と「クーポンなしの場合の売上」の情報を用いて、10人のユーザ全員にクーポンを配布した場合と配布しなかった場合の売上を調べてみることにします。この場合単純に10人の「クーポンありの場合の売上」の平均値が全配布施策の真の性能であり、「クーポンなしの場合の売上」の平均値が全非配布施策の真の性能です。実際に計算してみると、全配布施策の性能は $(600+500+...+600)/10=550$ であり、全非配布施策の性能は $(700+300+...+700)/10=500$ であるため、本当は全配布施策の方が性能が良かったことが分かります。したがって、全非配布施策の方が性能が良いと結論付けてしまったデータサイエンティストの判断はまたしても間違ってしまっていたのです。

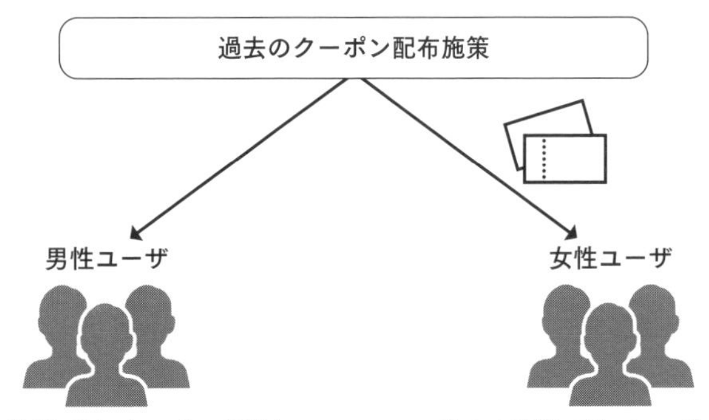

■ **図 1.1**／過去のクーポン配布施策

予測精度ではなく施策の性能を直接的に評価するという思慮深い問題設定を行ったはずなのにもかかわらず、なぜデータサイエンティストは売上の最大化に失敗してしまったのでしょうか？ ここでの失敗を紐解く鍵は、過去のクーポン配布の傾向にあります。表1.3における過去のクーポン配布の傾向を見てみると、男性については5人中1人にしかクーポンを配布していない一方、女性に絞ってみると5人中4人にクーポンを配布していることが分かります。データをよくよく観察してみると、**過去のクーポン配布施策は、女性にクーポンを配布しやすい施策だった**のです。さらにクーポンありの場合およびなしの場合の売上を見てみると、男性はそれぞれ600と700、女性は500と300であることが分かります。すなわち、男性よりも女性の方がクーポン配布にかかわらずお金を使いにくい傾向にあるようです。このことから、**データサイエンティストが分析に使ったデータは、お金を使いにくい傾向にある女性にクーポンが配布されやすい状態にあるデータ**だったことが分かります。お金を使いやすい傾向にある男性にクーポンが配布されにくい状態だったとも言えます。このように、比較しようとしているグループの傾向が違うことで発生する分析結果と真の性能の乖離のことを**セレクションバイアス**と呼びます。過去のクーポン配布施策の傾向に起因するバイアスが存在する状況で、クーポンが配布されたユーザ群と配布されなかったユーザ群についての観測された売上を平均して単純比較したところで、正しい結論を得ることはできません。お金を使いにくい傾向にある女性にクーポンが配布されやすい状態にあるデータにおいて、クーポンが配布されたユーザ群の売上を平均してしまうと、クーポンを配ることの価値が過小評価されてしまうのです。実際、全配布施策の真の性能は550だった一方で、データサイエンティストがデータから求めた全配布施策の性能は520と過小評価の問題が起きていたことが分かります[*2]。

ここで見たように、現実世界で我々が観測可能なデータは、過去に施策を実施することを通じて収集されたものであり、多かれ少なかれその過去の施策の影響を受けています。みなさんは自らが取り組む機械学習の実践において、データが収集された際に稼働していた過去の施策の影響を考慮しているでしょうか？ もし考えていなかったという人がいたら、ここでデータサイエンティストが失敗してしまったのと同様に、気付かぬうちにバイアスに苦しめられているのかもしれません。機械学習に解かせるべき問題を正しく設定できたとしても、データがどのような経緯で我々の手元に観測されるに至ったかというデータの観測構造に注意を払わなければ、実環境と観測データに乖離がある状態で学習に進んでしまいます。そのような状態で精度を追求したり、データ数を増やしたりしたところで、本来解きたい問題とは別の問題に対する精度を改善するだけです。その結果、手元のデータに対しては高性能を発揮できるにもかかわらず、実環境では望ましい結果が得られないという壁にぶつかるのです。

真に目的変数としたい情報と表層的な観測データの違い

最後にユーザ行動にまつわる落とし穴を紹介します。それは、本来目的変数としたい情報とあたかも目的変数のように見える表層的なデータの違いを見逃してしまうというものです。これがどういうことか説明するために、動画配信サービスにおける動画推薦に関する新たな例を導入します。この例における動画配信サービスは主に広告収入で成り立っており、より

＊2　このように過去の施策の傾向などに起因するセレクションバイアスについてのより詳しい説明は、［安井 20］の1章を参照にすると良いでしょう。

多くのアクティブユーザを抱えることで、広告主にとって魅力的なプラットフォームであり続けることが、長期的な収益を見据えた上で重要であるとします。そこで、この動画配信サービスのデータサイエンティストは、ユーザがある動画を視聴しているときにいくつかの関連動画を提示する関連動画推薦システムの高性能化に取り組んでいます。この関連動画推薦システムにおいて、ユーザの潜在興味に訴えかける動画を効果的に推薦できたら、継続的なサービス利用につながるだろうという算段です。

ここで、データサイエンティストが扱っている関連動画推薦システムは、次の図1.2に示すUI（ユーザインターフェース）で構成されているとします。

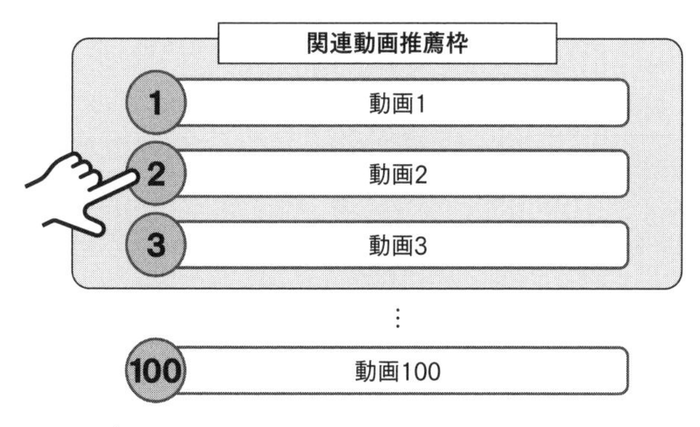

■ 図 1.2／関連動画推薦枠のUI

デバイス画面の関連動画推薦枠には、はじめにいくつかの推薦動画が配置されており、ユーザが枠を上から下にスクロールすることで、新たな動画が姿を現すというよくあるしくみです。

さて問題設定を導入したところで、データサイエンティストの取り組みにスポットライトを当てて説明します。データサイエンティストは、とあるユーザにいくつかの動画を推薦した結果、図1.3のようなデータを得たとします。

推薦位置	推薦動画	クリック有無	正例 or 負例
1	動画1	×(無)	×(負例)
2	動画2	○(有)	○(正例)
3	動画3	×	×
…	…	…	…
99	動画99	×	×
100	動画100	×	×

■ 図1.3／動画推薦枠で観測されたクリックデータ

関連動画推薦枠において、上から順に(動画1, 動画2, ..., 動画100)と推薦し、上から2番目に提示された動画2のみがクリックされたという状況です。ここでデータサイエンティストは、クリックが発生したデータを正例、発生しなかったデータを負例とみなした上で、正例をより上位で提示する推薦システムの構築を目指すことにしました。この方針で得られた関連動画推薦システムを実際に導入したところ、先ほどと同じユーザが再度サービスに訪れた際に、図1.4に示す推薦を提示することになりました。

推薦位置	推薦動画	クリック有無
1	動画2	×(無)
2	動画1	×
3	動画3	×
…	…	…
99	動画99	×
100	動画100	×

■ 図1.4／新しい施策による動画推薦の結果

図1.4では過去にクリックが発生し正例とされていた動画2が、今度は推薦枠の最上位の位置で推薦されています。それ以降の位置では、(動画1, 動画3, ..., 動画100)と順番に並べられているようです。これらの動画については、新しい施策を得る際にすべて等しく負例として扱われていたため、古い推薦施策との順位の入れ替えが起こらず、そのままの順位で提示された状況を表しています。

最後に、この新しい推薦施策を導入した際に観測されたクリックに関する情報を図1.4の「クリック有無」の列に示しました。動画2はたしかに正例に分類されていたものの、ユーザは過去に一度この動画をクリックしていたこともあり、ここではクリックが起こらなかったとしています。さらに重要なことに、2番目以降の動画でもまったくクリックが発生していないことが分かります。どうやら新しい推薦システムはユーザの興味に訴えかける推薦ができなかったようです。このように関連動画の推薦枠において効果的な推薦ができなければ、ユーザは自ら動画を検索しないと自分が見たい動画にたどり着けないことから、イライラが募ってしまい最悪の場合サービスの利用をやめてしまうかもしれません。データサイエンティストはクリック発生有無というあたかも目的変数としてみなせそうなデータを頼りに施策を作り替えたはずなのにもかかわらず、どうしてこのような由々しき事態を招いてしまったのでしょうか?

ここで問題になるのは、**ユーザが「動画に興味を持っているか否か」と「動画をクリックするか否か」という情報は必ずしも一致しない**ということです。これがどういうことか説明するために、図1.3で示したデータサイエンティストが用いたクリックデータが観測される過程で、本当のところ何が起こっていたのかを少し踏み込んで考察してみることにします。

推薦位置	推薦動画	興味有無	認知有無	クリック有無
1	動画1	×(無)	○(有)	×(無)
2	動画2	○	○	○
3	動画3	?(不明)	×	×
…	…	…	…	…
99	動画99	?	×	×
100	動画100	?	×	×

■ **図 1.5**／動画推薦枠におけるクリックデータの観測構造

図1.5には、これまでと同様クリックが発生したかどうかを表す列に加えて、ユーザが動画に興味を持っていたか否か(「興味有無」)とユーザがその動画の存在を認知していたか否か(「認知有無」)を表す列を追加しています。まず上から見ていくと、ユーザは最上位で提示されていた動画1はクリックせず、動画2をクリックしています。この状況から、ユーザは動画1のことは認知していたけれども興味がなかったのでスルーしたのではないかと推察されます。一方、動画2については興味もあって動画の存在を推薦枠内で認知したからこそ、クリックが発生したと考えるのが自然でしょう。ここまではある程度妥当なユーザ行動についての推察が可能ですが、ここから先の動画についての状況を推察するのはなかなかの難題です。なぜならば、ユーザは動画2をすでにクリックしてしまっているため、一度前のページに戻ったりしないと3番目以降の位置にどんな動画が並んでいるか確認することすらないと思われるからです。したがって、3番目以降の位置に並べられていた動画について分かるのは、**ユーザは3番目以降の位置にどんな動画が並んでいるかを認識していなかった可能性が高いということだけ**なはずです。この考えに基づいて、3番目以降の位置に並べられていた動画に対してユーザが興味を持っているかどうかは「?(不明)」としてあります。

このように冷静に状況を整理してみると、データサイエンティストがとった方針は少々強引だったのではないかということが分かってきます。と言うのも、図1.3において3番目以降の位置に並べられていた動画について分かるのは、「ユーザがそれらの動画に興味を持っているかどうかよく分からない」ということだけなのにもかかわらず、データサイエンティストはそれらの動画についてクリックが発生していないという表層的な事実のみからすべて負例として扱ってしまっていたのです。実際には、動画3～動画100の中にも、ユーザが興味を持っている動画が存在していたかもしれません。それらの動画は、動画2よりも下位の位置に並べられていたためにクリックが発生しにくかったかもしれませんが、だからと言って負例(興味がない)とは断定できないはずです。データサイエンティストが行ったように、単にクリックが発生したかどうかを正例/負例のシグナルとして先に進んでしまうと、ユーザの興味を惹く動画を上位に推薦するというよりもむしろ、過去の推薦において上位の位置で提示され、他のアイテムと比べて認知されやすい位置にあっただけのアイテムを上位で提示し続けてしまう危険性があるのです。

1.2 機械学習実践のためのフレームワーク

1.1節では、機械学習の実践においてデータ分析者が無意識のうちに陥りやすい代表的な落とし穴を簡単な例を用いて説明しました。これらの落とし穴の存在を知っていることはもちろん大事なことですが、実践者としてより重要なのは、どんな問題に対しても機械学習が機能する状況を自力で導けるようになることです。本書では扱いきれない未知の状況にも立ち向かえるようになるべく、本節では**機械学習の実践において有用なフレームワーク**を導入します。そして2章以降では、注意すべき落とし穴を含んだ実践トピックにこのフレームワークを適用する経験を繰り返し積むことで、自力で未知の状況に対応できる応用力を養います。ここで導入するフレームワークは汎用的なものであり、これを体得できれば、本書では扱っていない未知の状況が立ちはだかったとしても、機械学習を機能させるための手順を自ら導出できるようになることでしょう。

なおここで頭に留めておいて欲しいことは、**本書が用いるフレームワークに基づいて機械学習を実践したからといって望ましい結果が必ず得られるとは限らない**ということです。このような書き方をすると、単に本書の内容がうまく動作しなかったときの保険をかけているように思えるかもしれません。しかしよくよく考えてみると、現実世界にはデータのノイズが大きい場合や環境の変化が激しい場合、目的変数に関係する特徴量が取得できない場合など、データや機械学習を活用すること自体が無謀な状況はいくらでもあります。このような現実において我々が心得ておくべきなのは、**機械学習が機能する状況を整えることができなければ、機械学習を活用することが有効な場面であるか否かという情報すら得られない**ということです。本書が説く考え方を身に付けずやみくもに機械学習を用いてしまうと、本来の力を発揮できない理由が「何かしらの落とし穴にハマっていたから」なのか、「そもそもデータ駆動のアプローチが適さない場面だったから」なのかがよく分からない不毛な状況に陥ってしまいかねません。結果として「精度追求が足りなかった」「データ数が足りなかった」などの取っ付きやすい原因分析に終始しがちになってしまうのです。一方で、機械学習が機能する状況をきちんと整えた上で施策を導入したにもかかわらず望ましい結果が得られないようであれば、潔く他の有効なアプローチに切り替えることができます。我々の最終目的は良い性能を継続して発揮する施策を得ることであって、施策を機械学習やデータ駆動アルゴリズムでカッコよく仕立て上げることではありません。人手で作った簡素なルールベースの施策の方が有効なのであれば、それを導入するのが妥当な現場判断でしょう。本書で紹介するフレームワークが必ずしも望ましい結果を保証するものではないことを自覚した上でも、それを説いた書籍がこの世に一冊くらい存在しているべきだろうと考えるくらいに、著者がそれを重要視していることはここで述べておきたいと思います。

さてここから具体的な説明を始めます。まず、本書で用いるフレームワークを図1.6に示します。

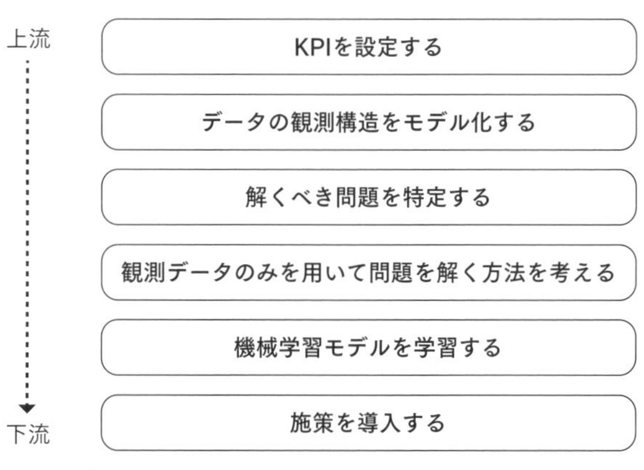

■ 図1.6／機械学習実践のためのフレームワーク

念を押すようですが、**このフレームワークを体得し、自在に応用できるようになる**ことが本書の最終目標です。したがって、本節が本書の根幹であると言っても過言ではないでしょう。

なお図1.6に示した手順について、上流の最初に行わなければいけないステップほど一般化して語ることが難しくサービスごとの固有の設定に依存しがちです。一方で、下流に位置するステップほどその部分のみを抜き出して一般化して記述することが比較的容易な傾向があります。これが、機械学習による予測にまつわる書籍が多く存在する要因の1つでしょう。しかし、機械学習を用いるための前提条件をクリアできていないのに機械学習の予測精度について議論するのは筋が悪いと言わざるを得ません。なぜならば、機械学習が威力を発揮するための前提条件を整える段階で方向性を見誤ってしまっていては、予測精度の追求などその後のステップで努力したところで、多くの場合取り返しがつかず意味のない努力に終始してしまうからです。これまでに解説してきた例でも、データサイエンティストは上流のステップをすっ飛ばして予測精度のみに注目してしまったがために、効果的な施策を導くことに失敗してしまいました。ここからは、**機械学習の実践において必要不可欠なステップ**について、前節で用いた具体例を織り交ぜながら丁寧に解説します。

1.2.1 KPIを設定する

まず最初に行うべきなのは、施策の性能を測るための定量指標(KPI)を設定することです。例えば、先のEコマースプラットフォームの例では売上をKPIとし、その最大化を目指していました。

施策によって追い求めるKPIを適切に設定することはとても重要なステップです。動画配信サービスの例では、できるだけ多くのユーザにサービス利用を継続してもらうことを最終目的にしていました。しかし、ユーザのサービス利用継続年数などは観測されるまでに長い年月を要するという難点があります。よってその代替として、扱いやすく計測しやすいクリック数などをKPIとして用いる方法が考えられます。ただし、ここで例として設定したクリック数が、推薦の性能を測るためのKPIとして本当に適切かどうかについては、注意深く検討する必要があります。もしかしたら、ユーザの大半はある動画をクリックしたとしてもすぐに興味を失って別の動画に遷移しているかもしれません。そのような状況下でクリック数を最大化したところで、ユーザの満足度が改善されるとは断言できません。むしろ動画の視聴時間をKPIに設定してそれを最大化する推薦を目指す方が、結果としてユーザのサービス継続を促進できるのかもしれません。このように「どの定量指標をビジネス目標やサービスのビジョンの代替としてKPIに設定するか」というステップは、最終的なビジネス目標の達成度合いに寄与するため重要であると言えます。

KPIはサービスのビジョンや収益構造、ドメイン知識を踏まえた上でサービスごとに適切に設定する必要があります。したがって、このステップは個別のサービスに強く依存するため、一般的な方法論として記述することが比較的困難であると言えます。よって、本書ではどのようにしてKPIを設定すべきであるのかという問いは、主要な話題としては扱いません。以降の章では基本的に、それぞれの問題設定においてよく用いられるKPIが与えられ最初のステップがすでに終わった状況を扱っています。むしろ本書では、**個別の事情に基づいてどのようなKPIが設定されたとしても、それに影響を受けることなく以降の手順を自ら遂行できるようになること**を目指します。

1.2.2 データの観測構造をモデル化する

次に行うべきステップは、手元にあるデータがどのような経緯をたどって観測されたのかをモデル化（記号や関係式を用いて表現）することです。例えば、前節の「過去の施策の傾向に起因するバイアス」にて紹介したEコマースプラットフォームの例でデータサイエンティストは、過去のクーポン配布施策がどのような傾向のものだったかを無視してしまっていました。そのために自分の手元に集まっている観測データに潜むバイアスに気付くことができず、結果として効果的な施策の特定に失敗してしまっていました。実はこの問題では、過去の施策が誰にどの程度クーポンを配布しやすかったのかを明示的に記述することで、自ずとバイアスに対応する方法を見出すことができます。

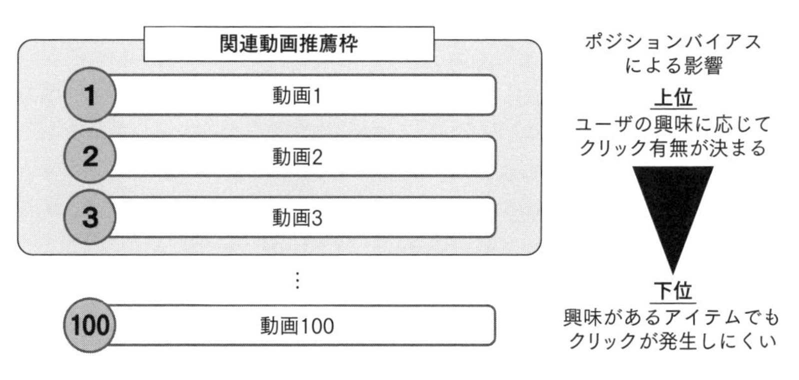

■ 図1.7／関連動画推薦枠におけるポジションバイアスの影響

さてこの「データの観測構造をモデル化する」ステップでも、サービスごとの状況に応じたモデル化を自らこなす必要性があります。それはデータの観測構造が、サービスのUIなど個別の状況に強く依存するものだからです。例えば、先の動画配信サービスでは推薦枠内に動画が縦に並んでおり、ユーザがスクロールすることで次々と動画が表示されるUIを採用していました。よって、下位で提示された動画はユーザに認知されにくく、結果として他の動画よりもクリックされにくいことが想定されました。このように推薦位置（ポジション）が原因で動画に対する嗜好度合いなど分析者が真に追い求めたい目的変数とクリックなどの表層的に出現する情報との間に生まれる解離のことを**ポジションバイアス**と呼ぶことがあります。したがって動画推薦の例では、このポジションバイアスを表現するのに適したモデル化を行い、それに基づきバイアスに対処する方法を導く必要があるのです。

一方で、動画配信サービスが仮に図1.8のような動画推薦UIを採用していた場合、我々は何に気を付けるべきでしょうか。

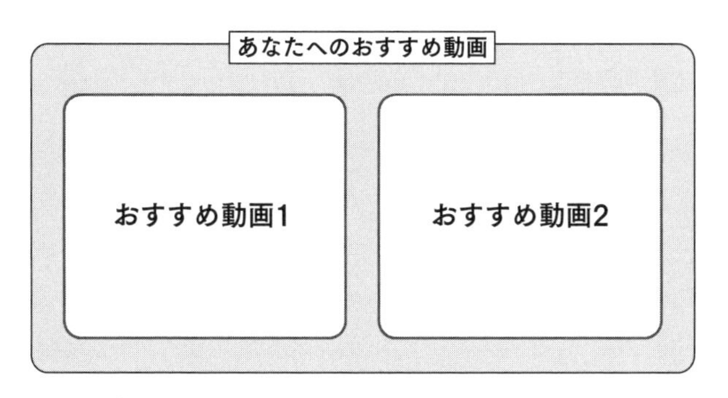

■ **図1.8**／2つの動画を横並びで提示する動画推薦枠

図1.8はある2つの動画を横並びで大々的に推薦する動画推薦UIとなっています。この種のUIが採用されていた場合、どちらのアイテムを先に吟味するといったポジションバイアスの影響は小さそうです。むしろユーザは、**どちらのアイテムの方により興味が湧くか**という相対比較の観点から動画をクリックするかどうか決めることが想定されます。では、2つの動画を比較することでユーザがクリックするかどうかを決める場合どのような困難が想定されるでしょうか？ ここでは簡単な思考実験として、動画配信サービスがあるユーザーに対して、3つの動画(動画a・動画b・動画c)の中から2つを推薦する場面を扱います。またそのユーザは「動画a ＞ 動画b ＞ 動画c」の順番に強い興味を抱いているとします。

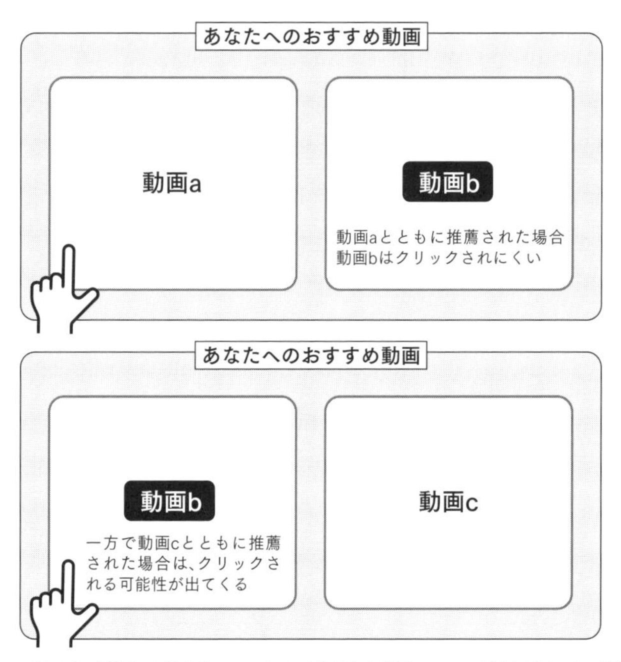

■ 図1.9／動画aと動画bのペアおよび動画bと動画cのペアが表示されている推薦枠

図1.9は動画a－動画bのペアと動画b－動画cのペアを並べたときの動画推薦の様子を示したものです。このとき、それぞれのパターンにおける動画bのクリックされやすさについて考えてみるととても厄介な現象が起こっていることが分かります。まず(動画a－動画b)のペアが提示された場合、動画bはそれ自体がユーザの興味を惹くものだったとしても、ほとんどクリックされないはずです。なぜならば、ユーザは動画aの方が相対的に動画bよりも強い興味を抱いているからです。よってこの場合にユーザがとり得る行動は、相対的に強い興味を抱いている動画aをクリックするか、もしくはその動画aですらクリックするほど興味を持てずに何もクリックしないかのどちらかでしょう。

一方で動画b－動画cのペアが提示された場合、ユーザは動画cよりも動画bの方に比較的強い興味を持っていますから、どちらかというとクリックされやすいのは動画bということになります。整理すると、動画b

は動画aとともに推薦されるとほとんどクリックされないでしょうが、動画cとともに推薦されると今度はクリックされる可能性が出てくるということです。すなわち図1.8のような横並びの動画推薦UIを採用していた場合には、ユーザはそれぞれの動画に対する絶対的な嗜好度合いに加えて同時に提示された動画との相対的な嗜好度合いにも影響を受けてクリックするかどうかを決めるだろうと想定するのが自然そうです。よって図1.8の動画推薦UIを通じて観測されたデータを活用するならば、「同時に推薦された動画との相対比較」によるバイアスへの対処がより重要になるという想定に基づきデータの観測構造をモデル化する必要があるでしょう。

ここで紹介した通り、観測構造の適切なモデル化はサービスのUIなど状況に応じて変わってきます。適切なモデル化はサービスの数だけ存在すると言うこともできるかもしれません。しかしだからと言って、データの観測構造のモデル化を毎回ゼロから構築しないといけないわけではありません。なぜならば、実応用でよく出現する重要なバイアスを扱うためのモデルや問題設定ごとに確立されたモデルがすでに存在するからです。例えば、ポジションバイアスを扱うために便利なモデルはすでに学術的に活発に議論されています。また、クーポン配布などの施策や介入の因果効果を扱う場合には、ポテンシャルアウトカムフレームワーク(Potential Outcome Framework)と呼ばれるモデルを用いると見通しが良くなることが知られています。よって機械学習を実践で活用する際に求められる基本的な態度は、よく知られたモデルを適切に選択したり、組み合わせたり、もしくは修正したりすることで自社のサービスやデータに適したモデルを導出するというものです。例えば、ランキング性を含む推薦枠で観測されたログデータを活用してアイテムを推薦するという介入の因果効果を予測したいとします。そんなときは、ポジションバイアスを扱うためのモデルと因果効果を扱うためのモデルを組み合わせて使うなどの工夫が考えられるでしょう。

本書では、実践において特に重要かつ練習題材としても適したバイアスに関連するトピックを厳選して取り上げます。また、論文などではあまり扱われていないが実応用ではよく発生する問題のモデル化にも果敢に挑戦します。それらを通じて、データの観測構造をモデル化するステップに慣れるとともに、主要なモデル化の方法論を組み合わせたり修正したりすることで、いかなるデータの観測構造にも自力で対応できる力を身に付けることを目指します。

1.2.3 解くべき問題を特定する

データの観測構造をモデル化した次に行うべきは、**解くべき問題を特定する**ことです。ここでは先に用いたEコマースプラットフォームにおける売上最大化の例を引き合いに出して説明します。前節の「解くべき問題の誤設定」においてデータサイエンティストはまず、売上を最大化するために、クーポンを配布した場合と配布しなかった場合の目的変数の差分を予測する問題を機械学習に解かせることにしていました。ここで説明のため、X を特徴量(性別)、$Y(1)$ をクーポンを配布した場合の売上、$Y(0)$ をクーポンを配布しなかった場合の売上とします(表1.4)。すると、データサイエンティストが予測しようとしていた売上の差分は $Y(1) - Y(0)$ と表すことができます。

▾ **表 1.4**／ユーザごとの売上

ユーザの特徴量(X)	観測された売上(Y)	クーポンありの場合の売上($Y(1)$)	クーポンなしの場合の売上($Y(0)$)	過去のクーポン配布(Z)
男性1	700	600	700	0(配布なし)
女性1	500	500	300	1(配布あり)
女性2	500	500	300	1
女性3	500	500	300	1
男性2	700	600	700	0
女性4	300	500	300	0
男性3	700	600	700	0
男性4	600	600	700	1
女性5	500	500	300	1
男性5	700	600	700	0

さて、この「解くべき問題を特定する」ステップは「機械学習の性能を定義する」と言い換えることもできます。Eコマースプラットフォームにおけるクーポン配布の例において、データサイエンティストが（おそらく無意識に）使っていた予測モデルの予測性能を測るための指標は、次の形をしていたものと想像できます。

$$\mathcal{J}(f_\phi) = \mathbb{E}_X[\ell(Y(1) - Y(0), f_\phi(X))]$$

$f_\phi(\cdot)$ は入力変数から目的変数（ここでは、$Y(1) - Y(0)$）を予測するためのパラメータ ϕ で定義される関数で、**予測モデル**と呼びます。パラメータ ϕ は例えば線形回帰であれば偏回帰係数（coefficient）、ニューラルネットワークであれば重み係数にあたります。$\ell(\cdot)$ は損失関数（loss function）と呼ばれる関数で、目的変数とそれに対する予測値がどれだけ離れているかを定量化するものです。分類問題では、交差エントロピー誤差（cross-entropy loss）やマージン誤差（margin loss）、回帰問題では、絶対誤差（absolute error）や二乗誤差（squared error）などが有名な損失関数として挙げられます。例えば、損失関数として $\ell(y, y') = (y - y')^2$ を設定する場合、$\mathcal{J}(f_\phi)$ は平均二乗誤差（mean spuared error）と呼ばれます。なお、具体的にどの損失関数を用いるべきかという議論は本書の主たる興味ではないため、ここでは損失関数を一般化して $\ell(\cdot)$ と表記しています。最後に、$\mathbb{E}_X[\cdot]$ は確率変数 X についての期待値を表します。

$\mathcal{J}(f_\phi)$ は、「あるパラメータ ϕ によって定義される予測モデル f_ϕ が、クーポンを配布した場合と配布しなかった場合の目的変数の差分 $Y(1) - Y(0)$ をどれだけ正確に予測するか」を定量化するものと言えます。予測モデル f_ϕ の予測性能とも言えるでしょう。Eコマースプラットフォームのデータサイエンティストは、$Y(1) - Y(0)$ を正確に予測する問題を機械学習に解かせようとしたわけですが、これは期待予測損失 $\mathcal{J}(f_\phi)$ をできるだけ小さくするモデルパラメータ ϕ を得ようとしたと言うことができそうです。

さて、先に定義した予測モデルの性能 $\mathcal{J}(f_\phi)$ ももちろん1つのあり得る目的関数の定義方法です。しかし、前節の例で $Y(1) - Y(0)$ を正確に予測する問題を機械学習に解かせることにしたデータサイエンティストは、結局のところ売上の最大化に失敗してしまっていました。売上最大化に直接的に結びつかない $Y(1) - Y(0)$ の予測問題を機械学習に解かせてしまったことで、肝心のクーポン配布の意思決定における誤りを招いてしまったのです。このように期待予測損失を目的関数として定義すると、$Y(1) - Y(0)$ に対する予測精度の担保を優先してしまうがために、クーポン配布の意思決定の誤りを許容しがちな目的関数になってしまいます。

本来解きたかったはずの問題と実際に機械学習に解かせている問題に食い違いが生じないようにするためにも、「解くべき問題を特定する」ステップの存在を認識し、慎重に取り組む必要があります。Eコマースプラットフォームにおける売上最大化の問題では結局のところ、**クーポンを配布するか否かの意思決定**が売上を左右する直接的な要素でした。よってこの問題設定に整合した学習を行うためにも、次に示す意思決定の性能を最適化すべき目的関数として定義すべきだっと言えるでしょう[*3]。

$$\mathcal{J}(\pi_\phi) = \mathbb{E}_X[Y(\pi_\phi(X))]$$

$\pi_\phi(\cdot)$ は入力変数をもとに、各データに対してクーポンを配布すべきなら1を配布しないべきならば0を出力することでクーポン配布の意思決定を行う関数で、**意思決定モデル**と呼びます（以降、予測モデルと意思決定モデルを総称して**機械学習モデル**と呼びます）。また $Y(\pi_\phi(X))$ は、$\pi_\phi(X) = 1$ ならば $Y(1)$ となり $\pi_\phi(X) = 0$ ならば $Y(0)$ となることから、π_ϕ による意思決定に応じて観測される売上を指します。したがって、目的関数 $\mathcal{J}(\pi_\phi)$ は、「π_ϕ によってクーポン配布の意思決定を行った場合に得られる期待売上」を表します。クーポン配布の意思決定を行う部分を関数 π_ϕ で表現することで、最終目的と整合する目的関数を定義できました。

機械学習モデルの学習（model training）は、あらかじめ与えられた目的関数についてできるだけ良い値を達成するモデルパラメータを得る問題を指します。よって「機械学習によって解くべき問題を特定する」ことは、「モデルパラメータを学習するための目的関数を定義する」ことに対応することが分かっていただけたかと思います。見慣れた予測誤差最小化の問

＊3　ただしこれが絶対的な正解であるというわけではありません。他のあり得る目的関数の定義については、あとの章でふれています。

題設定をむやみやたらに模倣するのではなく、事前に自らが設定したKPIやデータの観測構造などに応じて、解くべき問題や目的関数を柔軟に設定することが大事なのです。さもなくば機械学習にちぐはぐな問題を解かせることになってしまい、与えられた目的関数についてより良い性能を発揮させる方法やテクニックにいくら詳しくても、得られる結果は意味を成さないものになってしまいます。そのような悲しい事態を招かないためにも、自分がどんな問題を機械学習に解かせようとしているのか、解かせるべきであるのかを当たり前のこととして意識できるようになることが大事なのです。

1.2.4 観測データを用いて解くべき問題を近似する

解くべき問題を定めたあとには、とても重要なステップが待っています。それは、その**解くべき問題を手元の観測データのみを用いて近似する**ステップです。

前のステップでは、クーポン配布の意思決定を行う問題を表現した目的関数として、$\mathcal{J}(\pi_\phi) = \mathbb{E}_X[Y(\pi_\phi(X))]$ を定義しました。ここで $\mathcal{J}(\pi_\phi)$ は、ユーザの特徴量 X に応じて売上 $Y(\cdot)$ を大きくするクーポン配布の意思決定を π_ϕ が下せるほど、大きな値をとる目的関数です。したがって、$\mathcal{J}(\pi_\phi)$ を最大化するパラメータ ϕ を得ることが理想的で、これがここで解きたい問題です。しかし残念なことに、$\mathcal{J}(\pi_\phi)$ を直接最大化する問題を解くことは現実的に不可能です。なぜならば、私たちが手元に観測できるデータは母集団からサンプリングされた有限個のデータであり、母集団の分布を直接知ることができないからです。母集団の分布を知ることができなければ、$\mathcal{J}(\pi_\phi)$ を得るために必要な期待値を計算できません[*4]。したがって、理想的に最適化したいはずの真の性能の指標（$\mathcal{J}(f_\phi)$）を直接扱うことはできないのです。

この問題を解決するため教師あり機械学習では、**経験損失最小化（Empirical Risk Minimization; ERM）**という枠組みを採用しています。これはとても

＊4　期待値の定義に沿うと、$\mathbb{E}_X[Y(\pi_\phi(X))] = \int_x Y(\pi_\phi(X))p(x)dx$ であるため、特徴量が従う確率密度関数 $p(x)$ を知らないと真の性能は計算できないことが分かります。

単純な発想で、「$\mathcal{J}(\pi_\phi)$ を直接用いることができないならば、手元に観測されている（有限個の）データから**推定**してそれを代わりに目的関数としてしまおう」というアプローチのことです。なお**推定**については、[安井20] による以下の説明を参照してください。

> 本書では観測されたデータの背後には潜在的に観測しうるすべてのデータを含む母集団と呼ばれる集合が存在するという観点でデータをとらえます。手に入れたデータはその母集団から部分的に得られたものであり、手元のデータを分析するということは母集団の振る舞いをデータから推測することを意味しています。このように手元にあるデータから母集団の性質を推測することを**推定**と言います。

文脈に沿って少し補足すると、母集団全体における期待値として定義される真の性能 $\mathcal{J}(\pi_\phi)$ を手元の観測データを使って統計的に近似するというのが、ここでの推定の具体的な意味になります。

さて、ある意思決定モデル π_ϕ *5が与えられたときに、その性能 $\mathcal{J}(\pi_\phi)$ を推定する方法として一般的なのは、**経験性能**を用いることです。経験性能は手元に観測されているデータ上での単純な平均により計算される性能のことで、真の性能の代替として頻繁に用いられます。Eコマースプラットフォームにおけるクーポン配布問題の例でいうと、経験性能は次の形をしています。

$$\hat{\mathcal{J}}(\pi_\phi;\mathcal{D}) = \frac{1}{\sum_{i=1}^{n}\mathbb{I}\{\pi_\phi(X_i)=Z_i\}}\sum_{i=1}^{n}\mathbb{I}\{\pi_\phi(X_i)=Z_i\}\cdot Y_i$$

ここで、$\mathcal{D}=\{(X_i,Z_i,Y_i)\}_{i=1}^{n}$ は手元に観測されている（有限固の）観測データのことであり、上の式では、経験性能が観測データから計算されるものであることを強調しています*6。また Z_i は過去の施策がデータ i にクーポンを配布していたか否かを表す2値変数であり、$Z_i=1$ ならば過去の施策においてクーポンが配布されていたことを表します。また、

*5 仮に解きたい問題が予測の問題なのであれば、この部分は予測モデル f_ϕ に置き換わります。

*6 一方で、真の性能 $\mathcal{J}(\pi_\phi)$ は観測データのことは一旦考えず理想として定義されるものであるため、観測データ $\mathcal{D}$ が関係しません。

$\mathbb{I}\{\cdot\}$ は指示関数(indicator function)と呼ばれ、$\{\cdot\}$ の中の条件が成立すれば1を、そうでなければ0を出力します。最後に Y_i は i について観測される売上であり、$Y_i = Y(Z_i)$ と書くこともできます。過去の施策によりクーポンが配布されていたら($Z_i = 1$)、クーポンが配布された場合に対応する売上が観測され($Y_i = Y(1)$)、そうでなければクーポンが配布されなかった場合に対応する売上が観測される($Y_i = Y(0)$)ことを表しています。$\hat{\mathcal{J}}(\pi_\phi; \mathcal{D})$ の内部の $\mathbb{I}\{\pi_\phi(X_i) = Z_i\}$ は、**過去の施策による配布意思決定 Z_i と新たな施策の配布意思決定 π_ϕ が一致したデータのみ用いる**ことを表しています。もちろんすべてのデータが使えたら嬉しいのですが、あるデータに対して新たな施策がクーポンを配布すべきという意思決定を下している一方で、そのデータに過去にクーポンが配布されていない場合、その状況をどのように扱えば良いのか自明ではありません。よって、新旧の施策で意見が一致しているデータについて観測されている売上の平均値を、この場合の経験性能としています。

さてここで導入した経験性能 $\hat{\mathcal{J}}(\pi_\phi; \mathcal{D})$ は、前節の「過去の施策の傾向に起因するバイアス」で用いた例において、データサイエンティストが行った分析に対応しています。データサイエンティストは、クーポンをなりふり構わず全配布する全配布施策が良いのか、まったく誰にも配布しない全非配布の施策が良いのかを表1.4で表される男女のユーザ計10人のデータを使って判断する問題に取り組んでいました。ここで、全配布施策は $\pi_\phi(\cdot) = 1$ と、全非配布施策は $\pi_\phi(\cdot) = 0$ と表すことができます。それぞれどんなユーザに対しても配布するもしくは配布しないの一辺倒の意思決定を下す施策であることを考慮すれば自然なはずです。これを先ほどの $\hat{\mathcal{J}}(\pi_\phi; \mathcal{D})$ に当てはめるとそれぞれ

$$\hat{\mathcal{J}}(1; \mathcal{D}) = \frac{1}{\sum_{i=1}^{n} \mathbb{I}\{Z_i = 1\}} \sum_{i=1}^{n} \mathbb{I}\{Z_i = 1\} \cdot Y_i$$

$$\hat{\mathcal{J}}(0; \mathcal{D}) = \frac{1}{\sum_{i=1}^{n} \mathbb{I}\{Z_i = 0\}} \sum_{i=1}^{n} \mathbb{I}\{Z_i = 0\} \cdot Y_i$$

となります。$\hat{\mathcal{J}}(1; \mathcal{D})$ は、全配布施策の真の性能を観測データ $\mathcal{D}$ に基づく経験性能で近似したものを表します。また $\hat{\mathcal{J}}(0; \mathcal{D})$ は、全非配布施策

の真の性能を経験性能で近似したものを表します。ここで $\hat{\mathcal{J}}(1;\mathcal{D})$ に着目すると、$\mathbb{I}\{Z_i = 1\}$ は、過去の施策でクーポンが配布された人のみ1となりますから、結局のところ $\hat{\mathcal{J}}(1;\mathcal{D})$ は**過去の施策においてクーポンが配布された人について観測された売上の平均値**であることが分かります。同様にして、$\hat{\mathcal{J}}(0;\mathcal{D})$ は**過去の施策においてクーポンが配布されなかった人について観測された売上の平均値**です。これはまさに前節の例でデータサイエンティストが、施策の性能を比較するために計算していたものです。実際、表1.4に基づいて計算してみると $\hat{\mathcal{J}}(1;\mathcal{D}) = 540, \hat{\mathcal{J}}(0;\mathcal{D}) = 620$ となり、前節でデータサイエンティストが得た分析結果を再現できます。

このように経験性能で理想的に解きたい問題・目的関数を近似する方法は、多くの人が日常的に行っている操作です。例えば、ある予測モデル f_ϕ によって何かしらの予測問題を解きたい場合、みなさんは有限個の観測データを使った経験性能により二乗誤差や交差エントロピーを計算し、それに基づいて機械学習モデルの学習を行っているはずです。標準的な機械学習が経験性能を真の性能の代替として採用している背景には、実は重要な大前提が隠れています。それは、経験性能が真の性能に対する一致推定量であるといういわゆる**一致性の仮定**です。

$$\hat{\mathcal{J}}(\pi_\phi;\mathcal{D}) \underset{n\to\infty}{\longrightarrow} \mathcal{J}(\pi_\phi)$$

これは、手元に観測しているデータの数（n）が増えるにしたがって、経験性能 $\hat{\mathcal{J}}(\pi_\phi;\mathcal{D})$ が真の性能 $\mathcal{J}(\pi_\phi)$ に近づいていくという仮定を表しています。多くの場合、ビジネスの現場では大量のデータが観測されますから、データから計算可能な経験性能は、真の性能を精度良く近似すると想定されているのです。そしてその想定に基づいて、経験性能を真の目的関数の代わりに用いることでモデルパラメータ ϕ を得る方法が、標準的な機械学習の実践として行われているのです。経験性能により真の性能をよく近似できるならば、それを代わりに最適化することで得た機械学習モデルは真の目的関数の意味でも良い性能を発揮するだろうという論理です。

この真の性能の代わりに経験性能を最適化する考え方自体は広く受け入れられたものであり、ここで異論を唱えるつもりはありません。問題なのは、**経験性能を用いることの大前提である一致性の仮定が、ほとんどの機械学習の実践場面において成り立っていない、また意識されていない**ということです。実際Eコマースプラットフォームにおけるクーポン配布の例においてこの経験性能を愚直に用いる単純な方法を適用したところ、全配布施策と全非配布施策について正しい性能の値が得られないどころか、全非配布施策の方が良い性能を発揮するという誤った決断を下してしまいました。パラメータ ϕ を学習する必要がない全配布施策と全非配布施策についてこのような状況が起こってしまうということは、データサイエンティストが用いた真の性能の代替 $\hat{\mathcal{J}}(\pi_\phi;\mathcal{D})$ が適切なものではなかったことを明快に示唆しています。すなわち、Eコマースプラットフォームにおけるクーポン配布の例において、真の目的関数である期待売上 $\mathcal{J}(\pi_\phi)$ を観測データから最大化するためには、より適切な近似方法(推定量)を導出しておかなければならないのです。

このように観測可能なデータのみを用いて真の性能をよく近似できる推定量を導出するステップは、機械学習エンジニアやデータサイエンティストの腕の見せ所の1つと言えます。そして良い推定量を作るためには、データの観測構造とそこに潜むバイアスをよく理解し、それを適切に取り除くことが必要不可欠です。これは著者の肌感覚ですが、**理想的に解きたい問題 $\mathcal{J}(\cdot)$ と観測データ $\mathcal{D}$ を用いて実際に解いている問題 $\hat{\mathcal{J}}(\cdot;\mathcal{D})$** を意識的に区別している人はあまり多くないのではないでしょうか。**機械学習モデルの性能は手元のデータを用いて推定しなければならないものであり、学習を行う際には推定した性能を真の目的関数の代わりとして用いている**という意識を持つことは、落とし穴の存在に気づくためにも重要です。したがって本書では、**理想的に解きたい問題 $\mathcal{J}(\cdot)$ をまずは特定することが重要である**という立場をとります。その上で、その**理想的に機械学習に解かせたい問題を観測データのみを用いて統計的に近似する問題($\mathcal{J}(\cdot) \approx \hat{\mathcal{J}}(\cdot;\mathcal{D})$)に慎重に取り組むべきである**と考えます。このように必要なステップ書き記すことで、これらの重要なステップの存在を誰でも当たり前のものとして意識的に捉えられるようにすることが、フレームワークを導入した1つのねらいです。

1.2.5 機械学習モデルを学習する

ここにきてようやく機械学習モデルの学習に進むことができます。1つ前のステップで、意思決定モデルの真の性能 $\mathcal{J}(\pi_\phi)$ を観測データから精度良く近似できる推定量 $\hat{\mathcal{J}}(\pi_\phi;\mathcal{D})$ を導出できたとします。機械学習モデルを学習するとは、観測データを用いて近似された目的関数 $\hat{\mathcal{J}}(\pi_\phi;\mathcal{D})$ について、できるだけ望ましい値をとるパラメータ ϕ を得ることを指します。この手順は、(意思決定モデルを学習する場合)次の最大化問題として書き表すことができます[*7]。

$$\hat{\phi} = \arg\max_{\phi} \hat{\mathcal{J}}(\pi_\phi;\mathcal{D})$$

このようにして得られるパラメータ $\hat{\phi}$ や意思決定モデル $\pi_{\hat{\phi}}$ は、意思決定の性能の近似である $\hat{\mathcal{J}}(\pi_\phi;\mathcal{D})$ について望ましい値をとるものです。そしてもしも事前に用意した性能の推定量 $\hat{\mathcal{J}}(\cdot;\mathcal{D})$ が真の目的関数 $\mathcal{J}(\cdot)$ を良く近似できるものであれば、上記の学習によって得られる意思決定モデル $\pi_{\hat{\phi}}$ は、真の目的関数 $\mathcal{J}(\cdot)$ においても良い性能を発揮するものになっているはずです[*8]。逆に重大なバイアスの影響を無視してしまい真の目的関数とはかけ離れた推定量を学習に用いてしまったとしたら、手元の観測データにおける性能 $\hat{\mathcal{J}}(\cdot;\mathcal{D})$ がたとえ良かったとしても、結果として得られる施策の性能 $\mathcal{J}(\cdot)$ は満足のいくものではなくなってしまうことがあります($\mathcal{J}(\cdot)$ と $\hat{\mathcal{J}}(\cdot;\mathcal{D})$ が連動しないわけですから、そのはずですね)。

実環境への適用を念頭に置いた学習を行うためには、みなさんが普段扱っている目的関数は真の目的関数そのものではなく、それを観測データから推定したものであるという意識を持つことがやはり大切です。また実応用においては、過去の施策やUIに起因するさまざまなバイアスの存在により観測データから真の目的関数を容易に推定できない場合がほとんどです。したがって、図1.10に示すように手元の観測データから真の性能

＊7　もし仮に解きたい問題が予測誤差の最小化問題なのであれば、$\hat{\phi} = \mathrm{argmin}_\phi \hat{\mathcal{J}}(f_\phi;\mathcal{D})$ により予測モデルを学習することになるでしょう。

＊8　この議論がどれほど成り立つのかに関する理論背景は「統計的学習理論(Statistical Learning Theory)」という分野で扱われています。詳しく知りたい方は[金森 15]などを参照してみると良いでしょう。

$\mathcal{J}(\pi_\phi)$ を正確に近似できる $\hat{\mathcal{J}}(\pi_\phi;\mathcal{D})$ を事前に導出する腕を磨くことが重要なのです。

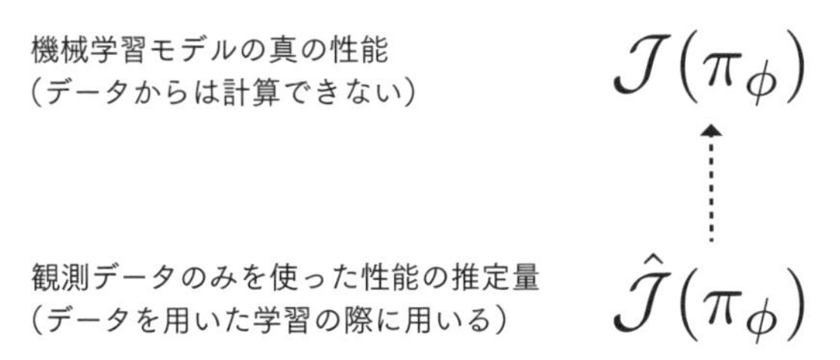

■ **図 1.10**／理想的な学習と現実的な学習(観測データから真の性能を近似することが重要)

なお、巷に溢れている特徴量エンジニアリングやハイパーパラメータチューニングもしくは論文で議論されている最先端の深層学習手法などは、基本的に真の性能を経験性能で精度良く近似できるということを(しばしば暗黙の)前提としています。その上で与えられた推定量 $\hat{\mathcal{J}}(\cdot;\mathcal{D})$ をうまく最適化するための技術や工夫が、機械学習に関するほとんどの書籍や論文の興味になっているのです。したがって、これらの技術やテクニックを応用する際には、「データの観測構造のモデル化」や「解くべき問題の特定」などの上流のステップがクリアされている必要があることにくれぐれも注意する必要があります。おおよそ機械学習という言葉から連想される技術は、機械学習の実践において下流に位置するステップに関するものだったのです。本書の焦点は、施策の性能につながる問題を機械学習に解かせる部分であり、解くべき問題が与えられた状態でその問題をいかにうまく解くかという部分ではありません。効果的な施策につなげるためには、精度追求に関してあれこれ試行錯誤するよりも前に、フレームワークとしてまとめた手順を上から順に漏れなくクリアしておく必要があるのです。

1.2.6 施策を導入する

最後に、学習された予測モデル $f_{\hat{\phi}}$ や意思決定モデル $\pi_{\hat{\phi}}$ を駆使した施策を本番環境に導入します。そしてここまでのステップを着実にクリアできていれば、ねらった性能を発揮できる可能性が高まります。また仮に成果が得られなかったとしても、データやアルゴリズムを用いたアプローチが有効ではなかったと結論付けることができ、潔く別のアプローチに切り替えることができます。

また施策を導入する際に重要となる視点に「**今現在稼働している施策が、次に機械学習モデルを学習する際に用いるデータを生成する**」というものがあります。例えばとある動画推薦枠において、よくクリックされる人気動画のみをしつこく推薦する施策を導入したとします。するとそれらの人気な動画についてのデータは大量に集まりますが、それ以外の平均的にあまり人気ではない動画についてのデータはなかなか集まりません。したがって、新たに機械学習モデルを学習しようと思い立ったときに手元の残っているデータは人気な動画に大きく偏ったものになっており、次回の学習がとても難しい問題になってしまうのです。もちろん本書のフレームワークを適切に活用すれば、このデータの偏りにもある程度対応できるでしょう。しかしこの世に万能な方法は存在せず、偏りが大き過ぎるといかなる手を尽くしても対処が難しくなってしまいます。よって、一様ランダムな動画推薦を少しだけ混ぜておくなどの工夫を行うことで、**機械学習モデルを学習しやすいデータを将来のために残しておく**ことも応用上重要な考え方です。活用としての施策の性能追求と探索としての質の良いデータ収集のトレードオフを意識すべき、と言うこともできるでしょう。この点については、2章でより詳しく取り上げています。

column 反実仮想機械学習

1.2節では、機械学習実践ためのフレームワークとして、KPIの設定から施策の導入に至るまでのステップを細分化して解説しました。本書では、**多くの機械学習に関する書籍や実践現場で軽視されていて、ある程度一般化して説明することが可能**という点から「1.2.2 データの観測構造をモデル化する → 1.2.3 解くべき問題を特定する → 1.2.4 観測データを用いて解くべき問題を近似する」に重点を置いています。この部分を正しく実践できれば、多くの方が得意としている「1.2.5 機械学習モデルを学習する」の部分と組み合わせることで、機械学習の威力をより広範な状況で引き出せるはずです。

さて本書のアプローチは、**反実仮想機械学習（Counterfactual Machine Learning；CFML）**と呼ばれる領域で議論されている話題の一般化として捉えることができます。反実仮想機械学習は、2015年頃から活発に研究され始めた新興領域です。現在ではICML, NeurIPS, AAAI, KDD, RecSysなど、機械学習・人工知能の幅広い学会で多くの関連論文が発表されたり、定期的にチュートリアルやワークショップが開催されています（[Saito21]など）。海外では、CFMLの名を冠した講義[Joachims18]も行われるようになっています。特にWeb産業への応用が進んでおり、Google, Netflix, Spotify, Criteoなどの推薦や検索、広告配信をサービスの重要な構成要素として持つ企業が精力的に研究を進めています[*9]。人工知能学会誌「私のブックマーク」にサーベイ記事が掲載されたり、「CFML勉強会」が定期的に開催されるなど、日本国内でも徐々に認知されはじめています。

人工知能学会誌「私のブックマーク」のサーベイ記事[齋藤20]において、反実仮想機械学習は次のように定義されています。

反実仮想機械学習（CFML）とは，因果効果を予測したり，過

＊9　これらの企業の研究所のページはとても整理されており、実践的な取り組みを知りたい場合にとても参考になります。例えばNetflix Researchのホームページは、https://research.netflix.com/ にあります。

> 去に何らかの基準で収集された雑多なデータを使って仮想的な施策の性能を評価するなどの，反実仮想の推論を含むタスクを解くための技術の総称である．これにより例えば，オンライン実験（施策を本番環境に導入してその挙動を見るなど，正確だがハイリスクで実装コストが大きな評価方法）を行うことなく過去に集積されたデータのみを用いて，新たなアルゴリズムの性能を知ることが可能になる．すなわち，機械学習を活用した施策改善プロセスで発生する意思決定を手助けしたり，失敗を未然に防ぐことが期待される．

さて反実仮想機械学習はとても役立ちそうなコンセプトを掲げており、海外のテック企業が先進的な導入事例を頻繁に報告している現状もあります。しかし、反実仮想機械学習に関連する論文や手法を**実務でどのように使えば良いのか**を説いている文献は存在せず、手当たり次第に論文を読み漁って仕入れた断片知識をなんとなく織り交ぜてみることで精一杯という現状があることも事実です。実は反実仮想機械学習におけるほとんどの論文は、ある特定の単純な問題設定を取り上げた上でフレームワークのある一部分に関する方法論についての議論を展開しています（「新しいモデル化を提案する」「目的関数の新しい近似方法を提案する」など）。したがって、それぞれの論文を独立した知識として断片的に吸収しているだけでは効果的な実践につながりません。実践者として重要なのは、多くの文献の背後に共通して存在する思考法を一般化して理解し、習得することなのです。

本書の役割は「反実仮想機械学習としてまとめられる領域の根底にある思考法を一般化し、実践者に有用なフレームワークとしてまとめ直した上で、そのエッセンスを伝えている」と言うことができるかもしれません。さまざまな応用における機械学習の実践手順を導出する過程で、反実仮想機械学習を実務活用する際に重要となる考え方が身に付いているはずです。以降の章を読んだあとに、手法や理論、応用例の詳細が気になった方は、「反実仮想機械学習」や「Counterfactual Machine Learning」などのキーワードで調べてみると、多くの文献が見つかるでしょう。

1.3 本章のまとめ

本章では、標準的とされている機械学習の実践に潜む代表的な落とし穴について簡単な例を用いて説明しました。具体的には、

- そもそも解くべき問題の設定を間違えていること
- 過去の施策がもたらす実環境と観測データの乖離（バイアス）を見逃してしまうこと
- 本来目的変数としたい情報と表層的なデータの違いを無視してしまうこと

を典型的な落とし穴として紹介しました。またこれらの失敗を未然に防ぎ、機械学習が機能する状況を整える際の思考の整理に有用なフレームワークを導入しました。特に、機械学習において注目を集めがちな**学習**よりも上流に位置する**データの観測構造のモデル化**、**解くべき問題の特定**、そして**観測データを用いた機械学習モデルの性能推定**などのステップを着実にクリアすることが重要でした。そもそも学習が意味を成すための状況を用意できていないと、せっかく機械学習の先端技術に詳しくてもその知識が台無しになってしまいます。手当たり次第に最先端とされている論文を読み漁るよりも先に身に付けるべきことがあるはずなのです。

次章以降は、本章で導入したフレームワークをさまざまな実践問題に適用する流れを体験する構成になっています。まず2章では、フレームワークの根幹を成す「1.2.2 データの観測構造をモデル化する → 1.2.3 解くべき問題を特定する → 1.2.4 観測データを用いて解くべき問題を近似する」に慣れるためのシンプルな問題を扱います。また後半の3〜5章では、より実践に近く自由度が高い問題設定に取り組む中で、機械学習の実践においてたどるべき思考回路を繰り返しなぞります。それにより、今後どんな場面が訪れたとしても本書の内容を臨機応変に応用できる力を養っていきます。

参考文献

- [安井20] 安井翔太. 効果検証入門. 技術評論社, 2020.
- [金森15] 金森敬文. 統計的学習理論. 講談社, 2015.
- [Joachims18] Thorsten Joachims. CS7792 - Counterfactual Machine Learning. http://www.cs.cornell.edu/courses/cs7792/2018fa/
- [Saito21] Yuta Saito and Thorsten Joachims. Counterfactual Evaluation and Learning for Recommender Systems: Foundations, Implementations, and Recent Advances. In Proceedings of the 15th ACM Conference on Recommender Systems, 2021 (to appear).
- [齋藤20] 齋藤 優太. 私のブックマーク：反実仮想機械学習 (Counterfactual Machine Learning, CFML). 人工知能, Vol.35, No.4, pages 579-587, 2020.

2章

機械学習実践のための基礎技術

本章では、広告配信に関連する問題設定に1章で導入したフレームワークを適用、ビジネス施策につなげる一連の流れを扱います。具体的には、正確な予測を導く問題と高性能な意思決定を導く問題というパターンの異なる問題設定において、実際に施策を導く際にたどるべき思考回路をなぞります。多くの人が思い浮かべる機械学習の実践手順に比較的近い正確な予測を目指す設定から始め、そのあとに意思決定を直接扱う問題に進むことで、スムーズに本書のコンセプトに慣れることがねらいです。最後に、本章で扱った意思決定モデルの学習や評価の手順を実装し人工データと実データに適用することで、実践での活用場面と結びついた具体的なイメージの獲得を目指します。

2.1 正確な予測を導く

ビジネスにおいて、予測そのものに値段がつく場合や、特定の情報が分かると利益が得られる場合が存在します。不正取引検知(正確に検知できると、業務を効率化できたり、不正による損失を削減できたりする)は、その一例でしょう。また分析のレポーティングを商品として売るビジネスにおいても、予測結果が必要な場合があるでしょう。これらの問題設定では、正確な予測値を得ること自体が価値を持ちます。本節では正確な予測が価値を持つ問題を想定して、観測可能なデータを用いて予測モデルを得る際に出現する落とし穴とそれに対処する方法を導出します。

2.1.1 問題設定の導入(セグメント拡張のためのユーザ属性の予測)

Web上のメディアやサービスの多くは、広告を利用したマネタイズを行なっています。広告を出したい企業(**広告主**)は、宣伝したい商品やサービスの特性に合わせて、年齢や性別を限定した上で広告を配信したいという要望を持っています。この年齢や性別を限定したユーザのグループのことを**セグメント**と呼びます。この要望に応えるため、ユーザの属性情報に基づいた**セグメント別の広告配信**がさまざまなメディアで行われています。メディアやサービスはこのセグメント別の広告配信を通して、広告の出稿費用を売上として広告主から受け取っており、配信される広告の量に応じた売上を得ます。つまり、広告主にとって有益なセグメントに属するユーザ数が多ければ多いほど、メディアは多くの売上を広告主から得られるしくみになっています。図2.1に、セグメント別の広告配信における広告主とWebメディア・サービスの関係をまとめました。

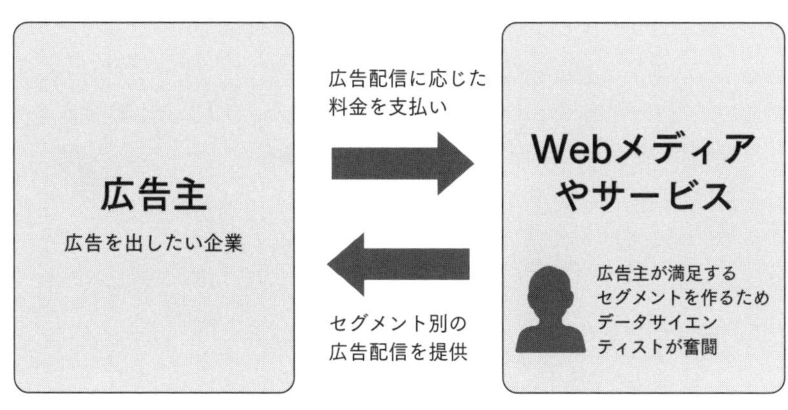

■ 図 2.1／セグメント別の広告配信における広告主とWebメディア・サービスの関係

しかし、Web上のメディアやサービスには基本的な属性情報さえ得られないユーザが多く存在し、これらのユーザにセグメントを割り当てることができない問題があります。この問題は、会員登録やアンケートに回答してもらわないと、年齢や性別などの情報が得られないことに起因します。この事情により、属性情報を取得できるのは会員やアンケート回答者など一部のユーザに限られ、それ以外のユーザの属性情報を得ることはできません。この状況では、広告配信に利用可能なセグメントは属性情報が得られる会員やアンケート回答者に限られたものになってしまい、それに基づく広告配信から発生する売上や効果は限定的になってしまいます。ここに、**属性情報が取得できないユーザの属性情報を予測してセグメントに割り振り、広告配信を実行できるユーザ数を増やすことで売上を増大させたい**というモチベーションが生まれます。

セグメント拡張とは、年齢や性別などセグメントを構築するために必要な属性情報を予測するタスクです。Web上のメディア・サービスでは、属性情報が得られる会員ユーザだけでなく、非会員ユーザにおいてもサービスの利用状況やどの記事を読んでいるのかといったサービス上の行動ログであれば得ることができます。本節で紹介するシンプルなセグメント拡張では、これらの行動ログなどを特徴量としてセグメント構築に使いたい属性情報を予測する予測モデルを学習し、他のユーザの属性情報を予測することを考えます。これにより、本来は属性情報がなく広告の配信対象にならない非会員ユーザについても、予測された属性情報に基づくセグメントに割り振ることで、配信対象に含めることができます。このセグメント拡張を通して売上に貢献するため、データサイエンティストには、**非会員ユーザの属性情報を正確に予測できる予測モデルの構築**が求められるのです。

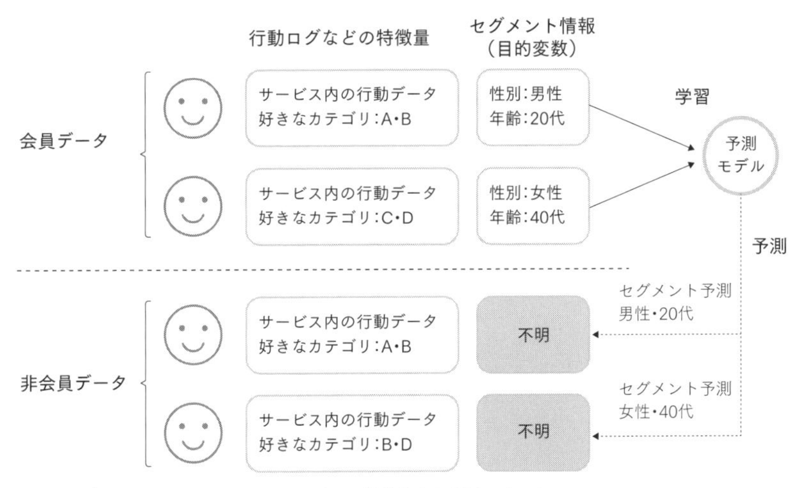

■ **図2.2**／セグメント拡張：非会員ユーザの属性情報を予測するタスク

2.1.2 フレームワークに則った予測モデルの学習

ここでは、先に説明したセグメント拡張におけるユーザ属性予測のタスクに1章で導入したフレームワークを当てはめながら、予測モデルの学習手順を導出します。またその過程で、機械学習の実践においてよく見られる落とし穴の存在を具体的に確認します。

データの観測構造をモデル化する

ここでは例として、ユーザが20代であるか否かという年齢に関する属性情報を目的変数として、それを観測データから予測する問題を考えます。まずユーザiのメディア上での行動ログなどから構成される特徴量をX_iとします。また、ユーザが20代であるか否かを表す属性情報をYとします。仮にユーザの年齢をageとするならば、目的変数を

$Y = \mathbb{I}\{age \in [20, 30)\}$ と定義することもできます。

特徴量と目的変数が準備できたらそのまま学習に進んでしまいたくなります。しかしセグメント拡張の問題では、**ユーザがメディアの会員なのか否かによって目的変数である属性情報が観測されるか否かが変わってくる問題がある**のでした。したがってここでは、ユーザ i が会員なのか非会員なのかを表現する O_i という2値確率変数を自ら導入することで、セグメント拡張におけるデータの観測構造をモデル化することにします。ここで、ユーザ i が会員である場合は $O_i = 1$ であり、このユーザの属性情報がすでに観測されていることを意味します。一方で、ユーザが非会員ならば $O_i = 0$ であり、そのユーザーの属性情報が観測されていないために予測して埋める必要があることを意味します。

さてここで表2.1の擬似データを使って、データの観測構造をモデル化するために導入した記号のイメージをつかみます。

▼ **表 2.1**／ユーザ属性情報予測に関する擬似データ

ユーザ i	会員／非会員	O_i	年齢	目的変数 Y_i
ユーザ1	会員	1	20	1
ユーザ2	会員	1	30	0
ユーザ3	会員	1	40	0
ユーザ4	非会員	0	未観測	**未観測**
ユーザ5	非会員	0	未観測	**未観測**

表2.1では、ユーザ1～3は会員であるため $O_i = 1$ であり、年齢やそれに応じて定義される目的変数 Y が観測されています。一方で、ユーザ4とユーザ5は非会員であるため $O_i = 0$ であり、目的変数 Y が未観測であることが分かります。我々がこのユーザ属性情報予測の問題で行いたいのは、$O_i = 1$ となっているユーザについて観測されている特徴量や目的変数のみを用いて、属性情報が観測されておらず $O_i = 0$ となっているユーザの目的変数を予測することです。

このように会員ユーザのデータのみが予測モデルの学習に利用できる場合、「属性情報がすでに観測されているデータ（$O_i = 1$）」と「属性情報が未だ観測されておらず予測対象となるデータ（$O_i = 0$）」の性質が大きく

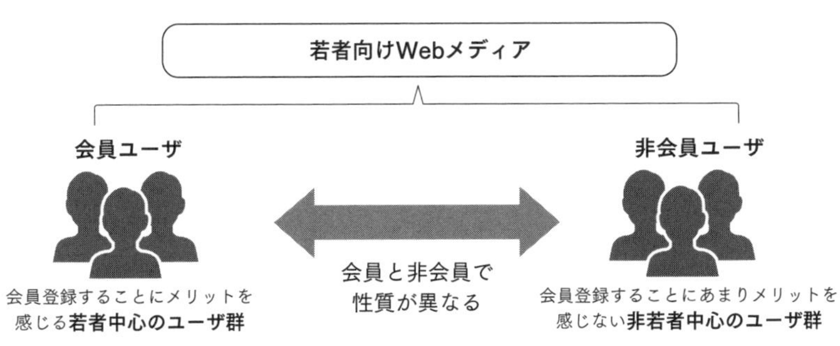

■ **図 2.3**／会員登録有無によって生じる観測データと予測対象群の性質の違い

異なる可能性を疑わなくてはなりません。どういうことかというと、仮にメディアで提供されるコンテンツが若者向けである場合、若者の方が会員になりやすいだろうということです。また料理のレシピを扱うメディアにおいて会員登録しやすいのは、主に主婦層だろうと想定されます。このように、メディアの特徴に応じて会員登録しやすいユーザ層が異なるため、学習データとして活用できる会員データと予測対象となる非会員データは異なる性質を持つデータだという当たりがつきます(図2.3)。

解きたい問題を特定する

データの観測構造をモデル化したあとに行うべきなのは、**解きたい問題の特定**でした。セグメント拡張において重要なのは、属性情報をできるだけ正確に予測することです。この場合、できるだけ予測精度の高い予測モデルを構築することが、セグメント拡張におけるデータサイエンティストの目標となります。よってここでは、機械学習に予測の問題を解いてもらいたいわけですから、予測を行うための関数を予測モデル f_ϕ として導入する判断が自然でしょう。予測モデル f_ϕ は、入力変数 X から目的変数 Y を予測するためのモデルパラメータ ϕ を持つ関数です。より正確な予測モデル f_ϕ を得るためには、まず予測モデルの性能(目的関数)を適切に定義して、それを最適化する基準でパラメータ ϕ を得る必要があります。このように、機械学習モデル(ここでは予測モデル)を学習する際に理想的に(観測データから計算可能か否かは一旦おいておいて)最適化したい目的関数を定義することを、**解きたい問題の特定**と呼んでいました。それではこの属性予測の問題において、予測モデル f_ϕ の予測性能はどのように定義されるべきでしょうか？

ここで鍵となるのは、**我々が予測精度を担保したい予測対象は誰なのか**という視点です。表2.1で整理した通りここで扱っている属性情報予測の問題で我々が予測したいのは、**属性情報が観測されない非会員の目的変数**でした。この予測対象を念頭においてここでは、次のように予測モデルの真の目的関数を定義することにします[*1]。

$$\mathcal{J}(f_\phi) = \mathbb{E}_X[\ell(Y, f_\phi(X)) \mid O = 0]$$

ここで目的関数 $\mathcal{J}(f_\phi)$ は、「あるパラメータ ϕ によって定義される予測モデル f_ϕ が、非会員ユーザの属性情報 Y をどれだけの誤差で予測できているのか？」を定量化したものです。注意すべきは、期待値が $O=0$ による条件付きになっている点です。このように条件付きの期待予測損失を目的関数として定義することで、非会員（$O=0$）のユーザが予測対象であるという我々のモチベーションを表現しています。またこの時点では目的関数を理想的に用いたいものとして、観測データ $\mathcal{D}$ とは切り離して定義している点にも注意が必要です。さてこの真の目的関数 $\mathcal{J}(f_\phi)$ は、次のように変形して表現することもできます。

$$\begin{aligned}
\mathcal{J}(f_\phi) &= \mathbb{E}_X[\ell(Y, f_\phi(X)) \mid O = 0] \\
&= \int \ell(Y, f_\phi(x)) f_{X|O}(x \mid o = 0) dx \\
&= \int \ell(Y, f_\phi(x)) \frac{f_X(x) \cdot P(O = 0 \mid x)}{P(O = 0)} dx \\
&\propto \int (1 - \theta(x)) \cdot \ell(Y, f_\phi(x)) f_X(x) dx \\
&= \mathbb{E}_X[(1 - \theta(X)) \cdot \ell(Y, f_\phi(X))]
\end{aligned}$$

ここでは、条件付き期待値の定義に従い期待値を積分表現したあと、条件付き密度関数を変形しています。また特徴量 X を持つユーザが会員となる確

＊1　以降、2.1～2.2節では計算を単純化するため目的変数 Y を（確率変数ではなく）決定的な変数として扱います。これはすなわち、あるデータ i について $Y_i = f_{true}(X_i)$ というように、目的変数がある未知の関数から生成される状況を想定していることになります。

率(=属性情報が観測される確率)を、$\theta(X)=\mathbb{E}[O \mid X]$ としています。ここで O_i は2値確率変数ですから、$\theta(X)=\mathbb{E}[O \mid X]=P(O=1 \mid X)$ と書くこともできます。またこのことを踏まえ、$P(O=0 \mid X)=1-P(O=1 \mid X)$ $=1-\theta(X)$ という関係式を式変形の途中で用いています。なお、$P(O=0)$ は X や Y に依存しない定数であり予測モデルの学習に影響を与えないため、ここでは考えないことにしています。

この変換により、先に定義していた真の目的関数 $\mathcal{J}(f_\phi)$ が、$(1-\theta(X))\cdot\ell(Y,f_\phi(X))$ という $1-\theta(X_i)$ で重み付けられた損失関数でも表せることがわかりました。これはとても直感に合うものです。なぜならば、$1-\theta(X_i)$ はユーザ i が非会員にならない確率(属性情報が観測されない確率)だからです。すなわち真の目的関数は、非会員になりやすいユーザに対する予測精度を重視する設計になっているという解釈をすることもできるのです。これは我々の予測対象が属性情報が観測されない非会員ユーザであることに整合しています。

さて解きたい問題を特定する段階では、次の目的関数をあまり状況を考えずに、もしくは完全に無意識のうちに定義してしまいがちです。

$$\mathcal{J}(f_\phi)=\mathbb{E}_X[\ell(Y,f_\phi(X))]$$

ここでは先ほどと異なり、目的関数を定義する期待値が非会員ユーザで条件付けされておらず、ユーザ全体で定義されています。すなわちこの予測性能の定義には、会員だろうが非会員だろうが関係なく全員に対して予測精度を担保したいという気持ちが込められてしまっています。**もしこれが何かを意図し確信を持って定義しているのであれば問題ありませんが、誰を予測対象とすべきなのかを意識せずにこのような愚直な定義に走っているのであれば危険です**。表2.1で確認した通り実際の予測対象は非会員ユーザのみなわけですから、非会員ユーザ($O=0$)に絞った期待予測損失を目的関数として定義するのが、問題設定や分析のモチベーションを踏まえるとより自然と言えるでしょう。

さて予測モデルの学習は、ここで定義した予測誤差を最小化するモデルパラメータ ϕ を得る問題として定式化されます。すなわち、

$$\phi^*=\arg\min_\phi \mathcal{J}(f_\phi)$$

で定義される ϕ^* が予測誤差を最小にする予測モデルを導くという意味で最適なモデルパラメータです。この最適なパラメータによって得られる予測精度 $\mathcal{J}(f_{\phi^*})$ にできるだけ近い精度を発揮できるパラメータを得ることが、セグメント拡張の例におけるデータサイエンティストの目標になります。

観測データのみから解きたい問題を近似する

前のステップでは予測モデルの性能を定量化する真の目的関数として、$\mathcal{J}(f_\phi) = \mathbb{E}_X[\ell(Y, f_\phi(X)) \mid O = 0]$ を定義しました。そして、その真の目的関数において最も望ましい値を達成するパラメータ ϕ を得ることが我々の目標であり解きたい問題でした。ここで、とある予測モデル f_ϕ について $\mathcal{J}(f_\phi)$ が簡単に計算できるならば、それを直接最小化することで予測モデルを学習できそうです。しかし1章で説明した通り、我々が手元で観測できるデータは母集団からサンプリングされた有限個のデータであり、母集団の分布を直接知ることはできません。これにより、$\mathcal{J}(f_\phi)$ を直接最小化する問題を解いて f_ϕ を学習することは現実的に不可能です。だからこそ、**観測データのみから解きたい問題を近似する**ステップが必要となるのでした。

ここで扱っているセグメント拡張の問題において目的変数が観測されるのは、すでに会員登録をしているユーザのみでした。この状況で我々に与えられる学習データは、先に導入した記号を用いると次のように表すことができます。

$$\mathcal{D} = \{(X_i, Y_i) \mid O_i = 1\}_{i=1}^N$$

すなわち、会員ユーザ（$O_i = 1$）についての特徴量 X_i と目的変数 Y_i のペアの集合がここで我々に与えられる学習データです。非会員ユーザ（$O_i = 0$）については属性情報（目的変数）が観測されないため、学習データには含まれません（だからこそ非会員ユーザの属性情報を予測したいのでした）。

手元で観測できる学習データを確認したところで、それを使って解くべき問題を近似する方法を導出します。この解くべき問題を近似する段階で多くの人は、データの観測構造に気を払うことなくナイーブな経験損失に飛びついてしまいがちです。ナイーブな経験損失とは、観測されているデータに対する予測誤差の単純平均のことを指し、次のように定義されます。

$$
\begin{aligned}
\hat{\mathcal{J}}_{naive}(f_\phi;\mathcal{D}) &= \frac{1}{N}\sum_{i:O_i=1}^{N} \ell(Y_i, f_\phi(X_i)) \\
&= \frac{1}{N}\sum_{i=1}^{N} O_i \cdot \ell(Y_i, f_\phi(X_i))
\end{aligned}
$$

O_i はユーザ i が学習データとして観測されたか否かを表す2値変数でした。すなわちナイーブな経験損失 $\hat{\mathcal{J}}_{naive}(f_\phi;\mathcal{D})$ は、目的変数が観測される会員ユーザ（ $O_i = 1$ ）のみに絞って、予測モデル f_ϕ の予測誤差を計算しているものだと読み取れます。ユーザの属性情報の予測タスクに取り組んだことがある人の中には、予測モデルを得る際の予測誤差を単純に属性情報が得られているデータの平均で計算したことがある人がいるかもしれません。さてここで定義したナイーブな経験損失は、観測可能な学習データを用いて計算可能な真の目的関数の近似方法としてすぐに思いつくものであり、無意識に飛びついてしまいがちなものです。しかし、このナイーブな経験損失が本当に真の目的関数を近似するものなのかを確かめてから学習に進まないと、機械学習に意図しない問題を解かせてしまう可能性があります。

ナイーブ推定量が実際のところどのような目的関数を近似するものなのかを確かめるために、ここではその期待値を計算します。ある適当な予測モデル f_ϕ が与えられたとき、ナイーブな経験損失の期待値は次のように計算できます。

$$
\begin{aligned}
&\mathbb{E}_{(X,O)}[\hat{\mathcal{J}}_{naive}(f_\phi;\mathcal{D})] \\
&= \mathbb{E}_{(X,O)}\left[\frac{1}{N}\sum_{i=1}^{N} O_i \cdot \ell(Y_i, f_\phi(X_i))\right] \\
&= \frac{1}{N}\sum_{i=1}^{N} \mathbb{E}_X\left[\mathbb{E}_O[O_i \mid X_i] \cdot \ell(Y_i, f_\phi(X_i))\right] \\
&= \frac{1}{N}\sum_{i=1}^{N} \mathbb{E}_X\left[\theta(X_i) \cdot \ell(Y_i, f_\phi(X_i))\right] \quad \because \theta(X) = \mathbb{E}[O \mid X] \\
&= \mathbb{E}_X[\theta(X) \cdot \ell(Y, f_\phi(X))]
\end{aligned}
$$

ここで計算したナイーブな経験損失 $\hat{\mathcal{J}}_{naive}(f_\phi;\mathcal{D})$ の期待値を見てみると、損失関数 $\ell(Y,f_\phi(X))$ が $\theta(X)$ で重み付けられてしまっていることが分かります。すなわちナイーブな経験損失は、**会員になりやすい（属性情報が観測されやすい）データを必要以上に重視してしまう設計になっていた**のです。元々は何も重み付けしていなかったはずなので、これはとても気づきにくく厄介な問題です。本来我々が属性情報を予測したかったのは、非会員ユーザだったはずです。にもかかわらずナイーブな経験損失のようにすでに会員になっている人を重視した予測損失を最適化してしまっては、**重視したかったはずの非会員ユーザに対する予測精度はむしろ軽視されてしまいます**。このちぐはぐな状況は、避けるべきでしょう。

同様の問題はセグメント拡張に限らず、多くの問題設定で生じ得ます。例えば、メール配信に関連する施策において配信メール内部に埋め込まれたリンクをクリックする確率をユーザごとに予測したいタスクでは、メールを開封した人についての目的変数しか得ることができません。このような予測タスクに取り組んだことがある人の多くは、ナイーブ推定量が定義するようにメールを開封したユーザ（データが観測されており、$O_i=1$ となるユーザ）のデータのみに絞って、目的関数を計算しているかもしれません。メールを開封しやすい人たちとメールを開封しにくい人たちの間には、メール配信を行なった時間帯やメールのタイトルなどに応じた傾向の違いが見込まれるにもかかわらずです。すなわち、メール配信に関連する施策でも、観測データと予測対象の間に存在する乖離に気を払わなければ、本来解きたい問題とはかけ離れた問題についての精度を追求してしまうことになりかねないのです。

さて単に観測されているデータのみをそのまま使ってしまうと、我々が真に興味がある非会員に対する予測損失とはかけ離れた予測損失が計算されてしまうことが分かりました。それではどうすればこの問題に対処して、真の目的関数 $\mathcal{J}(f_\phi)$ に対する妥当な近似を行い、我々のモチベーションに沿った学習や精度追求につなげることができるのでしょうか。

その近似方法を導くためにまず、真の目的関数 $\mathcal{J}(f_\phi)$ とナイーブな経験損失の期待値 $\mathbb{E}[\hat{\mathcal{J}}_{naive}(f_\phi;\mathcal{D})]$ を比較し、その違いを洗い出します。すると、**真の目的関数とナイーブな経験損失の間にある乖離が浮かび上がっ**

てきます。真の目的関数とナイーブな経験損失の期待値は、それぞれ次のように表されるものでした。

$$\mathcal{J}(f_\phi) = \mathbb{E}_X[(1-\theta(X)) \cdot \ell(Y, f_\phi(X))]$$
$$\mathbb{E}_{(X,O)}[\hat{\mathcal{J}}_{naive}(f_\phi; \mathcal{D})] = \mathbb{E}_X[\theta(X) \cdot \ell(Y, f_\phi(X))]$$

ここで確認したようにナイーブな経験損失の期待値には、$\theta(X) \cdot \ell(Y, f_\phi(X))$ が現れた一方で、真の目的関数には $(1-\theta(X)) \cdot \ell(Y, f_\phi(X))$ が現れています。すなわちこれらの間には、$(1-\theta(X))/\theta(X)$ だけの乖離が存在することになります。これはまさに、**我々が観測構造をモデル化することで明らかになった、会員ユーザと非会員ユーザの間にある乖離の大きさを定量化する値**と言えます。

さてここまで突き止めることができたら、あとはシンプルです。期待値を計算したあとにしっかり真の目的関数が現れるよう、会員ユーザと非会員ユーザの乖離の大きさ $(1-\theta(X_i))/\theta(X_i)$ を考慮した推定量を新たに設計することにします。

$$\hat{\mathcal{J}}_{IW}(f_\phi; \mathcal{D}) = \frac{1}{N} \sum_{i:O_i=1} \frac{1-\theta(X_i)}{\theta(X_i)} \cdot \ell(Y_i, f_\phi(X_i))$$
$$= \frac{1}{N} \sum_{i=1}^{N} O_i \cdot \frac{1-\theta(X_i)}{\theta(X_i)} \cdot \ell(Y_i, f_\phi(X_i))$$

ここでは重み $(1-\theta(X_i))/\theta(X_i)$ を学習におけるユーザ i の重要度ととらえ、**重要度重み付け損失**とでも呼ぶべき推定量を定義しました[*2]。ここで定義した重要度重み付け損失は、属性情報が得られる会員データ（$O_i = 1$）のみを用いている点ではナイーブな経験損失と同様です。しかし、先ほど特定した会員ユーザと非会員ユーザの乖離の大きさ $(1-\theta(X))/\theta(X)$ を考慮するべく、あらかじめ損失関数を重み付けている点が異なります。

さてここで導出した重要度重み付け損失は、本当に真の目的関数に対する妥当な近似になっているのでしょうか？ ここでもその期待値を計算し

＊2 重点度重み付けは英語で Importance Weighting（IW）と呼ばれることがあるため、IW という下付き文字を用いています。

て、どのような結果が得られるか確かめてみることにします。

$$
\begin{aligned}
&\mathbb{E}_{(X,O)}[\hat{\mathcal{J}}_{IW}(f_\phi;\mathcal{D})] \\
&= \mathbb{E}_{(X,O)}\left[\frac{1}{N}\sum_{i=1}^{N} O_i \cdot \frac{1-\theta(X_i)}{\theta(X_i)} \cdot \ell(Y_i, f_\phi(X_i))\right] \\
&= \frac{1}{N}\sum_{i=1}^{N} \mathbb{E}_X\left[\mathbb{E}_O[O_i \mid X_i] \cdot \frac{1-\theta(X_i)}{\theta(X_i)} \cdot \ell(Y_i, f_\phi(X_i))\right] \\
&= \mathbb{E}_X\left[\theta(X) \cdot \frac{1-\theta(X)}{\theta(X)} \cdot \ell(Y, f_\phi(X))\right] \\
&= \mathbb{E}_X\left[(1-\theta(X)) \cdot \ell(Y, f_\phi(X))\right] \\
&= \mathcal{J}(f_\phi)
\end{aligned}
$$

ということで、重要度重み付け損失の期待値は、我々が先に設定した真の目的関数 $\mathcal{J}(f_\phi)$ に一致していることが分かります。またこの結果は、予測モデル f_ϕ に依存せず成り立ちます。したがって、重要度重み付け損失は、真の目的関数に対する不偏推定量であると言えます。すなわち、会員ユーザ群と非会員ユーザ群の間に存在する乖離を除去しつつ、観測データ $\mathcal{D}$ から真の目的関数を近似できているというわけです。ここで導出したように、まずは真の目的関数がどうあるべきかを状況ごとに丁寧に見定め、観測データから真の目的関数を近似する際に悪さをする原因を突き止める方法が堅実です。そうすることで、バイアスの存在を認識し、それに対処する方法を自ら導出できるのです。

なお、重要度重み付け損失の計算に必要なそれぞれのデータが観測される確率 $\theta(X)$ は、事前にデータから推定しておく必要があります。これは、次の誤差最小化問題を解くことで推定できます。

$$
\hat{\psi} = \arg\min_{\psi} \frac{1}{N}\sum_{i=1}^{N} \ell(O_i, g_\psi(X_i))
$$

ここで g_ψ は、2値変数 O_i を予測するためのパラメータ ψ で定義される予測モデルです。$\theta(X_i)$ は $O_i = 1$ となる確率だったわけですから、$\theta(X_i)$ を推定するためには、O_i を目的変数とみなした予測誤差最小化問題を解けば良いというわけです。この $\theta(X_i)$ の推定問題は、scikit-learn

のインターフェースに従うと次のように実装できます。

```
# 予測モデル(分類器)を定義
g = LogisticRegression()

# Oに対する予測損失を最小化する基準で予測モデルを学習
g.fit(x_train, o_train)

# 学習した予測モデルを用いて\thetaを推定
theta_hat = g.predict_proba(x_train)[:, 1]
```

ここでx_train・o_trainはそれぞれ、事前に準備されたトレーニングデータにおける特徴量と属性変数が観測されたか否か(会員登録しているか否か)を表す2値変数です。まずはじめにg = LogisticRegression()などとして分類器を定義します。なおここでは、サポートベクターマシン(SVC)やランダムフォレスト(RandomForestClassifier)など好みの分類手法を用いることもできます。次に特徴量から属性変数が観測されたか否かを予測するための予測モデルを、g.fit(x_train, o_train)として学習します。最後に、theta_hat = g.predict_proba(x_train)[:, 1]とすることで、$\theta(X)$ を推定します。ここで

- $\theta(X)$ は後ほどトレーニングデータを用いた学習に使うため、トレーニングデータに対して $\theta(X)$ を予測していること
- 確率を推定するためpredict_probaメソッドを使っていること

には注意が必要です。なお、非会員ユーザについては属性情報 Y_i は観測されませんが、会員かどうかの情報 O_i は全員について観測されているので、上記の g_ψ は多くの方が慣れ親しんだ教師あり機械学習と同じ感覚で解くことができます。

機械学習モデルを学習する

最後に予測モデルを学習するステップについて補足します。ここまでの内容から、データの観測確率を考慮した重要度重み付け損失を活用するこ

とで観測データと予測対象の間に存在するバイアスを考慮できることが分かりました。したがって、観測データのみからは計算不可能な真の目的関数の代替として、重要度重み付け損失を最小化することで、問題設定に即した予測モデルを得ることを考えます。この学習手順は、次のように書き表すことができます。

$$\hat{\phi} = \arg\min_{\phi} \hat{\mathcal{J}}_{IW}(f_{\phi}; \mathcal{D})$$

こうして重要度重み付け損失を用いることで、先のセグメント拡張の例のように観測データと予測対象に乖離が見込まれる状況においても、その乖離を考慮した上で正確な予測を追求できます。なおここで登場した重要度重み付け損失を用いた学習は、scikit-learnのfitメソッドに実装されているsample_weightという引数を用いることで、次のように容易に実装できます。

```
# 予測モデルを定義
f = LogisticRegression()

# 重要度重み付け損失を最小化する基準で予測モデルを学習
f.fit(x_train, y_train, sample_weight=((1.0 - theta_hat) / theta_hat))

# 学習した予測モデルを用いて、バリデーションデータに対して目的変数を予測
y_pred = f.predict(x_val)
```

ここでx_trainとy_trainはそれぞれ、事前に準備されたトレーニングデータにおける特徴量と目的変数です。まずはじめにf = LogisticRegression()などとして機械学習モデルを定義します。ここでも、ランダムフォレストなど好みの手法を用いることができます。次に先に導いた重要度重み付け損失を用いた学習手順に従って、f.fit(x_train, y_train, sample_weight=((1.0 - theta_hat) / theta_hat))として予測モデルを学習します。ここでは、特徴量x_trainから目的変数y_trainを予測する問題を、先に導いた重みsample_weight=((1.0 - theta_hat) / theta_hat)に基づいて解いています。最後に、事前に準備されたバリデーションデータに対する特徴量x_valに対して予測モデルfを適用することで、目的変数を予測します。

2.1.3 データのバイアスに直面するその他のケース

本節ではセグメント拡張の例を取り上げ、属性情報が観測される会員ユーザと予測対象である非会員ユーザの乖離が原因で発生するバイアスの問題を扱いました。この例に代表されるバイアスの問題は、その他のさまざまな応用場面に出現します。例えば、画像認識においては最高水準(state-of-the-art)と考えられている手法や、さまざまなクラウドサービスで提供されている画像認識のサービスが、所得によるバイアスの影響を受けていることが[DeVries20]などにより指摘されています。これは現状の画像認識のモデルが、インターネット上で収集した画像を中心としたデータを用いて学習されることが主な原因です。インターネットに接続できる人は比較的所得が高い傾向があるため、インターネット上では所得の高い人の行動範囲や所有物を撮影した画像が自然と多く収集されます。逆に所得が低い人の行動範囲や所有物を写した画像は学習データとして観測されにくく、それらのデータに対する予測精度が気づかぬうちに軽視されてしまうのです。こういった背景のもとで学習された予測モデルを携帯電話などのさまざまな所得の人が利用するデバイスの機能の構成要素とする場合、ユーザの所得によって機能の性能が変化し、低所得のユーザはその機能を十分に享受できないことになってしまいます。

他の関連する話題に、データが観測されるタイミングに起因して発生するバイアスがあります。例えばEコマースサイトや広告配信の場面で、ユーザの購買確率を予測するタスクを考えます。ここで、あるタイミング、例えば23時時点で収集した購買データと特徴量を用いて予測モデルを学習しているとします。また、商品の購買検討を22時に開始し、翌朝6時に購買するユーザがいたとします。するとこのユーザの購買情報は、データが収集される23時時点では観測されないことになります。よって、このユーザは翌朝には商品を購買するはずなのにもかかわらず、何も考えないとこのユーザを購買が発生しなかった負例として扱ってしまいかねません。このように購買情報などデータが観測されるまでにある程度の時間を要する問題では、目的変数の扱いに関して観測データと予測対象の間に乖離が発生します。[Yasui20]は、このような状況においてデータの観測構造をうまくモデル化する方法と予測性能を観測データのみから近似する方法を提案しています。

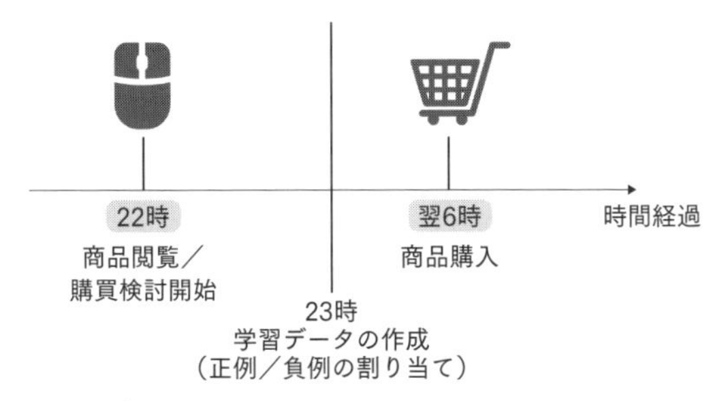

■ 図 2.4／遅れフィードバックの問題でバイアスが発生するメカニズム

2.2 高性能な意思決定を導く

前節では予測自体が価値を持つ問題設定を取り上げ、観測データと実環境の乖離を補正しながら正確な予測を導く方法を扱いました。しかし、予測自体はあまり価値を持たない一方で、予測などをもとにして行う意思決定が重要な意味を持つ場面も多く存在します。例えばコンテンツ推薦の場面では「どの商品をユーザに推薦するべきか？」という意思決定が、ユーザのクリックや商品購買といったイベントに直接的に関与します。他にもインターネット広告配信では「どの広告画像を表示するべきか？」という意思決定により、ユーザが広告をクリックする確率が変化します。これらの場面では、前節で扱った問題とは異なりクリック確率や売上の予測値を商品として売っているわけではありませんから、予測が正確であること自体にさほど意味はありません。むしろ「どのような意思決定を下せば、クリック確率や売上を最大化できるか」という問いに答えるための機械学習モデルの学習が、ここでの主な関心なはずです。本節では、高性能な意思決定を行う機械学習モデルを学習する方法を導きます。

2.2.1 問題設定の導入（広告画像選択）

本節では、Webサービスのマネタイズにおいて非常に重要な課題である広告画像選択の問題を具体例として導入します。この問題では図2.5に示すように、あるユーザがWebメディアに訪れた際に、何かしらの広告を表示する状況を考えます[*3]。このような広告画像選択の場面では、事前にサービスや分析者が用意した複数種類の広告画像の候補から、訪問してきたユーザに対してある広告画像を選択し表示します。その結果として、広告画像を見たユーザによるクリックや商品購買などの目的変数が観測されます。

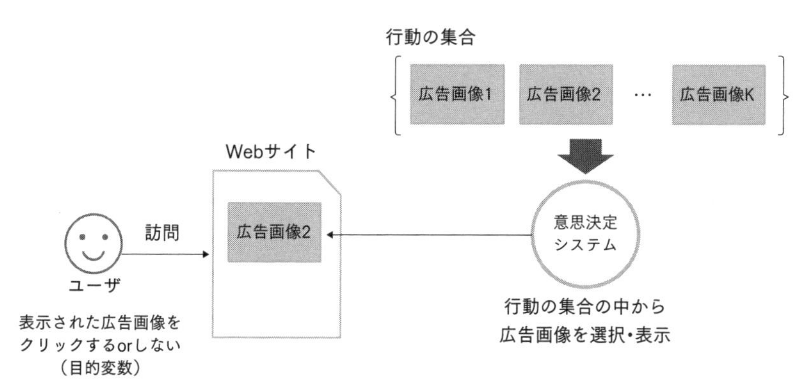

■ 図 2.5／広告画像選択の問題

例えば現在のインターネット広告では、一般的に広告がクリックされると広告を表示させたい企業に対する課金が行われます。言い換えれば、クリックをより多く発生させることで、（少なくとも短期的には）サービスの売上を増やすことができます。ここで意思決定を自動で行う意思決定システムは、おおよそ次の順序で動作します。

1. 意思決定のリクエスト（ユーザの訪問）が発生する
2. ユーザの特徴に合わせて適切な広告画像を選択する
3. どの広告画像を表示したかに依存して目的変数（クリックなど）が観測される

＊3　このときどの広告主の広告が表示されるかは、オークションなどのメカニズムによってあらかじめ決定されているとします。広告配信にまつわるオークションについて詳しくは、[有賀21] の 12 章を参照すると良いでしょう。

4.1-3を繰り返す

私たちが普段利用するWeb上のサービスでは、サービスへのアクセスが発生するたびに、上記の意思決定プロセスが稼働しています。本節における我々の興味は、「ユーザの特徴に合わせて適切な広告画像を選択する」部分を自動かつ高性能に遂行できる機械学習モデルを利用可能なデータから学習することです。

2.2.2 フレームワークに則った意思決定モデルの学習

ここでは広告画像選択の問題について、1章で導入したフレームワークを参考にしつつ、意思決定モデルを学習する手順を導出します。

KPIを設定する

最初に広告画像選択の問題におけるKPIを確認します。本節では**広告画像のクリック回数**をKPIとし、これの最大化を目指すことにします。先に説明した通りインターネット広告では、多くのクリックを発生させることで大きな売上をあげることができます。したがって、クリック回数をKPIとするのは1つの妥当な判断でしょう。もちろんこのKPI設定は単一の正解というわけではなく、適切なKPI設定はサービスの事情や収益構造に応じて変化します。例えば、広告画像をクリックしただけではなくそのあとに商品購買(コンバージョン)が発生しないと売上につながらないのであれば、コンバージョン回数をKPIとする判断も十分にあり得ます。またクリックが発生するごとに得られる報酬や広告を表示するのにかかるコストを考慮した総利益を直接KPIに設定することもできます。ここでは、あくまで話に具体性を持たせるための一例として、クリック回数の最大化に興味がある場面を想定して話を進めます。

データの観測構造をモデル化する

KPIを設定したあとに我々が行うべきなのは、**データ観測構造のモデル化**でした。ここではまず、ユーザiの特徴量をX_iで表します。また意思決定システムがとり得る K 個の行動の集合を、$[K] := \{1, 2, \ldots, K\}$ で表します。これは広告画像選択の問題では、意思決定システムが選択し得る広告画像の集合に対応します。次にユーザ i に対して選択される行動を $A_i \in [K]$ で表します。例えば、あるユーザ i に広告画像1が選択される状況は、$A_i = 1$ として表されます。最後に目的変数(クリック発生有無)を表すための記号を用意するのですが、ここで少し工夫が必要です。なぜならば、我々は**あるユーザに対して選択した行動が違えば観測される目的変数も異なる状況を想定している**からです。すなわち、同じユーザに対しても広告画像1を見せた場合と広告画像2を見せた場合で、ユーザ属性や興味に応じてクリック確率が変わってくるだろうということです(もしどの広告画像を見せてもクリック確率が変わらないことを想定するのであれば、そもそも広告画像選択の意思決定に頭を悩ませる必要がありませんね)。

このようにとった行動(広告画像の選択)に応じて観測される目的変数が切り替わる状況を表現するのに便利なのが、因果推論などで用いられる**ポテンシャルアウトカムフレームワーク(Potential Outcome Framework)**と呼ばれるモデル化です。ポテンシャルアウトカムフレームワークでは、潜在目的変数 $Y(\cdot)$ という記法を用います。$(\cdot)$ には、とり得る行動が入ります。例えば、ある行動 $A = 1$ が選択されたときの目的変数は $Y(1)$ となる一方、別の行動 $A = 2$ が選択されたときの目的変数は $Y(2)$ に切り替わります。ここで注意が必要なのが、**ある a という行動を選択したならば、その行動に紐づく潜在目的変数 $Y(a)$ しか観測されない**ことです。それ以外の行動が仮に選択された場合の潜在目的変数 $\{Y(a') | a' \in [K] \setminus \{a\}\}$ を観測することはできません。これは、あるユーザに対して広告画像1を選択したならば、広告画像1を選択したときの目的変数(クリック発生有無)はデータとして観測される一方で、仮に別の広告画像を選択していたときにクリックが発生していたかどうかは観測不可能であるという現実の状況を表現しています。図2.6にポテンシャルアウトカムフレームワークによる問題の捉え方をまとめました。K 個すべての行動に対応する潜在目的変数が背後に存在することを想定しつつも、どの行動が選ばれたかに応じて観測される目的変数が切り替わるというイメージを持つと良いでしょう。

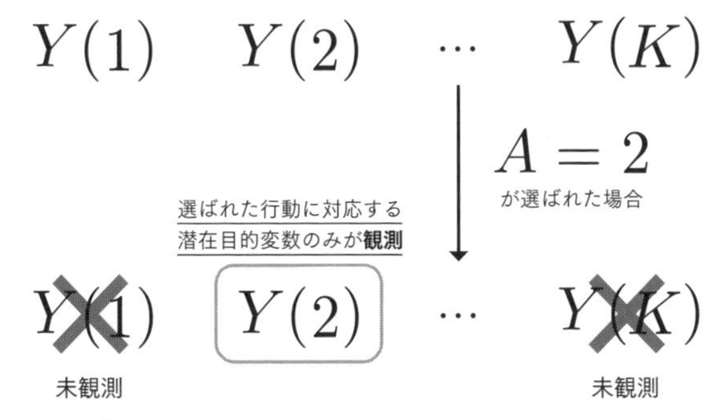

■ 図 2.6／ポテンシャルアウトカムフレームワークによる問題の捉え方

解きたい問題を特定する

データの観測構造をモデル化したあとに我々が行うべきなのは、**解くべき問題を特定する**ことでした。ここで扱っている広告画像選択などの意思決定の問題を解く方法としては、

- 機械学習に予測の問題を解かせてから、予測値を意思決定に変換する方法
- 機械学習に意思決定の問題を直接解かせる方法

の主に2つの方法が考えられます。ここでは、この2つの方針を丁寧に検討したのちに、結局のところ機械学習にどの問題を解かせるべきであるのかを判断することにします。

1つ目の方法は、「機械学習に予測の問題を解かせる方法」です。この方法ではまず、2.1節でも登場した予測モデル f_ϕ により、特徴量 X_i で表現されるユーザ i に対してある行動 a を選択したときの目的変数を予測します。これは、次の目的関数を最小化する基準でパラメータ ϕ を得る問題として書き表すことができます。

$$\mathcal{J}\left(f_\phi^{(a)}\right)=\mathbb{E}_X\left[\ell(Y(a),f_\phi^{(a)}(X))\right],\quad \forall a\in[K]$$

ここでは行動 $a \in [K]$ に対応する潜在目的変数 $Y(a)$ を、特徴量 X をもとに予測モデル $f_{\phi}^{(a)}$ で予測する際の予測誤差が目的関数として定義されています。この問題を K 個の行動ごとに解くことで、それぞれの行動に対応した目的変数の予測モデル $\{f_{\phi}^{(a)}\}_{a\in[K]}$ を得ます。

さて2.1節で扱った内容などを参考にして、観測データから良い予測精度を達成する予測モデルを得ることができたとします。2.1節のように正確な予測そのものに価値がある場合は、この段階で機械学習はお役御免です。しかし、広告画像選択の問題では最終的に意思決定の問題を解きたいわけですから、**予測モデルの出力である予測値を行動選択の意思決定に変換する必要があります**。予測を意思決定に変換する方法はいくつか考えられます。最も直感的な方法は、ユーザごとに目的変数の予測値が最大となる行動を選択する方法でしょう。この変換方法は、次の数式で表すことができます。

$$\hat{a}_i = \underset{a\in[K]}{\arg\max}\, f_{\phi}^{(a)}(X_i)$$

ここでは、事前に学習された予測モデル $\{f_{\phi}^{(a)}\}_{a\in[K]}$ に基づき、特徴量 X_i で表現されるユーザ i に対して、目的変数の予測値が最大となる行動を選択する方法を示しています。数式を見ると、K 個のとり得る行動すべてについてそれを選択したときの目的変数を $f_{\phi}^{(a)}$ で予測し、その予測値が最大になる行動を $\arg\max_{a\in[K]}$ により選択していることが分かります。先にKPIとして設定したように、ここではクリックなどの目的変数を最大化したいわけですから、ユーザ単位の意思決定としては、そのユーザについて目的変数を最大にする行動を選ぶことが理想的な意思決定です。しかし現実問題として目的変数の値が分からないので、ここではそれを予測モデルの出力で代替して、行動選択を行っています。

その他にも、ソフトマックス関数に基づいて確率的に行動を選択する方法が考えられます。この方法は、次の数式で表現できます。

$$P(A_i = a \mid X_i) = \frac{\exp\left(f_{\phi}^{(a)}(X_i)/\tau\right)}{\sum_{a'\in[K]} \exp\left(f_{\phi}^{(a')}(X_i)/\tau\right)}, \quad \forall a \in [K]$$

ここでは、ある特徴量 X_i で表現されるユーザに対して、事前に学習された予測モデル $\{f_\phi^{(a)}\}$ に基づき行動 a を選択する確率を計算しています。先ほどの $\arg\max_{a\in[K]}$ で表現される変換方法では、ユーザごとに目的変数の予測値が最大となる行動を確率1で選択していました。一方ここでの確率的な方法では、予測値が大きい行動に対して大きな選択確率を割り当てる一方で、予測値が小さい行動にも小さい選択確率を割り当てます。τ はハイパーパラメータであり、小さい値を設定するほど予測モデルによる予測値を信用し、$\arg\max_{a\in[K]}$ で表現される決定的な変換に近づきます。一方で、τ に大きな値を設定すれば行動ごとの選択確率の差が小さくなり、一様ランダムな行動選択に近づきます。

さてここで定式化した予測モデルに基づき意思決定を導く方法は、実応用で頻繁に用いられる方法です。例えば、広告配信に取り組む人の中には、一度広告画像ごとのクリック確率を予測したあとで、それを広告画像選択の意思決定に変換する実装を採用している人もいるでしょう。また推薦システムの構築に取り組む人の中には、ユーザとアイテムの間のクリック確率やコンバージョン確率を予測したあとで、それを推薦の意思決定に変換する方針を採用したことがある人がいることでしょう。しかし1章でも少しふれたように、広告画像選択や推薦など意思決定の問題を解きたいときに、機械学習に予測の問題を解かせるべきか否かという点には注意深くなる必要があります。

ここでは広告画像選択の例を使って、**予測とそれによって導かれる意思決定の質の関係**を改めて確認します。考察のために、2つの選択肢「広告画像1」「広告画像2」のどちらかを選択し、クリックをより多く獲得したい状況を想定します。ここで考察の対象となるユーザについて、広告画像1を選択したときのクリック確率が10%で、広告画像2を選択したときのクリック確率が20%であるとします。すなわち、広告画像2の方がクリック確率が高いため、広告画像2を選択することが望ましい状況です。

ここで我々は、表2.2で表す3つのクリック確率予測モデル(予測モデルa〜c)を何かしらの方法で得たとします。

▼表2.2／クリック確率予測モデルによる予測値と真のクリック確率（擬似データ）

予測モデル	広告画像1を選んだ場合のクリック確率	広告画像2を選んだ場合のクリック確率	平均的な予測誤差	広告画像選択の意思決定
真のクリック確率	10%	20%		
予測モデルaの予測	30%	25%	12.5%	広告画像1
予測モデルbの予測	20%	25%	7.5%	広告画像2
予測モデルcの予測	20%	19%	5.5%	広告画像1

表2.2には、広告画像1と広告画像2をそれぞれ選んだ場合の真のクリック確率と予測モデルa～cによる予測値を示しました。それに加えて、3つの予測モデルの平均的な予測誤差も示しています。平均的な予測誤差は、広告画像1と広告画像2を選んだ場合の真のクリック確率に対する予測誤差を絶対誤差で評価し、それを平均したものです。例えば、予測モデルbの平均的な予測誤差は $(|10\% - 20\%| + |20\% - 25\%|)/2 = 7.5\%$ と計算しました。最後に、それぞれの予測モデルを信じた場合に、どの広告画像が選択されるかを「広告画像選択の意思決定」の列に示しました。予測モデルaと予測モデルcでは、広告画像1に対する予測値の方が大きいため、これらを信じると広告画像1が選択されます。一方で予測モデルbを信じると、広告画像2に対する予測値の方が大きいため広告画像2が選択されることが分かります。

ここで我々は、3つの予測モデルの中から最適な広告画像選択の意思決定（広告画像2を選ぶこと）を導く予測モデルを特定したいとします。まず、3つの候補のうち予測モデルaと予測モデルbを比較します。ここで、予測モデルaの平均的な予測誤差は12.5%であり、予測モデルbの平均的な予測誤差は7.5%であるため、この2つの予測モデルの比較では、予測モデルbの方が正確な予測を導くことが分かります。ここまではとても良い調子です。すなわち、予測精度が悪い予測モデルaを信じると実際のところクリック確率が小さい広告画像1が選択されていた一方で、予測モデルbの予測を信じれば最適な意思決定である広告画像2を選択できるからです。しかし、**予測精度の改善がむしろ意思決定の質を改悪させてしまうケースも存在します**。

次に、予測モデルbと予測モデルcを比較します。予測モデルbの予測誤差は7.5%で、予測モデルcの予測誤差は5.5%です。したがって、この2つの予測モデルの比較では、予測モデルcの方がより正確にクリック確率を予測できています。しかしすでに多くの人が気づいているように、今度は我々にとって望ましくない現象が起こってしまっています。どういうことかと言うと、予測モデルbはクリック確率最大化の意味で最適な広告画像2を選択できていたにもかかわらず、予測モデルcを信じてしまうとクリック確率最大化の意味で最悪な意思決定である広告画像1を選択してしまうのです。

ここで改めて確認したように、予測精度の改善は意思決定の質を向上させることもあれば、逆に改悪させてしまうこともあります。よくよく考えてみると、予測誤差の最小化と意思決定による目的変数の最大化は異なる問題ですから、それもそのはずです。やはり、本来解きたい問題を踏まえた上で、**機械学習にどんな問題を解かせるべきなのか**という問いに対して慎重になる必要があります。よく教科書で説かれる予測の問題を何でもかんでも持ち出すのではなく、自分で責任を持って機械学習にどの問題を解かせるか見定めなくてはならないのです。この意識を持つことはとても重要なので、1章に掲載した関連の記述を再度確認しておくことにしましょう。

読者の中にも、例えばどのアイテムを推薦するかを決める意思決定の問題を解きたいはずなのにもかかわらず、クリック確率予測などの予測誤差最小化の問題を機械学習に解かせてしまっているといった問題設定の食い違いに覚えがある人もいるのではないでしょうか。その場合でも仮に完璧に（予測誤差がまったくなく）クリック確率を予測できるならば、正確な意思決定につながります。しかし、いくら機械学習や深層学習の発展が目覚ましいからといって、現実世界で完璧な予測を得ることは不可能です。**完璧な予測が不可能な現実において、どのような間違いを許容するのか（意思決定の間違いを許すのか、予測の間違いを許すのか）を決めるのが目的関数の役割**です。そのときに、仮に目的関数として予測誤差を設定してしまったとしたら、意思決定の間違いを許容してまで予測誤差を小さくする方向に機械学習モデルの学習が進んでしまうため、効果的な施策につながらない場合があります。意思決定の問題を解いているのであれば、意思決定の間違いを避けるための目的関数を設定するのが自然なのです。

ここで扱った予測を介して意思決定を導く方法と意思決定を直接学習する方法は、[Fernández-Loría20]でより詳細に比較されており参考になります。特にSpotifyの楽曲推薦システムを活用した大規模実データ実験において、目的関数と整合した問題を機械学習に解かせることが実サービスにおける施策の性能に大きく寄与することを確認しています。

さて本来解きたい問題と機械学習に解かせるべき問題の整合性に注意すべきであることを再確認したところで、意思決定を直接導くための問題を定式化します。解くべき問題を定式化する際のコツの1つは、我々が自動化もしくは最適化したい機能を率直に関数で表現することです。2.1節では機械学習に予測の問題を解かせたい状況を扱っていたので、予測を行うための関数 f_ϕ を予測モデルとして持ち出していました。しかしここでは意思決定の問題を解きたいわけですから、意思決定を行うための関数(意思決定モデル) π_ϕ を導入するのが筋でしょう。π_ϕ にはその名の通り、意思決定を司る役割を果たしてもらうことにします。すなわち π_ϕ は、ユーザを表現する特徴量を入力したときに、どの行動を選択すべきかを出力する関数としておきます。

ここで行ったように任せたい機能を担ってくれる関数を準備したら、あとは難しいことは考えずに我々のモチベーションを目的関数として表現すれば良いだけです。まず、KPIを設定したときに確認した通り、ここでの目標はクリック数を最大化する意思決定を導くことでした。よって、**意思決定モデル π_ϕ の性能は、それを用いることで得られる期待クリック数で表すのが自然**でしょう。意思決定モデル π_ϕ によって導かれる期待クリック数は、次のように書き表すことができます。

$$\mathcal{J}(\pi_\phi) = \mathbb{E}_X \left[Y(\pi_\phi(X)) \right]$$

ここで、$\pi_\phi(X)$ は特徴量 X に対して意思決定モデル π_ϕ が下す意思決定です。例えば、ユーザ i に対して広告画像1を選択する状況は、

$\pi_\phi(X_i)=1$ と表すことができます。それを考慮すると $Y(\pi_\phi(X))$ は、意思決定モデル π_ϕ が下す意思決定の末に観測される目的変数の値と言えます。すなわち、ユーザ i に対して意思決定モデル π_ϕ が広告画像1を選べば、$Y(\pi_\phi(X))=Y(1)$ となるわけですから、これは広告画像1が選ばれたときの目的変数だということです。最終的に $\mathcal{J}(\pi_\phi)$ は、母集団に存在するあらゆる特徴量 X に対して π_ϕ に基づいて意思決定を下したときに得られる目的変数の期待値であると言えます。広告画像の例に当てはめれば、$\mathcal{J}(\pi_\phi)$ はサービスに存在するユーザに対して π_ϕ に基づき広告画像を選択した末に得られるクリック確率を表しているということになります。この目的関数の定義はまさに、先に定義したKPIを直接的に表現したものだと言えるでしょう。ここでなぞったように、まずは本来興味があるはずの操作(ここでは意思決定)を自動で行ってくれる関数を機械学習モデルとして用意するところが出発点です。それができたら、事前に設定したKPIを考慮しつつ、機械学習モデルの性能(目的関数)を自分で考えて定義するのです。

さてここまでは単純化のため、ある行動を確率1で選択する決定的な意思決定モデルを扱ってきましたが、それをより一般化した**確率的な意思決定モデル**を考えることもできます。ここでパラメータ ϕ に基づく確率的ランキングシステムを $\pi_\phi(a|X)$ とします。これは、ある特徴量 X に対して行動 $a\in[K]$ を選択する確率を表します。例えば、ユーザ i に対して広告画像1を80%の確率で選択し、広告画像2を20%の確率で選択する状況は、

$$\pi(1|X_i)=0.8,\ \pi(2|X_i)=0.2$$

と表すことができます。ある行動が最大の目的変数を導くか否かについて絶対的な自信がない場合は、このように意思決定を確率的に配分しリスクを分散させることができます。確率的な意思決定モデルの性能は、先の意思決定モデルの性能を一般化することで次のように自然に定義できます。

$$\begin{aligned}\mathcal{J}(\pi_\phi)&=\mathbb{E}_X\left[\mathbb{E}_{a\sim\pi_\phi(a|X)}\left[Y(a)\right]\right]\\&=\mathbb{E}_X\left[\sum_{a\in[K]}Y(a)\cdot\pi_\phi(a\mid X)\right]\end{aligned}$$

ここでは、行動 a が確率的な意思決定モデル $\pi_\phi(\cdot|X)$ に従って選択さ

れるので、行動が従う分布 π_ϕ についての期待値をとっています。

最後に、意思決定モデルの学習は**意思決定モデルの性能を最大化するパラメータ ϕ を得る問題**として定式化されます。すなわち、

$$\phi^* = \arg\max_{\phi} \mathcal{J}(\pi_\phi)$$

で定義される ϕ^* が最適なパラメータであり、その性能 $\mathcal{J}(\pi_{\phi^*})$ にできるだけ近い性能を発揮するパラメータを学習データから得ることが、広告画像選択の問題における目標です。

観測データのみから解きたい問題を近似する

解くべき問題を特定したあとは、**手元の観測データを用いて解くべき問題を近似するステップ**がやってきます。ここでは、過去に稼働していた古い意思決定モデル（旧ロジック）π_b が実環境上で意思決定を下すことで収集されたログデータがいくらか観測されているとします[*4]。これまでに我々が用いてきた観測構造のモデル化に基づくと、新たな意思決定モデルを学習するためのログデータを次のように表すことができます。

$$\mathcal{D} = \{(X_i, A_i, Y_i)\}_{i=1}^{N}, \quad A_i \sim \pi_b(\cdot \mid X_i)$$

ここで、X_i はユーザ i を表す特徴量で、A_i はデータを収集した際に稼働していた古い（確率的）意思決定モデル π_b による広告画像の意思決定です。また Y_i は、ユーザ i に対してある広告画像を選択した末に観測された目的変数です。潜在的目的変数を用いれば、広告画像 $A_i = a$ を選択したときに観測される目的変数を、$Y_i = Y_i(a)$ と表すことができます。ここで観測されるのはあくまで古い意思決定モデルが選択した行動 $A_i = a$ に紐付いた潜在目的変数のみであり、それ以外の行動を仮に選択した場合の潜在目的変数 $\{Y(a')|a' \in [K] \setminus \{a\}\}$ は観測できません。表2.3の簡単な擬似データを用いて、意思決定モデルの学習に利用できるログデータの中身を具体的に確認します。

＊4　古い意思決定モデルのことを、関連分野の論文では **B**ehavior Policy と呼ぶことがあるため、ここでは π の下付き文字を b としています。

▾ 表 2.3／意思決定モデルの学習に利用できるログデータ（潜在目的変数がすべて見えている場合）

ユーザ i	$Y_i(1)$	$Y_i(2)$	$Y_i(3)$	古い意思決定モデルが選択した行動 A_i	観測される目的変数 $Y_i = Y_i(A_i)$
ユーザa	1	0	0	3	0
ユーザb	0	1	0	1	0
ユーザc	0	1	1	2	1
ユーザd	0	0	0	3	0
ユーザe	0	1	0	2	1
ユーザf	0	1	1	1	0

表2.3では、とり得る行動が $K=3$ 個ある状況における6人のユーザ(ユーザa〜f)が含まれたログデータの全容を示しています。全容というのは、実際は観測されることのないすべての潜在目的変数を説明のために明らかにしているということです。なお行動が全部で3つ存在するため、それらに対応して潜在目的変数も3つ用意しています（$Y_i(1), Y_i(2), Y_i(3)$）。それぞれ、広告画像1が選択されたときのクリック有無、広告画像2が選択されたときのクリック有無、広告画像3が選択されたときのクリック有無とでもしておきましょう。また、A_i はそれぞれのユーザに対してデータが収集されたときにどの広告画像が選択されたのかを示しています。最後に、観測される目的変数 Y_i はそれ以外の情報から自動的に決定します。例えば、ユーザaには過去に広告画像3が提示されたようですから（$A_i=3$）、観測される目的変数は $Y_i=Y_i(3)=0$ になっています。またユーザcには過去に広告画像2が提示されているようですから（$A_i=2$）、観測される目的変数は、$Y_i=Y_i(2)=1$ になっています。

さてここでイメージをつかむために用いた表2.3には、実際には観測されることのないすべて潜在目的変数の情報が含まれています。例えば、ユーザaには広告画像3が提示されたわけですから（$A_i=3$）、仮に広告画像1や広告画像2が提示された場合にクリックが発生していたかどうか（$Y(1), Y(2)$）は、本来観測されないはずです。結局のところ、現実世界で我々が観測できるのは、表2.4に示す情報のみとなります。

▼ 表2.4／意思決定モデルの学習に利用できるログデータ（観測される目的変数しか見えない場合）

ユーザ i	古い意思決定モデルが選択した行動 A_i	観測される目的変数 Y_i
ユーザa	3	0
ユーザb	1	0
ユーザc	2	1
ユーザd	3	0
ユーザe	2	1
ユーザf	1	0

表2.4は、先に示した表2.3から $Y_i(1), Y_i(2), Y_i(3)$ の情報を抜き取ったものです。我々が現実世界において観測できるのは、たかだか表2.4に示されるデータ (X_i, A_i, Y_i) のみです。この表2.4に含まれる情報は、まさに先ほど書き表したログデータ $\mathcal{D} = \{(X_i, A_i, Y_i)\}_{i=1}^N$ に含まれる情報と一致していることが確認できると思います。

さて手元で観測できるデータを確認したところで我々が行いたいのは、パラメータ ϕ によって定義される意思決定モデル π_ϕ の真の目的関数（性能）$\mathcal{J}(\pi_\phi)$ を、手元の観測データを用いて近似することでした。観測データからうまく真の目的関数を近似できれば、それを代わりに最大化することで、新たな意思決定モデルを学習できます。しかしこの真の目的関数の近似には、1つ大きな困難が立ちはだかります。それは、**我々はデータ収集時に稼働していた古い意思決定モデルが選択した行動に関する結果しか観測できない**ということです。この困難を簡単な数値例を使って説明します。

ここでは、表2.4でも示した6人のユーザの情報を含むログデータを持っている状況を例として考えます。そして、古い意思決定とは異なる意思決定モデル π_ϕ の真の目的関数（性能）をログデータのみから計算することを考えます。そのためにこの意思決定モデル π_ϕ を使って、ログデータに含まれる6人のユーザに対して広告画像選択を行います[*5]。その結果、表2.5に示す状況が発生したとします。

＊5　教師あり機械学習で予測モデルを学習しようとするときも、学習のある時点におけるパラメータに基づいてトレーニングデータに対して予測をかけ、その評価値に基づいてパラメータを更新しますね。すなわち学習とは、ある任意に与えられたパラメータ ϕ について目的関数を評価する行為の連続であると捉えることができます。ここでも意思決定モデルの学習のために、ある ϕ について定義される意思決定モデル π_ϕ の目的関数値をトレーニングデータを用いて評価する場面を考えています。

▼表2.5／古い意思決定モデルと意思決定モデル π_ϕ の行動選択の食い違い

ユーザ i	古い意思決定モデルが選択した行動 A_i	観測される目的変数 Y_i	意思決定モデル π_ϕ が選択する行動	意思決定モデルの行動選択の一致
ユーザa	3	0	3	一致
ユーザb	1	0	1	一致
ユーザc	2	1	2	一致
ユーザd	3	0	2	不一致
ユーザe	2	1	1	不一致
ユーザf	1	0	3	不一致

表2.5の「ユーザ i」「古い意思決定モデルが選択した行動 A_i」「観測される目的変数 Y_i」には、表2.4とまったく同じ値が入っています。これらの情報は、我々が手元に観測できるログデータを表しています。次に、「意思決定モデル π_ϕ が選択する行動」という列が追加されています。これはこのログデータに含まれる6人のユーザに対して意思決定モデル π_ϕ が選択する行動（広告画像）を表しています。最後に、「意思決定モデルの行動選択の一致」として、意思決定モデル π_ϕ と古い意思決定モデルの行動選択が一致しているか否かを示しています。

表2.5を見ると、ユーザa～cについては意思決定モデル π_ϕ と古い意思決定モデルの行動選択が一致していることが分かります。そのため、意思決定モデル π_ϕ を使ってユーザa～cに対して行動を選択したときに発生するであろう目的変数と、ログデータとして観測されている目的変数 Y_i は一致していると考えられます。これら3人のユーザに対して意思決定モデル π_ϕ を仮に適用したときの結果は、偶然にもログデータとしてすでに観測されているのです。

一方で、ユーザd～fについては意思決定モデル π_ϕ と古い意思決定モデルの行動選択が食い違っていることが分かります。よって、意思決定モデル π_ϕ に基づいて行動選択をしたときにどのような目的変数が観測されるかについて、ログデータからは見当がつきません。例えば、ユーザdについては古い意思決定モデルが広告画像3を提示した結果（ $A_i=3$ ）、クリックが発生しなかったという結果が観測されています（ $Y_i=0$ ）。一方、意思決定モデル π_ϕ はユーザdに対して広告画像2を選択しています

($\pi_\phi(X_i)=2$)。しかし、ユーザdに対して仮に広告画像2を選択したときにクリックが発生していたかどうかに関する情報は、ログデータには含まれていません。これにより、**古い意思決定モデルと意思決定モデル π_ϕ の行動選択の食い違い**が発生しているデータについては、意思決定モデル π_ϕ の性能についての情報が得られなさそうだということが分かります。

このような状況で意思決定モデル π_ϕ の真の目的関数を近似するための簡単な方法として、古い意思決定モデルと意思決定モデル π_ϕ の行動選択が食い違っていて使えないデータは無視してしまうという方法が考えられます。ここではその方法をナイーブ推定量と呼び、次のように定義します。

$$\hat{\mathcal{J}}_{naive}(\pi_\phi;\mathcal{D})=\frac{1}{N}\sum_{i=1}^{N}\mathbb{I}\{\pi_\phi(X_i)=A_i\}\cdot Y_i$$

$\mathbb{I}\{\cdot\}$ は指示関数で、カッコの中の条件が成立すれば1を、成立しなければ0を出力する関数でした。したがって、ナイーブ推定量は、**古い意思決定モデルと新しい意思決定モデルの行動選択が一致しているデータ($\mathbb{I}\{\pi_\phi(X_i)=A_i\}=1$ となるデータ)に絞って目的変数を平均し、観測データのみから新しい意思決定モデル π_ϕ の真の目的関数を近似しようとしている**ことが分かります。

ここでは2.1節でも行ったように、このナイーブ推定量が、意思決定モデルの真の性能を近似できているのかどうかを調べます。もしうまく近似できているのであれば、このナイーブ推定量を最大化する基準で意思決定モデルを学習すれば良いですし、そうでなくても真の性能を近似するためのより妥当な方法を導く足掛かりが得られるかもしれません。ということでナイーブ推定量の性質を調べるため、その期待値を計算してみることにしましょう。ある適当な意思決定モデル π_ϕ が与えられたとき、その真の性能に対するナイーブ推定量の期待値は次のように計算できます。

$$
\begin{aligned}
&\mathbb{E}_{(X,A)}\left[\hat{\mathcal{J}}_{naive}(\pi_\phi;\mathcal{D})\right] \\
&= \mathbb{E}_{(X,A)}\left[\frac{1}{N}\sum_{i=1}^{N}\mathbb{I}\{\pi_\phi(X_i)=A_i\}\cdot Y_i(A_i)\right] \\
&= \mathbb{E}_{(X,A)}\left[\frac{1}{N}\sum_{i=1}^{N}\mathbb{I}\{\pi_\phi(X_i)=A_i\}\cdot Y_i(\pi_\phi(X_i))\right] \\
&= \frac{1}{N}\sum_{i=1}^{N}\mathbb{E}_{(X,A)}\left[\mathbb{I}\{\pi_\phi(X_i)=A_i\}\cdot Y_i(\pi_\phi(X_i))\right] \\
&= \frac{1}{N}\sum_{i=1}^{N}\mathbb{E}_{X}\Big[\underbrace{\mathbb{E}_{A\sim\pi_b(a|X)}[\mathbb{I}\{\pi_\phi(X_i)=A_i\}\mid X_i]}_{(\star)}\cdot Y_i(\pi_\phi(X_i))\Big]
\end{aligned}
$$

ここで、$(\star)$ を抜き出して計算すると、

$$
\begin{aligned}
&\mathbb{E}_{A\sim\pi_b(a|X)}[\mathbb{I}\{\pi_\phi(X_i)=A_i\}\mid X_i] \\
&= \sum_{a\in[K]}\mathbb{I}\{\pi_\phi(X_i)=a\}\cdot P(A_i=a\mid X_i) \\
&= \sum_{a\in[K]}\mathbb{I}\{\pi_\phi(X_i)=a\}\cdot \pi_b(a\mid X_i) \\
&= \pi_b(\pi_\phi(X_i)\mid X_i)
\end{aligned}
$$

となります[*6]。この結果を用いるとナイーブ推定量の期待値は結局、

$$
\mathbb{E}_{(X,A)}\left[\hat{\mathcal{J}}_{naive}(\pi_\phi;\mathcal{D})\right] = \frac{1}{N}\sum_{i=1}^{N}\mathbb{E}_X\left[\pi_b(\pi_\phi(X_i)\mid X_i)\cdot Y_i(\pi_\phi(X_i))\right]
$$

となります。元々、意思決定モデル π_ϕ の行動選択によって導かれる目的変数 $Y_i(\pi_\phi(X))$ の期待値を π_ϕ の性能として定義していたわけですが(64ページ)、ナイーブ推定量の期待値はそれとは異なるものであることが分かります。すなわち、$Y_i(\pi_\phi(X))$ が $\pi_b(\pi_\phi(X_i)\mid X_i)$ で重み付けられてしまっています。そもそも $\pi_b(a\mid X)$ とは、学習データが収集されたときに

＊6 離散確率変数 Z を入力とする関数 $u(Z)$ の期待値は $\mathbb{E}_Z[u(Z)]=\sum_z u(z)\cdot P(Z=z)$ と定義されます。ここでは、離散確率変数 A について $u(A)=\mathbb{I}\{\pi_\phi(X_i)=A\}$ とみて、この定義を適用しています。

稼働していた古い意思決定モデルがある特徴量 X に対して行動 a を選択する確率でした。したがってナイーブ推定量は、無意識のうちに**古い意思決定モデルが選択しやすかった行動の価値を過大に見積もる設計になってしまっていた**のです。元々ナイーブ推定量は単なる観測データの平均で何も重み付けていなかったはずなのにもかかわらず、実際は余計な重み付けが発生しているというのですからなんとも厄介です。

さてここまでは一見ネガティブな結果が得られているわけですが、このナイーブ推定量の期待値計算は、我々に建設的な情報も与えてくれます。それは、観測データのみから真の目的関数を近似する方法です。ナイーブ推定量の期待値内部の目的変数 $Y_i(\pi_\phi(X))$ は、古い意思決定モデルの行動選択確率 $\pi_b(\pi_\phi(X_i) \mid X_i)$ で重み付けられていました。このことが分かっているならば、目的変数を古い意思決定モデルによる行動選択確率の逆数であらかじめ重み付けてあげることでその部分があとで相殺され、真の目的関数に対するより妥当な推定量を構築できそうだという見当がつきます。このように、直感的に思いつく推定量やこれまで自分が使ってきた推定量の性質を調べることで、新たな推定量を導くための指針を得ることができます。

さてこの考察に基づいて、新たな推定量を定義することにしましょう。

$$\begin{aligned}\hat{\mathcal{J}}_{IPS}(\pi_\phi; \mathcal{D}) &= \frac{1}{N}\sum_{i=1}^{N} \frac{\mathbb{I}\{\pi_\phi(X_i) = A_i\}}{\pi_b(\pi_\phi(X_i) \mid X_i)} \cdot Y_i \\ &= \frac{1}{N}\sum_{i=1}^{N} \frac{\mathbb{I}\{\pi_\phi(X_i) = A_i\}}{\pi_b(A_i \mid X_i)} \cdot Y_i\end{aligned}$$

ここでは、目的変数を古い意思決定モデルによる行動選択確率の逆数であらかじめ重み付ける**Inverse Propensity Score(IPS)推定量**を新たに定義しました[*7]。

IPS推定量がねらった通り真の目的関数を近似できているのか、その期

＊7 古い意思決定モデルによる行動選択確率 $\pi_b(a|X)$ のことを傾向スコア(Propensity Score)と呼ぶことがあり、その逆数で目的変数を重みづけているため、IPSという名前が付いています。なお同じ推定量のことを、Inverse Probability Weighting(IPW)やImportance Sampling(IS)と呼ぶこともありますが、単なる呼び方の違いだと思っておいて問題ありません。なお、分母が $\pi_b(A_i \mid X_i)$ とされている定義が一般的なため、ここでもその通りに変形しています。

待値を計算して確かめましょう。これも先ほどのナイーブ推定量の場合と同様、次のように計算できます。

$$
\begin{aligned}
&\mathbb{E}_{(X,A)}\left[\hat{\mathcal{J}}_{IPS}(\pi_\phi;\mathcal{D})\right] \\
&= \mathbb{E}_{(X,A)}\left[\frac{1}{N}\sum_{i=1}^{N}\frac{\mathbb{I}\{\pi_\phi(X_i)=A_i\}}{\pi_b(A_i \mid X_i)}\cdot Y_i(A_i)\right] \\
&= \frac{1}{N}\sum_{i=1}^{N}\mathbb{E}_{(X,A)}\left[\frac{\mathbb{I}\{\pi_\phi(X_i)=A_i\}}{\pi_b(\pi_\phi(X_i) \mid X_i)}\cdot Y_i(\pi_\phi(X_i))\right] \\
&= \frac{1}{N}\sum_{i=1}^{N}\mathbb{E}_{X}\left[\frac{\mathbb{E}_A[\mathbb{I}\{\pi_\phi(X_i)=A_i\} \mid X_i]}{\pi_b(\pi_\phi(X_i) \mid X_i)}\cdot Y_i(\pi_\phi(X_i))\right] \\
&= \frac{1}{N}\sum_{i=1}^{N}\mathbb{E}_{X}\left[Y_i(\pi_\phi(X_i))\right] \\
&= \mathbb{E}_{X}\left[Y(\pi_\phi(X))\right] \\
&= \mathcal{J}(\pi_\phi)
\end{aligned}
$$

ということで、IPS推定量の期待値は真の目的関数 $\mathcal{J}(\pi_\phi)$ に一致していることが分かります。この結果は、意思決定モデル π_ϕ に依存せず成り立つため、IPS推定量は真の目的関数に対する不偏推定量であることが分かります。これはすなわち、古い意思決定モデルによる行動選択の傾向に起因するバイアスを除去する方法を導出できたことを意味します。

さてここで確認したように、IPS推定量は古い意思決定モデルの行動選択の傾向に起因するバイアスを除去して真の目的関数を近似するものでしたが、**古い意思決定モデルと意思決定モデル π_ϕ の行動選択が大きく食い違う場合**には、その近似が安定しないことがあります。これがどういうことかを確認するため、表2.6を見てみましょう。

▾ 表2.6／古い意思決定モデルと意思決定モデル $\pi_{\phi'}$ の行動選択が大きく食い違う場合

ユーザ i	古い意思決定モデルが選択した行動 A_i	観測される目的変数 Y_i	意思決定モデル $\pi_{\phi'}$ が選択する行動	意思決定モデルの行動選択の一致
ユーザa	3	0	2	不一致
ユーザb	1	0	1	一致
ユーザc	2	1	3	不一致
ユーザd	3	0	2	不一致
ユーザe	2	1	1	不一致
ユーザf	1	0	3	不一致

表2.6では、表2.5で使ったものと同じログデータを用いて、$\pi_{\phi'}$ という意思決定モデルの真の目的関数を近似しようとしている場面を表しています。表2.6の見方は、表2.5とまったく同じです。表2.5と異なる点としては、**古い意思決定モデルと意思決定モデル $\pi_{\phi'}$ の行動選択がユーザbについてしか一致していない**という点です。ここで先に導いたIPS推定量の中身を見てみると、指示関数 $\mathbb{I}\{\pi_\phi(X_i) = A_i\}$ が存在していることが分かります。すなわちIPS推定量もナイーブ推定量と同様に、**古い意思決定モデル π_b と意思決定モデル π_ϕ の行動選択が食い違っていて使えないデータは無視する設計**になっています。その上で使えるデータの使い方を工夫する（目的変数を古い意思決定による行動選択確率の逆数で重み付ける）ことで、バイアスの影響を考慮しているのです。したがって、表2.6の状況にIPS推定量を適用しようとすると、**古い意思決定モデルと意思決定モデル $\pi_{\phi'}$ の行動選択が一致しているユーザbの情報しか使ってくれません**。このように、IPS推定量は古い意思決定モデルと意思決定モデル $\pi_{\phi'}$ が大きく異なるものである場合に、たくさんのデータを捨ててしまうため、近似が安定しない（分散が大きくなる）という実践上の問題を抱えています。

このIPS推定量の問題を軽減するための発展系として、次の**Doubly Robust（DR）推定量**を使うことがあります。

$$\hat{\mathcal{J}}_{DR}(\pi_\phi; \mathcal{D}) = \frac{1}{N}\sum_{i=1}^{N} \frac{\mathbb{I}\{\pi_\phi(X_i) = A_i\}}{\pi_b(A_i \mid X_i)}(Y_i - f(X_i, A_i)) + f(X_i, \pi_\phi(X_i))$$

ここで新たに定義したDR推定量には、特徴量 x と行動 a の情報をもとに、潜在目的変数 $Y(a)$ を予測する予測モデル $f(x,a)$ が使われています。これまでは、予測モデルを介して意思決定を導く方法と、意思決定を自動で行う意思決定モデルを直接学習する方法の2元論で話を進めてきました。しかし実は、DR推定量のように2つの異なる方法をうまく組み合わせることで、IPS推定量が抱える問題を軽減できる可能性があるのです。まずDR推定量もIPS推定量と同じく、真の目的関数 $\mathcal{J}(\pi_\phi)$ を不偏推定できることを確認します。

$$
\begin{aligned}
&\mathbb{E}_{(X,A)}\left[\hat{\mathcal{J}}_{DR}(\pi_\phi;\mathcal{D})\right] \\
&= \mathbb{E}_{(X,A)}\left[\frac{1}{N}\sum_{i=1}^{N}\frac{\mathbb{I}\{\pi_\phi(X_i)=A_i\}}{\pi_b(A_i \mid X_i)}(Y_i - f(X_i,\pi_\phi(X_i))) + f(X_i,\pi_\phi(X_i))\right] \\
&= \frac{1}{N}\sum_{i=1}^{N}\mathbb{E}_{(X,A)}\left[\frac{\mathbb{I}\{\pi_\phi(X_i)=A_i\}}{\pi_b(\pi_\phi(X_i) \mid X_i)}(Y_i - f(X_i,\pi_\phi(X_i))) + f(X_i,\pi_\phi(X_i))\right] \\
&= \frac{1}{N}\sum_{i=1}^{N}\mathbb{E}_{X}\left[\frac{\mathbb{E}_A[\mathbb{I}\{\pi_\phi(X_i)=A_i\} \mid X_i]}{\pi_b(\pi_\phi(X_i) \mid X_i)}(Y_i(\pi(X_i)) - f(X_i,\pi_\phi(X_i))) + f(X_i,\pi_\phi(X_i))\right] \\
&= \frac{1}{N}\sum_{i=1}^{N}\mathbb{E}_{X}\left[Y_i(\pi(X_i)) - f(X_i,\pi_\phi(X_i)) + f(X_i,\pi_\phi(X_i))\right] \\
&= \mathbb{E}_X\left[Y(\pi(X))\right] \\
&= \mathcal{J}(\pi_\phi)
\end{aligned}
$$

DR推定量の期待値も真の目的関数 $\mathcal{J}(\pi_\phi)$ に一致することが確かめられました。元々不偏性を持っていたIPS推定量にあとから予測モデルを付け加えたわけですが、期待値計算の中で予測モデルの項がうまく消えています。したがって、DR推定量を使ったとしてもIPS推定量と同様に古い意思決定モデルによる行動選択に起因するバイアスを除去できるようです。

さてIPS推定量は、古い意思決定モデルと意思決定モデル π_ϕ の行動選択が食い違っていて使えないデータは無視する設計になっていたわけですが、DR推定量はどうでしょうか。古い意思決定モデルと意思決定モデル π_ϕ の行動選択が一致している時と食い違っているときのデータの使い方を、IPS推定量とDR推定量で比較してみます。

▼表2.7／IPS推定量とDR推定量の違い

	$\pi_\phi(X_i) \neq A_i$ の場合の値
IPS推定量	0
DR推定量	$f(X_i, \pi_\phi(X_i))$

表2.7を見ると、IPS推定量は、古い意思決定モデルと意思決定モデル π_ϕ の行動選択が食い違っているデータを無視して使っていない(単に0とされている)ことが確認できます。一方で、DR推定量は予測モデル f を活用することで古い意思決定モデルと意思決定モデル π_ϕ の行動選択が食い違っているデータの情報も使っていることが分かります。このようにDR推定量は、より多くのデータの情報を活用することで、IPS推定量が抱える分散の問題に対処しようとしているのです。

なおIPS推定量とDR推定量の違いをそれぞれの分散を計算することなどにより比較することもできますが、計算のレベルが本書の想定を超えるためここでは扱いません。[Dudik14]や[Agarwal17]では、複数の観点からこれらの推定量の性質を比較しているので、詳細が気になる方は確認してみると良いでしょう。

機械学習モデルを学習する

観測データを用いて解くべき問題を近似したあとにやってくるのは**機械学習モデル(ここでは意思決定モデル)を学習する**ステップです。これまでに、IPS推定量を用いることで古い意思決定モデルによるバイアスを除去した上で、真の目的関数 $\mathcal{J}(\pi_\phi)$ を近似できることが分かりました。したがってここでは、観測データのみからは計算不可能な真の目的関数の代替として、IPS推定量を最大化する基準で新たな意思決定モデルを得ることを考えます。この学習手順は、次のように書き表すことができます。

$$\hat{\phi} = \arg\max_{\phi} \hat{\mathcal{J}}_{IPS}(\pi_\phi; \mathcal{D})$$

この学習の式を見ると、意思決定モデルの学習を行うために何か特殊な実装が必要そうに見えます。しかし実は、次に示す変形を目的関数に施すことで、IPS推定量を用いた意思決定モデルの学習問題を多くの人が見慣れた教師あり分類問題に帰着させることができます。

$$
\begin{aligned}
\hat{\phi} &= \arg\max_{\phi} \hat{\mathcal{J}}_{IPS}(\pi_\phi; \mathcal{D}) \\
&= \arg\max_{\phi} \frac{1}{N} \sum_{i=1}^{N} \frac{\mathbb{I}\{\pi_\phi(X_i) = A_i\}}{\pi_b(A_i \mid X_i)} \cdot Y_i \\
&= \arg\min_{\phi} \frac{1}{N} \sum_{i=1}^{N} \frac{Y_i}{\pi_b(A_i \mid X_i)} \cdot \mathbb{I}\{\pi_\phi(X_i) \neq A_i\} \\
&= \arg\min_{\phi} \frac{1}{N} \sum_{i=1}^{N} w_i \cdot \ell_{01}(A_i, \pi_\phi(X_i)) \quad (*)
\end{aligned}
$$

π_ϕ はもともと特徴量 X_i から行動を選択する関数でしたが、ここではこれを特徴量 X_i からラベルとしての行動 A_i を予測する関数とみなしてみます。すると、$\mathbb{I}\{\pi_\phi(X_i) \neq A_i\}$ は、$\pi_\phi(X_i)$ と A_i が一致しないときに1をとり、一致したときに0をとるわけですから、これは分類問題における不一致誤差（もしくは01誤差）ととらえることができます。上の式変形ではこの対応を明確にすべく、$\ell_{01}(A_i, \pi_\phi(X_i)) = \mathbb{I}\{\pi_\phi(X_i) \neq A_i\}$ とおいています。また $\frac{Y_i}{\pi_b(A_i|X_i)}$ の部分は、分類問題におけるデータ i の重みとみなすことができます（scikit-learnのfitメソッドにおけるsample_weight引数の役割に対応します）。上の式変形ではこの対応を明確にすべく、$w_i = \frac{Y_i}{\pi_b(A_i|X_i)}$ とおいています。すなわち (*) は、分類器 $\pi_\phi(X_i)$ を用いてラベル A_i を予測する分類問題を、不一致誤差 $\ell_{01}(\cdot)$ とデータごとの重み w_i に基づいて解いているという見方をすることができます。この変形に基づけば、IPS推定量を最大化する基準で新たな意思決定モデルを学習する手順を次の通りに容易に実装できます。

```
# 意思決定モデルを定義
pi = LogisticRegression()

# IPS推定量を最大化する基準で意思決定モデルを学習
pi.fit(x_train, a_train, sample_weight=(y_train / pi_b))

# 学習した意思決定モデルを用いて、バリデーションデータに対して行動を選択
a_pred = pi.predict(x_val)
```

ここでx_train・a_train・y_trainはそれぞれ、事前に準備されたトレーニングデータにおける特徴量、π_bによる行動選択、観測された目的変数のことです。まずpi = LogisticRegression()として分類手法を定義します。ここでも、ランダムフォレストなど好みの手法を用いることができます。次に先に導いたIPS推定量の解き方に従って、pi.fit(x_train, a_train, sample_weight=(y_train / pi_b))として意思決定モデルを学習します。ここでは、特徴量x_trainから過去の行動選択a_trainを予測する問題を重みsample_weight=(y_train / pi_b)を与えて解いています。最後に事前に準備されたバリデーションデータの特徴量x_valに対して意思決定モデルpiを適用することで、目的変数を最大化するための意思決定を下しています。

なお意思決定モデルの学習を重み付け分類問題に変換する方法は、IPS推定量を用いる場合にしか適用できません。一方で意思決定モデルを学習する方法は、IPS推定量を最大化する方法だけではありません。先ほど紹介したDR推定量を用いて、

$$\hat{\phi} = \arg\max_{\phi} \hat{\mathcal{J}}_{DR}(\pi_\phi; \mathcal{D})$$

とすることで、新たな意思決定モデルを学習する方法もあり得ます。このようにDR推定量など発展的な推定量に基づいて意思決定モデルを学習する手順を一から実装するのは少々面倒ですが、2.3節で紹介するOpen Bandit Pipelineには、DR推定量など発展的な推定量を目的関数として使う場合にも意思決定モデルを容易に学習できる機能が実装されており便利です。

最後に、IPS推定量やDR推定量を用いるためには、古い意思決定モデルによる行動選択確率π_bが必要です。これは必ずしもデータから推定しなければならないわけではありません。なぜならば、意思決定モデルの設計は我々の制御下にあるからです[*8]。したがって、何かしらの意思決定モデルを導入したときに、その意思決定モデルによる行動選択確率をログデータの一部として残しておけば、これをあとから推定することなく、

＊8　一方で、2.1節に登場したユーザが会員になるか否かの2値変数Oは分析者が制御できない変数なので、$\theta(X)$を必ず推定しなければならないという違いがあります。

IPS推定量やDR推定量を使った新たな意思決定モデルの学習を行うことができます。

一方で、もし何かしらの事情があり古い意思決定モデルによる行動選択確率を残せない場合は、これを意思決定モデルを学習する前に観測データから推定しておく必要があります。これは、次の誤差最小化問題を解くことで推定できます。

$$\hat{\psi} = \arg\min_{\psi} \frac{1}{N} \sum_{i=1}^{N} \ell(A_i, g_{\psi}(X_i))$$

ここで g_{ψ} は、パラメータ ψ で定義される古い意思決定モデル π_b による行動選択確率を推定するための機械学習モデルです。この古い意思決定モデルによる行動選択確率の推定問題は、scikit-learnのインターフェースにしたがうと次のように実装できます。

```
# 予測モデル(分類器)を定義
g = LogisticRegression()

# aに対する予測損失を最小化する基準で予測モデルを学習
g.fit(x_train, a_train)

# 学習した予測モデルを用いて、\pi_bを推定
pi_b_hat = g.predict_proba(x_train)[:, a_train]
```

ここでx_trainとa_trainはそれぞれ、事前に準備されたトレーニングデータにおける特徴量と古い意思決定モデルによる行動選択です。まず、g = LogisticRegression()として分類のための機械学習モデルを定義します。次に特徴量から古い意思決定モデルによる行動選択を予測するための予測モデルを、g.fit(x_train, a_train)として学習します。最後に、pi_b_hat = g.predict_proba(x_train)[:, a_train]とすることで π_b を推定します。このとき、

- π_b は後ほどトレーニングデータを用いた意思決定モデルの学習の道具として使うため、トレーニングデータに対して予測をかけていること

- 確率を推定するためpredict_probaメソッドを使っていること

には注意が必要です。この問題を解いて古い意思決定モデルによる行動選択確率を良く推定するパラメータ $\hat{\psi}$ を特定できたら、それによって構成される $g_{\hat{\psi}}$ で π_b を代替することで、IPS推定量やDR推定量を使うことができます*9。

column より自由な機械学習モデルの学習

本節ではこれまで、観測データを用いて真の目的関数を近似する際の推定量(IPS推定量やDR推定量など)について、その不偏性(unbiasedness)を気に掛けてきました。以降の3〜5章でも、それぞれの問題設定についてあるべき目的関数を定義したあと、観測可能なデータからその目的関数を不偏推定できる推定量を導出する流れになっています。しかし本書のアプローチに慣れてきたら、必ずしも不偏推定量にこだわる必要はありません。そもそも不偏推定量とは、(統計的な意味での)バイアスを持たない推定量のことを指しますが、推定量の推定精度を議論する際には、推定量の分散も重要な要素になります。仮に不偏だったとしても分散が大きければ、それは一概に良い推定量だということはできないでしょう。このことを踏まえて、次のように推定量の分散を考慮した学習を考えることもできます。

$$\hat{\phi} = \arg\max_{\phi} \hat{\mathcal{J}}_{IPS}(\pi_\phi; \mathcal{D}) + \lambda \cdot \hat{\mathbb{V}}\left(\hat{\mathcal{J}}_{IPS}(\pi_\phi; \mathcal{D})\right)$$

ここでは、IPS推定量 $\hat{\mathcal{J}}_{IPS}(\pi_\phi; \mathcal{D})$ を用いた意思決定モデルの学習に、IPS推定量の分散も考慮する追加的な工夫を施しました。λ はハイパーパラメータであり、意思決定モデル学習において推定量の分散の大小をどれだけ考慮するか調整するものです。ある意思決定モデル

*9 ここでトレーニングデータを用いて予測モデル g_ψ を学習し、それをトレーニングデータにおける行動選択確率の推定に用いていることに「過学習のような問題は起こらないのか？」といった違和感を覚える方がいるかもしれません。この点は少々込み入った話題のため本書では詳しく取り上げませんが、この違和感が気になる方は、[Narita20] などで取り上げられているcross-fittingの使用を検討すると良いでしょう。

π_ϕ についてIPS推定量の分散が大きいとき、IPS推定量はその意思決定モデルの性能推定についてあまり自信を持っていないことを意味します。例えば、ログデータを収集した古い意思決定モデル π_b とは大きく異なる意思決定モデルの性能を評価したいとき、推定量の分散は大きくなりがちです。このように分散が大きい状態では、仮に性能の推定値が良かったとしてもその意思決定モデルを用いることにはリスクがあります。そこで上の式では、学習において分散の大小を考慮することで、性能の推定に自信がない意思決定モデル(もしくはモデルパラメータ)にペナルティをかけて危険を回避しようとしているのです。

ここで述べたように、本書では実環境と観測データの間に潜むバイアスを取り除けているか否かの基準として推定量の不偏性を用いています。まずはそれを基本としつつも、分散を考慮するなどの追加的な工夫があり得ること・不偏推定量だけにこだわり過ぎる必要はないことは頭の片隅においておくと良いでしょう。なおここで取り上げた分散を考慮した意思決定モデルの学習は、[Swaminathan15]で詳細に取り上げられています。またそれ以外の学習における工夫は、[Chen19]などでふれられています。基礎を押さえ余裕が出てきた方は、これらの文献を調べておくと選択肢が増えるでしょう。

意思決定モデルの性能をログデータを用いて事前評価する

本節ではこれまで、より良い意思決定モデルをログデータから学習する方法を導いてきました。まずはじめにポテンシャルアウトカムフレームワークに基づいたデータの観測構造のモデル化を導入しました。一旦すべての行動に対応する目的変数が潜在的に存在することにしてから、実際に選択した行動に対応する目的変数しか観測されないという捉え方を採用することで、意思決定の問題を扱いやすくしました。次に、観測構造のモデル化に基づいて解きたい問題を特定しました。本節では、広告画像選択の意思決定の問題を扱っていたわけですから、意思決定を司る関数を学習すべき関数として導入した上で、それによって導かれるクリック確率の最大化を解くべき問題(目的関数)として定義しました。最後に、観測データのみから真の目的関数を近似し、意思決定モデルを学習する方法を導きました。

ここで本節の「観測データのみを用いて解きたい問題を特定する」に登場したIPS推定量やDR推定量は、意思決定モデルを学習するときの目的関数としてだけではなく、**意思決定モデルの性能評価そのものに利用することもできます**。具体的には、意思決定モデルの学習時にバリデーションデータを用意し、バリデーションデータとIPS推定量やDR推定量を組み合わせることで、トレーニングデータを用いて学習された意思決定モデルの性能を実環境に導入する前に推し量る用途が考えられます。

なお、ログデータを用いて新たに意思決定モデルを学習する問題のことを**オフ方策学習**や**Off-Policy Learning（OPL）**と呼ぶことがあります。またここで紹介したように、ある意思決定モデルの性能をログデータのみを用いて評価する問題のことを**オフ方策評価**や**Off-Policy Evaluation（OPE）**と呼ぶことがあります。もし、本書を超える範囲の知識を得たい方や詳細な理論背景に興味を持った方は、これらの単語を足掛かりに文献を調べてみると良いでしょう。

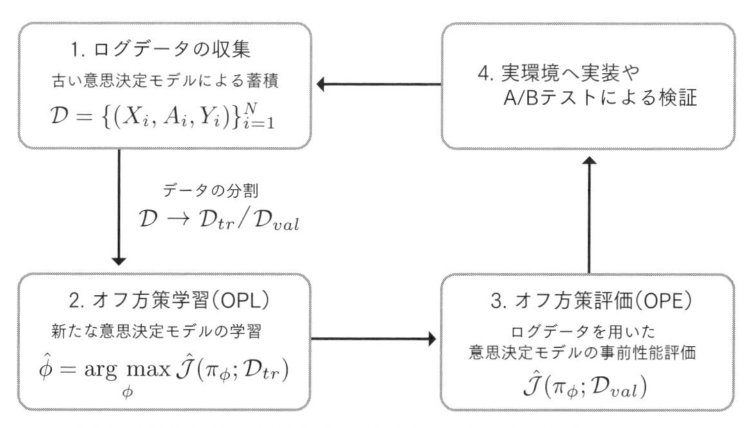

■ **図 2.7**／オフ方策学習／オフ方策評価を駆使した意思決定モデルの学習サイクル

図2.7に、現場でオフ方策学習やオフ方策評価を活用して意思決定モデルを導入する際の基本サイクルをまとめました。まず古い意思決定モデル（旧ロジック）π_b によっていくらかのログデータ $\mathcal{D}$ が収集されている状況を出発点として考えます。ここで古い意思決定モデルは必ずしも機械学

習で仕立て上げられている必要はなく、人手に基づくシンプルな意思決定モデルであっても構いません。次にオフ方策学習により新たな意思決定モデルを学習するのですが、その前に標準的な教師あり機械学習の作法にならい、ログデータをトレーニングデータ $\mathcal{D}_{tr}$ とバリデーションデータ $\mathcal{D}_{val}$ に分割しておきます。そしてトレーニングデータを用いて、意思決定モデルを次のように学習します。

$$\hat{\phi} = \arg\max_{\phi} \hat{\mathcal{J}}(\pi_{\phi}; \mathcal{D}_{tr})$$

ここで $\hat{\mathcal{J}}(\cdot; \mathcal{D})$ は、真の目的関数 $\mathcal{J}(\cdot)$ をログデータ $\mathcal{D}$ から近似するための推定量です。本節では $\hat{\mathcal{J}}(\cdot; \mathcal{D})$ としてIPS推定量やDR推定量を扱いました。また上の学習の式では、実際の意思決定モデルの学習においてはトレーニングデータ $\mathcal{D}_{tr}$ のみを用いることを強調しています。

次にオフ方策評価により、学習した意思決定モデルの性能をログデータのみを用いて事前に評価します。このオフ方策評価のステップを飛ばして実環境への実装やA/Bテストによる性能検証に進むこともできますが、学習した意思決定モデル $\pi_{\hat{\phi}}$ が大きな失敗を導かないものであるか・古い意思決定モデルの性能を上回るものであるかなどをチェックする目的でログデータを用いた事前の性能評価を行いたいというモチベーションを持っている人がほとんどでしょう。学習済みの意思決定モデル $\pi_{\hat{\phi}}$ の性能評価値は、推定量 $\hat{\mathcal{J}}(\cdot; \mathcal{D})$ にバリデーションデータを与えることで $\hat{\mathcal{J}}(\pi_{\phi}; \mathcal{D}_{val})$ として計算します。

最後に、オフ方策評価による性能評価の値を参考に、学習した意思決定モデルを導入すべきか否かを判断します。実環境を用いたA/Bテストを行い、新たな意思決定モデルの性能の良し悪しについて、追加的な情報を得ることもできます[*10]。さてここで述べておきたいのは、新たに導入した意思決定モデル $\pi_{\hat{\phi}}$ が実環境で一定期間動作することで蓄積されるログデータは、将来の意思決定モデルの学習に活用されることになるということです。すなわち、意思決定モデルの学習や評価は図2.7に示したサイクルとして動作します。

＊10　実環境を用いたA/Bテストについては、[Kohavi21]を参照すると良いでしょう。

この意思決定モデルの学習サイクルを念頭において、決定的な意思決定モデルを学習した際にも、それをもとにあえて確率的な意思決定モデルを導入することがあります。決定的な意思決定モデルとは、同じ入力 x が与えられたら、必ず同じ行動 a を選ぶ意思決定モデルでした。この場合、選ばれなかった行動 $[K]\setminus\{a\}$ に関する情報はログデータとして残りません。このような状況では、これまでに登場した推定量は上手く機能せず、将来の意思決定モデルの学習においてバイアスの問題が発生します。例えばIPS推定量では、古い意思決定モデルが選びにくかった行動についてより大きな重みを与えることで、ログデータに潜むバイアスの問題に対処していました。しかし、決定的な意思決定モデルから得られたログデータに対してIPS推定量を使う場合、古い意思決定モデルによる行動選択確率 $\pi_b(\cdot|X)$ が常に1であることから重みは何も変化せず、バイアスに対処できません。このことから、将来の意思決定モデルの学習のために良質なログデータを残す目的で、あえて確率的意思決定モデルを導入するという判断があり得るのです。決定的な意思決定モデルを確率的な意思決定モデルに変換するための代表的な方法には、ϵ-貪欲法(epsilon-greedy method)があります。この方法では、ある確率 ϵ で一様ランダムな行動選択を行い、残りの $1-\epsilon$ の確率では元の決定的意思決定モデルによる行動選択を採用します。すなわち、事前に学習された決定的意思決定モデル π_{det} に ϵ-貪欲法を適用すると、次の確率的意思決定モデル π_ϵ を得ることになります[*11]。

$$\pi_\epsilon(a|X) = \epsilon \cdot \pi_{random}(a|X) + (1-\epsilon) \cdot \mathbb{I}\{\pi_{det}(X) = a\}, \quad \forall a \in [K]$$

ここで $\pi_{random}(\cdot|X) = 1/K$ は一様ランダムな行動選択を行う確率的意思決定モデルで、π_{det} は事前にIPS推定量を最大化することなどにより学習された決定的意思決定モデルです。すなわち、π_{det} が選ばない行動についても、π_ϵ はそれぞれ ϵ/K の確率で選択する可能性があります。このように ϵ-貪欲法を用いることで、決定的な意思決定モデル $\pi_{det}(a|X)$ が選択しない行動の情報も将来のログデータに含まれる状況を意図的に作

*11 π_{det} の下付き文字 det は、決定的を表す英単語 deterministic からとっています。

ることができます。新たに導入する意思決定モデルが生成するログデータが将来の意思決定モデルの学習に使われることを見越して工夫を仕込むことも、実践において必要な視点なのです。

column 意思決定モデルの学習や評価に必要な仮定

本文でも部分的に補足していますが、2.2節で扱った意思決定モデルの学習や評価には主に次の2つの仮定がつきまといます。

仮定1. ログデータを収集した際に稼働していた意思決定モデルπ_bによる意思決定が確率的であること

仮定2. ログデータを収集した際に稼働していた意思決定モデルπ_bが行動選択に用いた特徴量を分析者がすべて把握していること

仮定1が満たされていないと、ログデータには限定された行動についての情報しか含まれず、新たな意思決定モデルの学習が困難になります。また仮定2が満たされていないと、π_bが行動選択に用いているにもかかわらず我々がその存在を把握していない特徴量に起因するバイアスを考慮できません。

これらは因果推論でもよく取り沙汰される仮定に対応するものです。特に仮 定2は、Unconfoundedness AssumptionやConditional Independence Assumptionなどと呼ばれ、多くの因果推論手法の正当性を担保するために必要な仮定であるにもかかわらず、仮定を満たすことや仮定が満たされているか否かのチェックが困難であることからよく話題になります。

しかし、本書の興味であるビジネス現場における意思決定モデルの学習や評価において上記の仮定はそれほど深刻なものではありません。なぜならば、我々自身がπ_bを制御できる立場にあるからです。例えば、本文で紹介したϵ-貪欲法などを用いてあえて確率的意思決定モデルを導入しておくことで、仮定1の成立が保証されたログデータを将来に残すことができます。また、仮定2も意思決定モデルを設計しているのが我々自身であることから比較的容易に満たすことができます（この点については[成田20]でふれられています）。よって機械学習の実践者にとって重要なのは、上記の仮定の存在を考慮した上で有用なログデータの収集も見据えた意思決定モデルの導入を意識することです*12。

2.3 Open Bandit Pipelineを用いた実装

本節では、Open Bandit Pipeline（OBP）*13を用いて、意思決定モデルの学習（Off-Policy Learning; OPL）とその性能評価（Off-Policy Evaluation; OPE）を含む一連の流れを実装します。

2.3.1 Open Bandit Pipelineの紹介

Open Bandit Pipeline（OBP）は、株式会社ZOZOと半熟仮想株式会社が共同開発している意思決定モデルの学習や評価を容易に行うためのパッケージです。このOBPを用いることで本章で扱った

1. ログデータをもとに新たな意思決定モデルを学習する（OPL）
2. 学習した意思決定モデルの性能を評価する（OPE）

という標準的な分析の流れを容易に実装できます。

OBPは、dataset・policy・opeの3つの主要モジュールで構成されます。datasetモジュールには、人工データ生成機能や実データを意思決定モデルの学習データとして扱うための機能が実装されています。policyモジュールには、IPS推定量やDR推定量などを最大化する基準で意思決定

＊12　公共政策や公衆衛生などにおける因果推論では、π_b が制御されない中ですでに収集されたデータを活用せざるを得なかったり、π_b を制御することが倫理的・経済的理由などでとても難しい状況に興味があることが多いため、本書が想定する機械学習の実践とは少々事情が異なるのです。

＊13　https://github.com/st-tech/zr-obp

モデルを学習するアルゴリズムが実装されています。最後にopeモジュールには、意思決定モデルの性能評価（オフ方策評価）に特化した機能が実装されています。OBPの詳細は、GitHubリポジトリやドキュメント[*14]を参照すると良いでしょう。

2.3.2 人工データを用いたOBPの基本機能の確認

ここでは、人工データを用いて意思決定モデルを学習し、その性能を評価するまでの流れを実装することでobpの基本的な使い方を把握します。まず最初に、必要なパッケージやモジュールを用意しておきます[*15]。

```
# 必要なパッケージやモジュールをインポート
from sklearn.linear_model import LogisticRegression

from obp.dataset import (
    SyntheticBanditDataset,
    logistic_reward_function,
    linear_behavior_policy
)
from obp.policy import IPWLearner, Random
from obp.ope import (
    OffPolicyEvaluation,
    RegressionModel,
    InverseProbabilityWeighting as IPS,
    DoublyRobust as DR
)
```

人工データの生成

次に、分析に用いる人工データを生成します。OBPのdatasetモジュールに実装されているSyntheticBanditDatasetにより、意思決定モデルの学習やその性能評価にいたる流れを勉強するのに適した人工データを簡単に生成できます。

＊14 https://zr-obp.readthedocs.io/en/latest/

＊15 OBPでは、IPSの代わりにIPWという名称が使われていますが意味に変わりはありません。

```
# `SyntheticBanditDataset`クラスを用いて人工データを生成する
dataset = SyntheticBanditDataset(
    n_actions=3, # 人工データにおける行動の数
    dim_context=3, # 人工データにおける特徴量の次元数
    reward_function=logistic_reward_function, # 目的変数を生成する関数
    behavior_policy_function=linear_behavior_policy, # \pi_bによる行動選択
確率を生成する関数
    random_state=12345,
)

# トレーニングデータとバリデーションデータを生成する(n_roundsはデータ数)
training_data = dataset.obtain_batch_bandit_feedback(n_rounds=10000)
validation_data = dataset.obtain_batch_bandit_feedback(n_rounds=10000)
```

上の例では、意思決定モデルが選択可能な行動の数(n_actions)は3、特徴量の次元数(dim_context)も3という設定を与えています。またreward_functionやbehavior_policy_functionは人工データを生成するための関数で、ここで用いているlogistic_reward_functionやlinear_behavior_policyはOBPに標準実装されているものです。例えば、ここで用いているlogistic_reward_functionは、次のように目的変数の期待値を計算します。

$$\mathbb{E}[Y(a) \mid X = x] = \sigma(\theta_a^\top x + b_a)$$

ここで θ_a は行動ごとに自動生成される d 次元ベクトルで、 b_a は行動ごとに自動生成されるバイアス項(スカラー)です。なお、 $\sigma(z) = 1/(1 + \exp(-z))$ はシグモイド関数です。より複雑な目的変数の生成構造に基づいた人工データを使ってみたい方は、お好みで対応する関数を実装しそれをreward_functionに与えることで独自の人工データを生成できます。

次に、obtain_batch_bandit_feedbackメソッドを呼び出すことで、先に指定した条件に即した人工データを生成します。このメソッドのn_roundsは生成する人工データのデータ数(N)を決定するための引数です。生成された人工データの中身を確認してみます。

```
# 人工生成されたログデータの中身を確認する
>>> training_data

{
 'n_rounds': 10000,
 'n_actions': 3,
 'context':
    array([[-0.20470766,  0.47894334, -0.51943872],
           [-0.5557303 ,  1.96578057,  1.39340583],
           [ 0.09290788,  0.28174615,  0.76902257],
           ...,
           [ 0.42468038,  0.48214752, -0.57647866],
           [-0.51595888, -1.58196174, -1.39237837],
           [-0.74213546, -0.93858948,  0.03919589]]),
 'action_context':
    array([[1, 0, 0],
           [0, 1, 0],
           [0, 0, 1]]),
 'action': array([0, 1, 0, ..., 0, 0, 2]),
 'position': None,
 'reward': array([0, 1, 1, ..., 0, 0, 0]),
 'expected_reward':
    array([[0.62697512, 0.66114455, 0.66545218],
           [0.73402729, 0.92955625, 0.94007301],
           [0.72522191, 0.79973865, 0.85946747],
           ...,
           [0.74929842, 0.68243742, 0.77801157],
           [0.3583225 , 0.25252838, 0.16625489],
           [0.41919738, 0.52158296, 0.41624562]]),
 'pscore': array([0.25534252, 0.36715004, 0.25534252, ..., 0.25534252,
0.25534252,
       0.37750744])
}
```

training_dataやvalidation_dataは人工生成されたデータを含む辞書であり、意思決定モデルの学習や評価に必要な次の情報を含んでいます。

- `n_rounds`：データ数（N）
- `n_actions`：意思決定モデルがとり得る行動の数（K）
- `context`：特徴量ベクトル（X）
- `action_context`: 行動を表現するone-hotベクトル
- `action`：過去の意思決定モデル π_b によって選択された行動（A）
- `reward`：観測された目的変数（$Y = Y(A)$）
- `expected_reward`：ある特徴量に対してある行動を選択した時の目的変数の期待値（$\mathbb{E}[Y(a) \mid X]$）
- `pscore`：過去の意思決定モデル π_b による行動選択確率（$\pi_b(A \mid X)$）

意思決定モデルの学習

人工データを生成したところで、トレーニングデータから意思決定モデルを学習し、バリデーションデータに対して新たに行動を選択する流れを実装します。これは、教師あり機械学習においてトレーニングデータを用いて目的変数の予測モデルを学習し、バリデーションデータに対して目的変数を予測する操作に対応します。

ここでは、「**IPWLearnerとロジスティック回帰の組み合わせ**」を用いて意思決定モデルを学習します。IPWLearnerとは、IPS推定量を目的関数として最大化する基準で新たな意思決定モデルを学習する手法のことです。数式では、

$$
\begin{aligned}
\hat{\phi} &= \arg\max_{\phi} \hat{\mathcal{J}}_{IPS}(\pi_\phi; \mathcal{D}) \\
&= \arg\min_{\phi} \frac{1}{N} \sum_{i=1}^{N} \frac{Y_i}{\pi_b(A_i \mid X_i)} \cdot \mathbb{I}\{\pi_\phi(X_i) \neq A_i\} \\
&= \arg\min_{\phi} \frac{1}{N} \sum_{i=1}^{N} w_i \cdot \ell_{01}(A_i, \pi_\phi(X_i))
\end{aligned}
$$

と表されます。前節で紹介したように、このIPS推定量を最大化する基準で意思決定モデルを学習する問題は、教師あり機械学習の分類問題に変換して解くことができます。すなわち「IPWLearnerとロジスティック回帰の組み合わせ」とは、IPS推定量の最大化問題を変形して得た分類問題を、

ロジスティック回帰で解くことで学習された意思決定モデルを指します。これは、OBPのpolicyモジュールに実装されている機能を活用することで簡単に実装できます。

```
# 内部で用いる分類器としてロジスティック回帰を指定した意思決定モデルを定義
ipw_learner = IPWLearner(
    n_actions=dataset.n_actions,
    base_classifier=LogisticRegression(C=100, random_state=12345)
)

# トレーニングデータを用いて意思決定モデルを学習
ipw_learner.fit(
    context=training_data["context"], # 特徴量
    action=training_data["action"], # \pi_bによる行動選択
    reward=training_data["reward"], # 観測されている目的変数
    pscore=training_data["pscore"], # \pi_bによる行動選択確率(傾向スコア)
)

# バリデーションデータに対して行動を選択する
action_choice_by_ipw_learner = ipw_learner.predict(
    context=validation_data["context"]
)
```

OBPのpolicyモジュールに実装されている`IPWLearner`に、人工データにおける行動の数`n_actions`と意思決定モデルの学習過程で発生する分類問題を解くための分類器`base_classifier`を指定します。そのあとは、scikit-learnと同様に`fit`と`predict`メソッドを順に呼び出すことで、トレーニングデータから意思決定モデルを学習し、バリデーションデータに対して行動を選択する流れを実装しています。

またベースラインとして、ランダム意思決定モデルを用意しておきます。ランダム意思決定モデルは選択可能な行動を等確率で選択する単純な確率的意思決定モデルです。先に生成した人工データにおいて意思決定モデルが選択可能な行動の数は $K = 3$ でしたから、ランダム意思決定モデルはすべての行動を確率 $1/3 = 0.333...$ で選択するものになります。ここではOBPのpolicyモジュールに実装されている`Random`を使って、バリ

デーションデータに対する行動選択確率を計算します。

```
# ランダム意思決定モデルを定義
random = Random(n_actions=dataset.n_actions)

# バリデーションデータに対する行動選択確率を計算する
action_choice_by_random = random.compute_batch_action_dist(
    n_rounds=validation_data["n_rounds"]
)
```

Randomに実装されているcompute_batch_action_distにバリデーションデータのデータ数を与えると、あとのステップで使いやすい形に整形された行動選択確率を表すnumpy配列(action_choice_by_random)が出力されます。

意思決定モデルの性能を評価する

次に2つの意思決定モデルの性能を、バリデーションデータを用いて評価します。OBPのopeモジュールには、本章で登場したIPS推定量やDR推定量はもちろんのこと、他の発展的な推定量も網羅的に実装されており、意思決定モデルの性能評価(オフ方策評価)に活用することができます。

まずはバリデーションデータを用いて、DR推定量を用いるために必要な目的変数予測モデル f を得ます。これは、OBPのopeモジュールに実装されているRegressionModelとscikit-learnに実装されている好みの機械学習手法を組み合わせることで、次のように実装できます。

```
# DR推定量を用いるために必要な目的変数予測モデルを得る
# opeモジュールに実装されている`RegressionModel`に好みの機械学習手法を与える
regression_model = RegressionModel(
    n_actions=dataset.n_actions, # 行動の数
    base_model=LogisticRegression(C=100, random_state=12345),
)

# `fit_predict`メソッドにより、バリデーションデータにおける目的変数の期待値を推定
estimated_rewards_by_reg_model = regression_model.fit_predict(
    context=validation_data["context"], # 特徴量
```

```
    action=validation_data["action"], # \pi_bによる行動選択
    reward=validation_data["reward"], # 観測されている目的変数
    random_state=12345,
)
```

RegressionModelに、人工データにおける行動の数n_actionsと目的変数予測モデルを得るために用いる機械学習手法base_modelを指定したあとは、fit_predictメソッドを呼び出すことで、バリデーションデータにおける目的変数の予測値を得ます。

目的変数予測モデルを得たら、OBPのopeモジュールに実装されているOffPolicyEvaluationを使うことで、意思決定モデルの性能を評価します。

```
# 意思決定モデルの性能評価を一気通貫で行うための`OffPolicyEvaluation`を定義する
ope = OffPolicyEvaluation(
    bandit_feedback=validation_data, # バリデーションデータ
    ope_estimators=[IPS(), DR()] # 意思決定モデルの性能評価に使用する推定量
)
```

OffPolicyEvaluationにバリデーションデータと使用する2つの推定量を与えて準備を整えました。

次にOffPolicyEvaluationに実装されているvisualize_off_policy_estimates_of_multiple_policiesメソッドを呼び出し、IPS推定量やDR推定量を用いた意思決定モデルの性能評価の結果を描画します。ここで、action_choice_by_ipw_learnerはIPWLearnerによるバリデーションデータに対する行動選択であり、action_choice_by_randomはランダム意思決定モデルによるバリデーションデータに対する行動選択です。またestimated_rewards_by_reg_modelは、DR推定量に必要な目的変数の予測値です。

```
# IPWLearner+ロジスティック回帰の性能をIPS推定量とDR推定量で評価
ope.visualize_off_policy_estimates_of_multiple_policies(
    policy_name_list=["IPWLearner", "Random"],
    action_dist_list=[
        action_choice_by_ipw_learner, # IPWLearnerによるバリデーションデー
タに対する行動選択
```

```
        action_choice_by_random, # ランダム意思決定モデルによるバリデーションデータに対する行動選択
    ],
    estimated_rewards_by_reg_model=estimated_rewards_by_reg_model,
    random_state=12345,
)
```

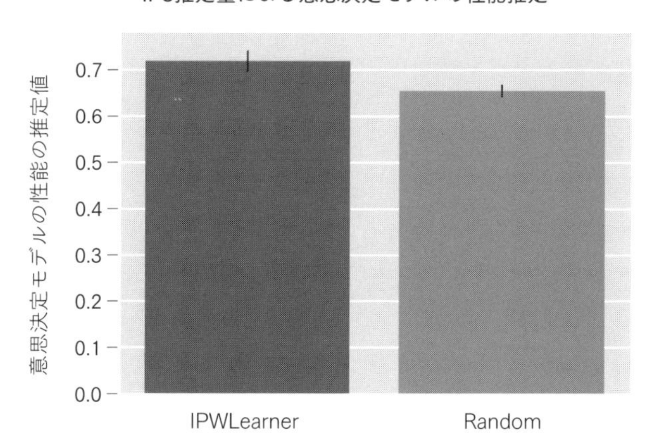

■ **図 2.8**／IPS推定量による意思決定モデルの性能評価の結果

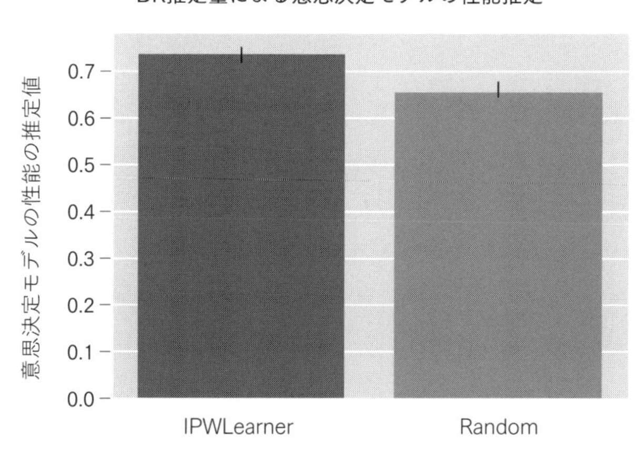

■ **図 2.9**／DR推定量による意思決定モデルの性能評価の結果

図2.8および図2.9で得られた結果を表2.8に数値としてまとめました。

▼ **表 2.8**／IPWLearnerとランダム意思決定モデルの事前性能評価の結果

	IPWLearner+ロジスティック回帰	ランダム意思決定モデル
IPS(IPW)	**0.718**	0.654
DR	**0.734**	0.652

表2.8を見ると、どちらの推定量においてもIPWLearnerの性能評価値がランダム意思決定モデルのそれを上回るだろうという評価が得られていることが分かります。

最後に意思決定モデルの性能 $\mathcal{J}(\pi_\phi)$ を計算しておきます。ここでは人工データを用いているため、意思決定モデルの性能をバイアスが無い状態で計算できます。これは、SyntheticBanditDatasetのcalc_ground_truth_policy_valueメソッドを呼び出すことで、次のように実行できます。

```
# IPWLearnerとrandomの真の性能を計算する
>>> performance_of_ipw_learner = dataset.calc_ground_truth_policy_value(
        expected_reward=validation_data['expected_reward'],
        action_dist=action_choice_by_ipw_learner,
    )
>>> performance_of_random = dataset.calc_ground_truth_policy_value(
        expected_reward=validation_data['expected_reward'],
        action_dist=action_choice_by_random,
    )
>>> print(f"IPWLearner+ロジスティック回帰の真の性能: {performance_of_ipw_
learner}")
>>> print(f"ランダム意思決定モデルの真の性能: {performance_of_random}")

IPWLearner+ロジスティック回帰の真の性能: 0.725425479831354
ランダム意思決定モデルの真の性能: 0.6525795707041967
```

よって、真の性能においてもIPWLearnerがベースラインであるランダム意思決定モデルの性能を上回っていることが分かります（大きい方が良い）。したがって、IPS推定量やDR推定量から得た「IPWLearnerの方がランダム意思決定モデルよりも良い性能を発揮する」とする事前性能評価の結果は正しかったことが分かります。

2.3.3 Open Bandit Datasetを用いた分析

次に実データを用いることで、より実践に即した分析の流れを実装します。

Open Bandit Datasetの紹介

Open Bandit Dataset*16は、Open Bandit Pipelineと同じく株式会社ZOZOと半熟仮想株式会社が共同で公開している意思決定モデルの学習や評価の実装に適した大規模公開実データセットです([Saito20]により公開)。このデータセットは、株式会社ZOZOが運営するファッションEコマースサイトZOZOTOWN*17におけるファッションアイテム推薦枠に意思決定モデルを実装した過程で収集されたものです。データ収集が行われたファッションアイテム推薦枠を図2.10に示しました。

■ 図 2.10/データ収集が行われたZOZOTOWNにおけるファッションアイテムの推薦枠([Saito20]のFigure 1より引用)

＊16 https://research.zozo.com/data.html

＊17 https://zozo.jp/

Open Bandit Datasetには、全アイテム・男性用アイテム・女性用アイテムに対応する推薦枠において別途に収集されたデータが別れて収録されています。それぞれの推薦枠では、来訪ユーザに対してランダム意思決定モデルまたはBernoulli Thompson Sampling (BernoulliTSモデル) という2種類の意思決定モデルを確率的にランダムに選択し、選択された意思決定モデルに従ってファッションアイテムを推薦しています。BernoulliTSモデルとは、ファッションアイテムごとの過去のクリック確率を考慮し、人気なアイテムを優先して(高い確率で)推薦する意思決定モデルです。この意思決定モデルはアイテムごとの過去のクリック確率だけに基づいているので、ユーザの特徴量は使っていません。

最後に、Open Bandit Datasetに含まれる情報のイメージを図2.11に示しました。各レコードは、「タイムスタンプ」「推薦された行動(ファッションアイテム)」「推薦位置」「データ収集用の意思決定モデル π_b による行動選択確率」「報酬としてのクリック有無」「ユーザ特徴量」「ユーザ・アイテム特徴量」で構成されています。ユーザ特徴量はハッシュ値で表され、匿名化されています。ユーザ・アイテム特徴量は、データ収集を開始する直前の1週間にユーザとアイテムの間で観測されたクリックの数で構成されています。また推薦位置は、図2.10で示したファッションアイテムの推薦枠における3箇所の推薦位置のどこでアイテムが推薦されたかを表しています(左から順に、1・2・3の値が振られています)。

タイムスタンプ	行動	推薦位置	目的変数(クリック有無)	行動選択確率	ユーザー特徴量		ユーザー・アイテム特徴量	
2019-11-xx	25	1	0	0.0125	e2500f3f	faiweurg	0	1
2019-11-xx	32	2	1	0.0871	7c414ef7	juqj2qfd	1	0
2019-11-xx	11	3	0	0.0613	60bd4df9	fji23qhrf	0	3
2019-11-xx	40	1	0	0.1889	7c20d9b5	slafhas2	2	0
…	…	…	…	…	…	…	…	…

■ 図2.11／Open Bandit Datasetに含まれる情報

Open Bandit Datasetは、データセットのページからダウンロードできます。ただし、フルサイズのデータセットはとても大きいため、試しに分析手順を適用したい場合は、スモールサイズのお試しデータセットを活用するのが良いでしょう(お試しデータセットの使い方は後述します)。

ここから、Open Bandit Datasetを用いて意思決定モデルを学習し、その性能を評価する手順を実装します。具体的には、次の3ステップで構成される分析手順をOBPを駆使して実装します。

1. **データの前処理**: Open Bandit DatasetのうちBernoulliTSモデルで収集されたデータを読み込んで前処理を施す
2. **意思決定モデルの学習**: トレーニングデータを用いてIPWLearnerに基づいた意思決定モデルを学習し、バリデーションデータに対して行動(ファッションアイテム)を選択する
3. **意思決定モデルの性能評価**: 学習された意思決定モデルの性能をバリデーションデータを用いて評価する

この分析手順を経ることで「**ZOZOTOWNのファッションアイテム推薦枠において、データ収集時に使われていたBernoulliTSモデルをこれからも使い続けるべきなのか、それとも新たに学習するIPWLearnerに基づく意思決定モデルへの切り替えを検討すべきなのか**」という実践的な問いに答えることを目指します。BernoulliTSモデルは、ユーザ特徴量を使っておらず個別化されていない意思決定モデルです。一方で、IPWLearnerはユーザ特徴量に基づいて行動の選択パターンを変えるよう個別化された意思決定モデルです。直感的には特徴量を用いた方が性能が良くなりそうではありますが、そのような単なる印象だけを頼りにIPWLearnerを実環境に実装したり、失敗のリスクがあるA/Bテストに進んでしまうのは危険です。ここでは、意思決定モデルの学習と評価の方法を駆使することで、新たな意思決定モデルを自信を持って実環境に導入するまでに必要な手順を網羅的に実装します。

まず必要なパッケージやモジュールを用意しておきます。

```
# 必要なパッケージをインポート
from pathlib import Path

from sklearn.ensemble import RandomForestClassifier
```

```
from sklearn.linear_model import LogisticRegression

from obp.dataset import OpenBanditDataset
from obp.policy import IPWLearner
from obp.ope import (
    OffPolicyEvaluation,
    RegressionModel,
    InverseProbabilityWeighting as IPS,
    DoublyRobust as DR
)
```

データの読み込みと前処理

次にOpen Bandit Datasetを読み込み、前処理を施して意思決定モデルの学習や評価に接続する準備を整えます。OBPのdatasetモジュールに実装されている`OpenBanditDataset`を使うことで、Open Bandit Datasetを容易に扱うことができます。

```
# ZOZOTOWNのトップページ推薦枠でBernoulliTSモデルが収集したデータを用いる
# `data_path=None`とすると、お試しデータセットを用いることができる
dataset = OpenBanditDataset(
    behavior_policy="bts", # bts=BernoulliTSモデル
    campaign="men", # "men", "women", or "all"のいずれかを指定
    data_path=Path("./open_bandit_dataset"), # データセットのパス
)

# デフォルトの前処理を施したデータを取得する
# タイムスタンプの前半70%をトレーニングデータ、
# 後半30%をバリデーションデータとする
training_data, validation_data = dataset.obtain_batch_bandit_feedback(
    test_size=0.3,
    is_timeseries_split=True
)
```

`OpenBanditDataset`には、データ収集に用いられた意思決定モデル`behavior_policy`、データ収集に用いられた推薦枠`campaign`、そしてデータセットのパス`data_path`を指定します。上の例では、男性用アイテムに関する推薦枠においてBernoulliTSモデルが収集したデータセットを指定

し、読み込んでいます。なお、data_path=Noneとすることで、スモールサイズのお試しデータセットを読み込むことができます。

次にobtain_batch_bandit_feedbackメソッドを呼び出すことで、データセットに前処理を施します。ここでは特に追加の実装はせず、OpenBanditDatasetにデフォルトで実装されている前処理を適用していますが、_preprocessメソッドをオーバーライドすることで独自の前処理を実装することもできます。最後に、obtain_batch_bandit_feedbackメソッドを用いて、トレーニングデータとバリデーションデータを取得しています。

得られたデータに含まれる情報を簡単に確認しておきましょう。

```
# トレーニングデータに含まれる情報を確認する.
>>> training_data.keys()

dict_keys(['n_rounds', 'n_actions', 'action', 'position', 'reward',
'pscore', 'context', 'action_context'])
```

training_dataやvalidation_dataはOpen Bandit Datasetを含む辞書であり、意思決定モデルを学習するために必要な次の情報を含んでいます。

- n_rounds：データ数（N）
- n_actions：意思決定モデルがとり得る行動の数（K）
- context：年齢や性別などユーザを表す特徴量ベクトル（X）
- action_context：価格やブランド、商品カテゴリなど行動（ファッションアイテム）に関係する特徴量ベクトル
- action：データ収集用の意思決定モデルπ_bによって選択された行動（A）
- reward：観測された目的変数、クリック発生有無（$Y = Y(A)$）
- pscore：データ収集用の意思決定モデルπ_bによる行動選択確率（$\pi_b(A|X)$）

最後に、データセットに関する統計情報を確認しておきましょう。

```
# 行動(ファッションアイテム)の数
>>> dataset.n_actions
34
```

```
# データ数
>>> dataset.n_rounds
4077727

# デフォルトの前処理による特徴量の次元数
>>> dataset.dim_context
27

# 推薦枠におけるポジションの数
>>> dataset.len_list
3
```

ここで用いるデータセットに含まれるデータの数は4077727であり、行動(ファッションアイテム)の数は34のようです。また、デフォルトの前処理により次元数27の特徴量が得られています。最後に、図2.10で確認した通り推薦ポジションの数は3になっています。

意思決定モデルの学習

データを取得したところで、トレーニングデータから意思決定モデルを学習し、バリデーションデータに対して目的変数(クリック)を最大にする行動を選択します。ここでは、「**IPWLearnerとランダムフォレストの組み合わせ**」により、ZOZOTOWNのファッションアイテム推薦枠にはまだ実装されていない新たな意思決定モデルを学習します。

IPWLearnerの学習や行動選択は、OBPのpolicyモジュールに実装されている機能を活用することで人工データの場合と同様に実装できます。しかし、図2.10で示したようにOpen Bandit Datasetには推薦枠内に3つのポジションが存在し、同じファッションアイテムでも異なるポジションに推薦されたらクリックのされやすさが異なる可能性に注意する必要があります。ここではファッションアイテムが推薦されたポジションの違いを考慮するため、IPWLearnerにポジションに関する情報を追加で与えています[*18]。

*18 IPWLearnerの内部では、ポジションごとにデータセットを分けて、それぞれ別々に分類問題を解く処理が行われています。

```
# 内部で用いる分類器としてランダムフォレストを指定した意思決定モデルを定義する
new_decision_making_model = IPWLearner(
    n_actions=dataset.n_actions, # 行動（ファッションアイテム）の数
    len_list=dataset.len_list, # 推薦枠内に存在するポジションの数
    base_classifier=RandomForestClassifier(
        n_estimators=300, max_depth=10, min_samples_leaf=5, random_state=12345,
    ),
)

# トレーニングデータを用いて、意思決定モデルを学習する
new_decision_making_model.fit(
    context=training_data["context"], # 特徴量
    action=training_data["action"], # \pi_bによる行動選択
    reward=training_data["reward"], # 観測されている目的変数
    position=training_data["position"], # 行動が提示された推薦位置(ポジション)
    pscore=training_data["pscore"], # \pi_bによる行動選択確率(傾向スコア)
)

# バリデーションデータに対して行動を選択する
action_dist = new_decision_making_model.predict(
    context=validation_data["context"]
)
```

ここではランダムフォレストのハイパーパラメータを適当に与えていますが、IPS推定量やDR推定量を評価指標とした交差検証によりハイパーパラメータチューニングを行うことでさらなる性能の向上を図ることもできます。

意思決定モデルの性能評価

次に、学習した意思決定モデル（IPWLearner）の性能をバリデーションデータを用いて評価します。その後、IPWLearnerの性能評価の結果とデータ収集時に用いられていたBernoulliTSモデルの性能を比べることで、既存のBernoulliTSモデルを使い続けるべきなのか、新たなIPWLearnerに切り替えるべきなのかを判断します。

まずはDR推定量を用いるために必要な目的変数予測モデル f をバリデーションデータを用いて得ます。ここでは、OBPのopeモジュールに実

装されているRegressionModelとscikit-learnに実装されているロジスティック回帰を組み合わせて、次のように実装します。

```
# DR推定量を用いるために必要な目的変数予測モデルを得る
# opeモジュールに実装されている`RegressionModel`に機械学習手法を与える
regression_model = RegressionModel(
    n_actions=dataset.n_actions, # 行動の数
    len_list=dataset.len_list, # 推薦枠内に存在するポジションの数
    base_model=LogisticRegression(C=100, random_state=12345),
)

# `fit_predict`メソッドにより、目的変数の期待値を推定
estimated_rewards_by_reg_model = regression_model.fit_predict(
    context=validation_data["context"], # 特徴量
    action=validation_data["action"], # \pi_bによる行動選択
    reward=validation_data["reward"], # 観測されている目的変数
    position=validation_data["position"], # 行動が提示された推薦位置(ポジション)
    random_state=12345,
)
```

なおここでも意思決定モデルを学習したときと同様、ポジションの違いによるクリック確率の違いを考慮して目的変数予測モデルを得るために、RegressionModelに推薦枠内のポジションの情報を与えています。

目的変数の予測モデルを得たら、OBPのopeモジュールに実装されているOffPolicyEvaluationを使い、意思決定モデルの性能を評価します。

```
# 意思決定モデルの性能評価を一気通貫で行うための`OffPolicyEvaluation`を定義
ope = OffPolicyEvaluation(
    bandit_feedback=validation_data, # バリデーションデータ
    ope_estimators=[IPS(), DR()] # 使用する推定量
)
```

次にOffPolicyEvaluationに実装されているvisualize_off_policy_estimatesを呼び出すことで、意思決定モデルの性能評価の結果を描画します。基本的には人工データを用いたときと同様の手順ですが、ここではis_relative=Trueという設定を与えています。これにより、データ収集

時に使われていたBernoulliTSモデルの性能に対するIPWLearnerの相対性能（=IPWLearnerの性能の推定値 / BernoulliTSモデルの性能）を出力でき、ここでの分析の目的である「ZOZOTOWNのファッションアイテム推薦においてBernoulliTSモデルを使い続けるべきなのか、IPWLearnerに切り替えるべきなのか」の判断を助ける情報を取得できます。

```
# 「IPWLearnerとランダムフォレストの組み合わせ」の性能を評価する
ope.visualize_off_policy_estimates(
    action_dist=action_dist, # new_decision_making_modelによる行動選択
    estimated_rewards_by_reg_model=estimated_rewards_by_reg_model,
    is_relative=True, # 既存のBernoulliTSモデルに対する相対性能を出力
)
```

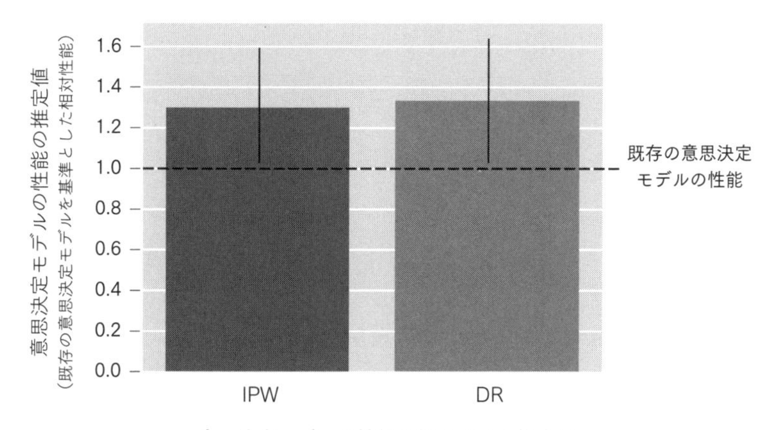

■ 図 2.12／IPWLearnerのBernoulliTSモデルに対する改善率の推定結果

図2.12の結果を表2.9に数値としてまとめました。

▼ 表 2.9／IPWLearnerの性能評価の結果（既存の意思決定モデルに対する相対性能）

	IPWLearner+ ランダムフォレスト	BernoulliTSモデル （既存の意思決定モデル）
IPS(IPW)	**1.305**	1.000
DR	**1.345**	1.000

ここで得られた意思決定モデルの性能評価の結果から、**データ収集時に用いられていたBernoulliTSモデルからIPWLearnerによる特徴量の情報を活用した個別化推薦に切り替えることで、クリック確率（意思決定モデルの性能）を30％程度向上させられる可能性が示唆されました。** IPWLearnerの性能について推定された95％信頼区間の下限も、1.0付近（ベースラインであるBernoulliTSモデルの性能と同程度）であるため、大きな失敗はしなさそうであることが分かります。この性能評価の結果に基づき、IPWLearnerを実環境にいきなり導入したり、IPWLearnerが有望な意思決定モデルであることに対して自信を持ったうえで、安心してA/Bテストに進んだりできるというわけです。

2.4 本章のまとめと発展的な内容の紹介

本章ではまず、広告配信におけるユーザ属性予測を題材に、会員になるか否かというユーザ行動が原因で生じる観測データと予測対象の乖離を扱う方法を導出しました。次に、広告画像選択の問題を題材として、ログデータから意思決定を司る意思決定モデルを学習する方法を導きました。特に、**機械学習にどんな問題を解かせるべきであるのか**を深く考慮せず意思決定の問題を予測の問題として定式化してしまうと、本来解きたいはずだった問題とは関係のないちぐはぐな目的関数に基づき機械学習モデルの学習に進んでしまう可能性がありました。よって2.2節では、意思決定を行う機能を機械学習モデルに持たせるところから始め、それに基づいて本来解きたかった問題やKPIを意識した目的関数を設定する堅実な方針をとりました。そして、過去に使われていた意思決定モデルによるバイアスを含む観測データから真の目的関数を偏りなく近似する方法を導出する流れを体験しました。

本章では最も基本的な設定として、離散的な行動の集合からある1つの行動を選択する設定を扱いました。しかし、行動選択集合の構成方法や行動選択の仕方には、いくつかのバリエーションがあり得ます。まず行動が連続変数である場合が発展的な問題設定として考えられます。例えば、売上を最大化するために商品の価格を決める問題を解きたいとします。このとき意思決定モデルの出力は価格となり、行動が連続変数として表される問題であることが分かります。また医療に目を向けてみると、患者ごとに予後を表す指標を最適化すべく、薬の投薬量を出力してくれる意思決定モデルを学習したい場面があり得るでしょう。この問題設定も、投薬量(何mlの薬を投与すべきか)という連続的な行動選択集合によって定式化される問題です。行動選択集合が連続的なケースの対処法は、[Kallus18] [Demirer19] [Kallus20a]などで議論されています。また行動選択集合が離散的な場合でも、1回の意思決定機会において複数の行動を同時に選択する問題もあり得ます。すなわち、K 個の行動選択集合の中から(1つではなく)L 個の行動を同時に選択する問題のことです。例えば、2.3節で扱ったZOZOTOWNにおけるファッションアイテム推薦の問題は、数十個のファッションアイテムで構成される行動選択の中から来訪ユーザごとに3個のファッションアイテムの組み合わせを選択する問題として捉えるのが厳密です。(図2.10を再確認すると、3つのファッションアイテムが同時に推薦されていることが分かります)。このように、行動選択集合の中からいくつかの行動の組み合わせを選択する場面は、推薦システムなどの実応用に多く存在します。このような状況においてうまく意思決定モデルを学習したり、その性能を評価したりするための手法は、[Li18]や[McInerney20]などで検討されています。さらに意思決定モデルが強化学習アルゴリズムで構成されるより複雑なケースについても多くの研究蓄積があります([Jiang16] [Liu18] [Kallus20b]など多数)。他にも企業の研究所が発表している論文では多くの場合実データを用いた検証実験が行われており、実応用的な視点から参考になります。例えば、Spotify([Mehrotra18] [Gruson19]など)やGoogle([Chen19] [Ma20]など)、Criteo([Gilotte18] [Junsen20]など)が発表している研究には、一度目を通しておいて損はないでしょう。

なお先にも補足しましたが、2.2節以降で扱った内容はオフ方策学習やオフ方策評価などと呼ばれる分野の内容を実践者向けの展開で再構築したものです。より多くの関連手法や理論的な背景を知りたい方は、Off-Policy Learning(OPL)やOff-Policy Evaluation(OPE)などのキーワードをもとに分野の動向を調べてみると良いでしょう。

次章からは、推薦システムやランキングシステムなどを題材としたより自由度が高い応用問題に挑戦していきます。

参考文献

- [有賀21] 有賀康顕, 中山心太, 西林孝. 仕事ではじめる機械学習 第2版. オライリージャパン, 2021.
- [Fernández-Loría20] Carlos Fernández-Loría, Foster Provost, Jesse Anderton, Benjamin Carterette, and Praveen Chandar. A Comparison of Methods for Treatment Assignment with an Application to Playlist Generation. arXiv preprint arXiv:2004.11532, 2020.
- [Chapelle11] Olivier Chapelle, and Lihong Li. An Empirical Evaluation of Thompson Sampling. In Advances in Neural Information Processing Systems, Vol. 24, 2011.
- [Li11] Lihong Li, Wei Chu, John Langford, and Robert E. Schapire. A Contextual-bandit Approach to Personalized News Article Recommendation. In Proceedings of the 19th international conference on World wide web, pp. 661-670, 2010.
- [Kohavi21] Ron Kohavi, Diane Tang and Ya Xu (訳 大杉　直也). A/Bテスト実践ガイド 真のデータドリブンへ至る信用できる実験とは. KADOKAWA, 2021.
- [DeVries20] Terrance DeVries, Ishan Misra, Changhan Wang, and Laurens van der Maaten. Does Object Recognition Work for Everyone?. In Proceedings of the IEEE/CVF Conference on Computer Vision and Pattern Recognition Workshops, pp. 52-59, 2020.
- [Dudík14] Miroslav Dudík, Dumitru Erhan, John Langford, and Lihong Li. Doubly Robust Policy Evaluation and Optimization. Statistical Science, Vol. 29, No. 4, pp. 485-511, 2014.
- [Agarwal17] Alekh Agarwal. Off-policy Evaluation and Learning. COMS E6998.001: Bandits and Reinforcement Learning, Fall2017.
- [Swaminathan15] Adith Swaminathan and Thorsten Joachims. Counterfactual Risk Minimization: Learning from Logged Bandit Feedback. In Proceedings of the 32nd International Conference on Machine Learning, Vol. 37. PMLR, pp. 814-823, 2015.
- [Yasui20] Shota Yasui, Gota Morishita, Komei Fujita, Masashi Shibata. A Feedback Shift Correction in Predicting Conversion Rates under Delayed Feedback. In Proceedings of The Web Conference 2020, pp. 2740-2746, 2020.
- [Saito20] Yuta Saito, Shunsuke Aihara, Megumi Matsutani, and Yusuke Narita. Open Bandit Dataset and Pipeline: Towards Realistic and Reproducible Off-Policy Evaluation. arXiv preprint arXiv:2008.07146, 2020.
- [Kallus18] Nathan Kallus and Angela Zhou. Policy Evaluation and Optimization

with Continuous Treatments. In Proceedings of the Twenty-First International Conference on Artificial Intelligence and Statistics, Vol. 84. PMLR, pp. 1243-1251, 2018.

- [Demirer19] Mert Demirer, Vasilis Syrgkanis, Greg Lewis, and Victor Chernozhukov. Semi-Parametric Efficient Policy Learning with Continuous Actions. In Advances in Neural Information Processing Systems, Vol. 32, 2019.
- [Gilotte18] Alexandre Gilotte, Clément Calauzènes, Thomas Nedelec, Alexandre Abraham, and Simon Dollé. Offline A/B Testing for Recommender Systems. In Proceedings of the Eleventh ACM International Conference on Web Search and Data Mining, pp. 198-206, 2018.
- [Jeunen20] Olivier Jeunen, David Rohde, Flavian Vasile, and Martin Bompaire. Joint Policy-Value Learning for Recommendation. In Proceedings of the 26th ACM SIGKDD International Conference on Knowledge Discovery & Data Mining, pp. 1223-1233, 2020.
- [Jiang16] Nan Jiang and Lihong Li. Doubly Robust Off-Policy Value Evaluation for Reinforcement Learning. In Proceeding of the 33rd International Conference on Machine Learning, Vol. 48. PMLR, pp. 652-661, 2016.
- [Li18] Shuai Li, Yasin Abbasi-Yadkori, Branislav Kveton, S Muthukrishnan, Vishwa Vinay, and Zheng Wen. Offline Evaluation of Ranking Policies with Click Models. In Proceedings of the 24th ACM SIGKDD International Conference on Knowledge Discovery & Data Mining, pp. 1685-1694, 2018.
- [Kallus20a] Nathan Kallus, Masatoshi Uehara. Doubly Robust Off-Policy Value and Gradient Estimation for Deterministic Policies. In Advances in Neural Information Processing Systems, Vol. 33, 2020.
- [Kallus20b] Nathan Kallus, Masatoshi Uehara. Double Reinforcement Learning for Efficient Off-Policy Evaluation in Markov Decision Processes. In Proceedings of the 37th International Conference on Machine Learning, Vol. 119. PMLR, pp. 5078-5088, 2020.
- [Liu18] Yao Liu, Omer Gottesman, Aniruddh Raghu, Matthieu Komorowski, Aldo A. Faisal, Finale Doshi-Velez, and Emma Brunskill. Representation Balancing MDPs for Off-policy Policy Evaluation. In Advances in Neural Information Processing Systems, Vol. 31, 2018.
- [McInerney20] James McInerney, Brian Brost, Praveen Chandar, Rishabh Mehrotra, and Ben Carterette. Counterfactual Evaluation of Slate Recommendations with Sequential Reward Interactions. In Proceedings of the 26th ACM SIGKDD International Conference on Knowledge Discovery & Data Mining, pp. 1779-1788, 2020.
- [Gruson19] Alois Gruson, Praveen Chandar, Christophe Charbuillet, James McInerney, Samantha Hansen, Damien Tardieu, and Ben Carterette. Offline Evaluation to Make Decisions About Playlist Recommendation. In Proceedings of the Twelfth ACM International Conference on Web Search and Data Mining, pp. 420-428. 2019.
- [Chen19] Minmin Chen, Alex Beutel, Paul Covington, Sagar Jain, Francois Belletti, and Ed Chi. Top-K Off-Policy Correction for a REINFORCE

Recommender System. In Proceedings of the Twelfth ACM International Conference on Web Search and Data Mining, pp. 456-464. 2019.

- [Ma20] Jiaqi Ma, Zhe Zhao, Xinyang Yi, Ji Yang, Minmin Chen, Jiaxi Tang, Lichan Hong, and Ed H. Chi. Off-policy Learning in Two-stage Recommender Systems. In Proceedings of The Web Conference 2020, pp. 463-473, 2020.
- [Mehrotra18] Rishabh Mehrotra, James McInerney, Hugues Bouchard, Mounia Lalmas, and Fernando Diaz. Towards a Fair Marketplace: Counterfactual Evaluation of the trade-off between Relevance, Fairness & Satisfaction in Recommendation Systems." In Proceedings of the 27th ACM International Conference on Information and Knowledge Management, pp. 2243-2251, 2018.
- [Narita20] Yusuke Narita, Shota Yasui, and Kohei Yata. Off-policy Bandit and Reinforcement Learning. arXiv preprint arXiv:2002.08536, 2020.
- [成田20] 成田 悠輔, 粟飯原 俊介, 齋藤 優太, 松谷 恵, 矢田 紘平. すべての機械学習は A/B テストである (Almost Every Machine Learning Is A/B Testing). 人工知能, Vol.35, No.4, pages 517-525, 2020.

3章

Explicit Feedbackを用いた推薦システム構築の実践

本章では、Explicit Feedbackや明示的フィードバックと呼ばれるユーザのアイテムに対する嗜好度合いに関するデータを用いた推薦システム構築の場面を扱います。Explicit Feedbackの代表例は、映画や楽曲などに付与されるレーティングデータです。これは、ユーザがアイテムに対して持っている嗜好度合いを自己表明したデータであり、推薦システムを学習するのに非常に有用な情報です。そのため、Explicit Feedbackを活用して推薦システムを学習するための方法論に関する解説は数多く存在します。しかし既存の文献では、推薦システムの学習の部分のみに焦点が当てられてしまっています。実際は、ユーザやアイテムごとにレーティングデータの観測されやすさにバラツキがあることが知られており、この問題を無視してしまっていては、いくら学習の部分を頑張っても望ましい結果を得ることは難しいのです。本章では、1章で導入したフレームワークに基づいて丁寧に手順を進めることで、ユーザの行動パターンに依存して発生する実環境と観測データの乖離を扱う方法を自然に導く流れを体験します。

3.1 Explicit Feedbackを用いた推薦システムの構築

私たちはいたるところで推薦に接触しています。Netflixのトップページには、「あなたにおすすめの人気作品」などの推薦枠が配置され、それぞれのユーザが興味を持ちそうな番組や映画がずらりと並べられています。さらにSpotifyのトップページでも、「おすすめのニューリリース」や「メイド・フォー・ユー」などの推薦枠が配置され、ユーザごとに興味を持ちそうな曲やアーティスト、プレイリストが推薦されています。これらのWebサービスに見られる推薦枠は、推薦アルゴリズムによってユーザごとに個別の異なるものに自動で作り替えられています。またある1人のユーザについても、興味の移り変わりに応じて、何が推薦されるかが時系列的に変わっていることでしょう。これらに代表されるWebサービスが推薦システムを用いている背景には、大量に存在する映画や楽曲などのアイテムの中からユーザが興味を持つであろうアイテムを推薦したいというモチベーションがあります。このモチベーションは大きく次の2つに細分化されます。

1. すでにユーザが何度も閲覧していたり視聴していたりするアイテムを推薦することで、ユーザがそのアイテムにすぐにアクセスできるようにする
2. ユーザはまだ知らないが、推薦すると新たに興味を持ってもらえそうなアイテムを推薦することで、ユーザとアイテムの出会いを創出する

ユーザがある程度長い期間サービスを使っているならば、そのユーザが繰り返し消費しているアイテムを推薦することで、1つ目の推薦目的を比較的容易に達成できるでしょう。一方で、特に難しいとされているのが2つ目の目的です。なぜならばユーザがまだ知らないアイテムについてのデータは、行動履歴として残っていないからです。したがって、それぞれのユーザと似ているユーザの行動履歴を分析することなどにより、新規に

興味を持ってくれそうなアイテムをうまく推薦する必要があります。しかし実は、標準的とされている推薦システムの定式化にやみくもに従ってしまうと、実環境と観測データの乖離（バイアス）の問題によって、特にこの2つ目の目的を達成することが非常に困難になってしまいます。

本章ではまず、推薦システムの標準的な定式化や手法について簡単に整理します。そのあと、そのような推薦システムを構築する際に発生し得るバイアスの問題を、データの観測構造の点から理解します。さらに、データの観測構造をうまくモデル化することでバイアスを除去する方法を自然に導く流れを体験します。

なおこの3.1節では、バイアスを意識した推薦システム構築の入り口として、いくつかの実務にそぐわない単純な状況をあえて仮定している部分があります。それらについては、本文中や章末で補足するようにしています。本章を通じて推薦システムの標準的な定式化と雰囲気をつかんだ上で、次章のより実践的な内容に進む流れになっています。

3.2 推薦システムの標準的な定式化と手法

まずバイアスの問題に踏み入る前に、推薦システムの基本的な定式化と手法について解説します。なお本節は、推薦システムにふれたことがある人ならどこかで学んだことがあるだろう内容の確認になります。したがって、すでに推薦システムの定式化を把握しているという方は、気楽に読んでいただいて問題ありません。

本章で私たちが達成したいのは、「大量のアイテムの候補の中からユーザが興味を持つであろうアイテムを推薦すること」でした。これを達成するためには、ユーザがそれぞれのアイテムのことをどれだけ好んでいるのかという、**嗜好度合い**に関するデータをもとに、うまく推薦を行う必要があります。ユーザのアイテムに対する嗜好度合いを表す最も基本的でかつ理想的なデータは、**Explicit Feedback**や**明示的なフィードバック**などと呼ばれるデータです。これは**ユーザが自らの意思でそれぞれのアイテムに対して与える嗜好度合いに関する情報**のことを指します。Explicit

Feedbackの典型的な例は、ユーザがアイテムに対して与える5段階評価などのレーティングデータです。例えば、ユーザがあるアイテムに対して星1などの低いレーティングを付与していたら、そのユーザはそのアイテムのことを嫌いであることが分かります。一方で、ユーザがあるアイテムに対して星5などの高いレーティングを付与していたら、そのユーザはそのアイテムのことを好きであることが分かります。このようにレーティングデータに代表されるExplicit Feedbackは、ユーザがアイテムに対して自らの意思で好き嫌いを表明しているので(ユーザが嘘をついていないとすると)、ユーザのアイテムに対する嗜好度合いを正確に把握するのに理想的なデータであると考えられます。機械学習に基づく標準的な推薦システムの内容について勉強する際に、おそらく多くの人が最初にふれることになるのがこのExplicit Feedbackを用いた方法でしょう。

▼ **表 3.1**／映画推薦におけるレーティングデータ(Explicit Feedback)の例

ユーザ(u)	映画(i)	レーティング($r(u,i)$)
ユーザ1	映画1	4
ユーザ1	映画2	5
ユーザ2	映画1	1
ユーザ10	映画m	2
…	…	…
ユーザn	映画100	4

それでは、Explicit Feedbackを用いた推薦システムの定式化を紹介していきます。まず、サービスに属する n 人のユーザを $u \in [n] = \{1, 2, \ldots, n\}$ で、サービスに属する m 個のアイテムを $i \in [m] = \{1, 2, \ldots, m\}$ で表します。また $r(u,i)$ をユーザ u がアイテム i に対して有している嗜好度合いを表す値とし、**嗜好度合い**や**嗜好度合いデータ**と呼びます。例えば、嗜好度合いデータが5段階のレーティングデータであるならば、$r(u,i)$ は $\{1, 2, 3, 4, 5\}$ のどれかの値をとります。表3.1に、推薦システムのデータセットとしてよく見られる形を擬似データとして示しました。この擬似データでは、ユーザ1は映画1に対して4という高めの

レーティングを付けているため、好意的な印象を持っていそうですが、ユーザ2は映画1に対して1という最低評価を付けているので、好ましくない印象を持っていることが分かります。このようにExplicit Feedbackのデータセットは、いくつかのユーザとアイテムのペアについて、ユーザが能動的に表明した嗜好度合いが紐付けられているものというイメージを持っておくと良いでしょう。なお本章では単純化のため、$r(u,i)$ を確率変数としてではなく決定的な値として扱うことにします。すなわち、あるユーザ u はアイテム i に対し確率1でレーティング $r(u,i)$ で表される嗜好度合いを持っているということです。

推薦システムの分野では、ユーザとアイテムの間の嗜好度合いを行列形式で表現することが通例となっています。図3.1に、すべてのユーザとアイテムの間の嗜好度合いを行列形式でまとめました。これはユーザをそれぞれの行で、アイテムをそれぞれの列で表した $n \times m$ のユーザ×アイテム行列です。

$$\text{真の嗜好度合い行列} = \overbrace{\begin{pmatrix} 4 & 5 & \cdots & 3 \\ 1 & 4 & & 5 \\ \vdots & & \ddots & \vdots \\ 1 & 2 & \cdots & 1 \end{pmatrix}}^{\text{アイテム(m個)}} \Bigg\} \text{ユーザ(n人)}$$

■ **図3.1**／真の嗜好度合い行列

あるユーザ u があるアイテム i に対して $r(u,i)$ という値で表される嗜好度合いを持っていたとしたら、行列の (u,i) 成分に $r(u,i)$ という値が入っています。例えば、ユーザ $u=2$ のアイテム $i=1$ に対する嗜好度合い $r(2,1)$ は1であることが図3.1から分かります。この図3.1で表されている行列は、すべてのユーザとアイテムの間の嗜好度合いの情報を含んでいるため、仮にこの行列を学習データから精度良く近似できれば、真の嗜好度合いに基づいた効果的な推薦を行うことができそうです。例えば、各ユーザに対してまだ閲覧したことがないアイテムの中から、嗜好度合いが高いと予測されるいくつかのアイテムを推薦する方法があり得ます。

ここで問題なのは、ユーザはすべてのアイテムに対して嗜好度合いを付与してくれるわけではないということです。通常、それぞれのユーザはすべてのアイテムのうち、ほんのいくつかのアイテムについてのみ嗜好度合いデータを付与しています。このような現実の推薦システムで観測される欠損を含んだ状況は、図3.2のような観測行列を考えるとイメージしやすいでしょう。

$$
\text{嗜好度合い観測行列} = \underbrace{\begin{pmatrix} 4 & 5 & \cdots & ? \\ ? & 4 & & ? \\ \vdots & & \ddots & \vdots \\ ? & 2 & \cdots & ? \end{pmatrix}}_{\text{アイテム(m個)}} \; \text{ユーザ(n人)}
$$

■ 図 3.2／嗜好度合いの観測行列

図3.2に示した行列も図3.1と同様に、ユーザをそれぞれの行で、アイテムをそれぞれの列で表した $n \times m$ 行列です。しかし、こちらの行列は欠損を含んでおり先ほどの行列とは見た目が異なります。前述の例と同様に、あるユーザ u があるアイテム i に対して $r(u,i)$ という嗜好度合いを表明していたとしたら、行列の (u,i) 成分に $r(u,i)$ という値が入っています。しかし、ユーザ u とアイテム i の間の嗜好度合いデータがまだ観測されていなかったとしたら、行列の (u,i) 成分には値が入らず、その部分は欠損値（図3.2における「？」）として扱われています。現実において活用できるのは図3.2で表される欠損を含んだ行列であり、これを用いて図3.1で表されるすべての嗜好度合いデータを含んだ真の嗜好度合い行列を近似する問題を考えるのが、推薦システムにおける標準的な定式化です。

ここでは、図3.2の観測行列から図3.1の真の嗜好度合い行列を復元するための手法として**Matrix Factorization（MF）**を紹介します。MFはその名の通り、真の嗜好度合いデータの行列をユーザ行列とアイテム行列という2つの行列に分解する（ユーザ行列とアイテム行列を学習する）ことで近似しようという手法です。MFによって、真の嗜好度合い行列を近似するときのイメージを図3.3に示しました。ここで、ユーザ行列を P という

$n \times k$ 行列で、アイテム行列を Q という $k \times m$ 行列で記述します。このとき、行列 P の $u (1 \leq u \leq n)$ 行目の k 次元ベクトル p_u はユーザ u を特徴付けるベクトルとして、行列 Q の $i (1 \leq i \leq m)$ 列目の k 次元ベクトル q_i はアイテム i を特徴付けるベクトルとして解釈されます。なおそれぞれのユーザやアイテムを表すベクトルの次元数 k はハイパーパラメータであり、バリデーションデータを用いた交差検証などによりチューニングします。

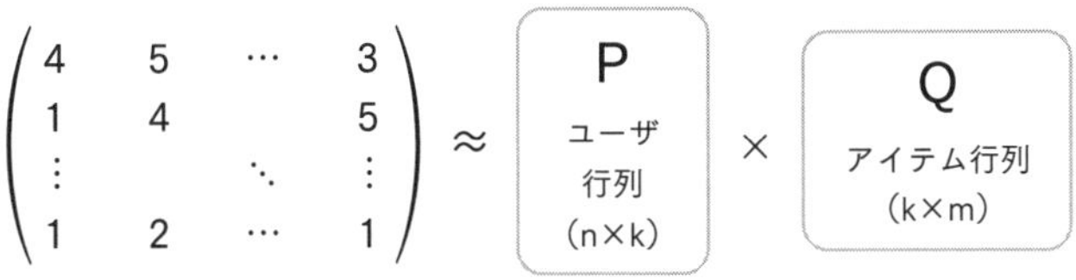

$$\begin{pmatrix} 4 & 5 & \cdots & 3 \\ 1 & 4 & & 5 \\ \vdots & & \ddots & \vdots \\ 1 & 2 & \cdots & 1 \end{pmatrix} \approx \boxed{\begin{matrix} \text{P} \\ \text{ユーザ} \\ \text{行列} \\ (\text{n}\times\text{k}) \end{matrix}} \times \boxed{\begin{matrix} \text{Q} \\ \text{アイテム行列} \\ (\text{k}\times\text{m}) \end{matrix}}$$

■ **図 3.3**／Matrix Factorizationによる真の嗜好度合い行列の近似

さて、図3.3に示したようにユーザ行列 P とアイテム行列 Q の行列積で真の嗜好度合いデータの行列を近似するということは、それぞれのユーザ・アイテムペアの粒度で考えると、次のように p_u と q_i の内積で $r(u,i)$ を予測することを意味します。

$$r(u,i) \approx p_u^\top q_i$$

MFでは、観測されている嗜好度合いデータに対する二乗誤差を最小化する基準で真の嗜好度合い行列を精度良く近似することを目指します。

$$\min_{P,Q} \sum_{(u,i) \in [n] \times [m] : r(u,i) \text{ が観測}} (r(u,i) - p_u^\top q_i)^2$$

さて、上の式は $r(u,i)$ とそれに対する予測値である $p_u^\top q_i$ の二乗誤差を、嗜好度合い $r(u,i)$ が観測されているユーザ・アイテムペアのみを用いて計算し、それを最小化することで学習を行っています。このユーザ行列 P とアイテム行列 Q を得るための単純な方法は確率的勾配降下法 (Stochastic Gradient Descent；SGD) です。これは次の更新式に基づいて、ユーザやアイテムごとのベクトルを更新します。なお α は、学習率を表すハイパーパラメータです。

$$
\begin{aligned}
p_u &\longleftarrow p_u + 2\alpha e_{u,i} q_i \\
q_i &\longleftarrow q_i + 2\alpha e_{u,i} p_u
\end{aligned}
$$

$e_{u,i} = r(u,i) - p_u^\top q_i$ は、ユーザ u とアイテム i についての嗜好度合いに対する予測誤差です。上記の p_u と q_i についての更新を繰り返すことで、観測されているデータから、真の嗜好度合い行列を精度良く近似できるユーザ・アイテム行列を得ようという算段になります。なおここでは、分析者の好みに合わせてMomentumやAdamなどの発展的なモデルパラメータ最適化手法を用いても問題ありません。

ユーザベクトルとアイテムベクトルの内積により嗜好度合いを予測するオリジナルのMFにはちょっとした発展系が存在します。推薦システムでは、そもそもある商品が他に比べて平均的に高評価を与えられやすかったり、あるユーザが他に比べて平均的に高評価を与えやすかったりする傾向があります。そのような現実的な状況では、ユーザとアイテムのベクトルの積のみで、嗜好度合いをうまく予測するのは困難です。そのため、ユーザベクトルとアイテムベクトルの内積に加えて、ユーザ u に固有のユーザバイアス項 $b_u \in \mathbb{R}$、アイテム i に固有のアイテムバイアス項 $b_i \in \mathbb{R}$、そして全体の平均的な嗜好度合いを表すグローバルバイアス項 $b \in \mathbb{R}$ を用いた以下の方法で、$r(u,i)$ を予測することもあります。

$$
r(u,i) \approx b + b_u + b_i + p_u^\top q_i
$$

まずグローバルバイアス項 b をベースラインとして、ユーザ u の平均的な嗜好度合いをユーザバイアス項 b_u で調整します。続いてアイテム i の平均的な嗜好度合いをアイテムバイアス項 b_i で調整し、最後にユーザ u とアイテム i の間の相互作用をユーザ・アイテムベクトルの内積 $p_u^\top q_i$ で調整することで、ユーザ u とアイテム i の間の嗜好度合い $r(u,i)$ を予測しています。このようにバイアス項を追加して予測を行う場合の学習も、やはり二乗誤差を最小化する基準で行うことができます。

$$\min_{P,Q,b_u,b_i,b} \sum_{(u,i)\in[n]\times[m]:r(u,i)\ \text{が観測}} (r(u,i) - (b + b_u + b_i + p_u^\top q_i))^2$$

ここでも先ほどと同様に、予測対象である $r(u,i)$ とそれに対する予測値である $b + b_u + b_i + p_u^\top q_i$ の二乗誤差を観測されている嗜好度合いデータを用いて計算し、それを最小化することで学習を行います。この場合、それぞれのモデルパラメータは次のように更新します。

$$\begin{aligned} p_u &\longleftarrow p_u + 2\alpha e_{u,i} q_i \\ q_i &\longleftarrow q_i + 2\alpha e_{u,i} p_u \\ b_u &\longleftarrow b_u + 2\alpha e_{u,i} \\ b_i &\longleftarrow b_i + 2\alpha e_{u,i} \end{aligned}$$

$e_{u,i} = r(u,i) - (b + b_u + b_i + p_u^\top q_i)$ は、ユーザ u とアイテム i についての嗜好度合いの予測誤差です。上記の更新を繰り返すことで、真の嗜好度合い行列を近似するためのユーザ・アイテム行列と各バイアス項を得ます。

最後に、正則化(regularization)について簡単に説明します。MFを活用する場合もいわゆる教師あり機械学習と同様、トレーニングデータに対する過学習を防ぐ目的で、次のように正則化項を導入できます。

$$\min_{P,Q} \sum_{(u,i)\in[n]\times[m]:r(u,i)\ \text{が観測}} (r(u,i) - p_u^\top q_i)^2 + \lambda \cdot \left(\|p_u\|_2^2 + \|q_i\|_2^2\right)$$

ここでは、最初に紹介したユーザベクトルとアイテムベクトルの内積 $p_u^\top q_i$ のみで嗜好度合いを予測する単純なMFの学習に、ユーザ・アイテムベクトルのL2ノルムを正則化項として導入しました。λ はハイパーパラメータであり、正則化項の影響の大小を調整します。この場合、モデルパラメータの更新式は次のように修正されます。

$$\begin{aligned} p_u &\longleftarrow p_u + 2\alpha\,(e_{u,i} q_i - \lambda p_u) \\ q_i &\longleftarrow q_i + 2\alpha\,(e_{u,i} p_u - \lambda q_i) \end{aligned}$$

こうして正則化項を加えることで、MFを用いる場合も、過学習に気を配った学習が可能になります。

本節ではまず推薦システムの標準的な定式化や手法を理解するため、Explicit Feedbackに基づく定式化と真の嗜好度合い行列を近似するための典型的な手法を紹介しました[*1]。すでに推薦システムの基礎に慣れ親しんでいる方は、より複雑な深層学習や強化学習などに基づく手法に詳しいかもしれません。しかし、1章でも述べたように本書が着目するのは、どのような予測手法を用いると予測精度が向上するかというすでに語り尽くされた話題ではありません。我々の興味はむしろ、機械学習が機能する状況を自ら導くための思考回路を身に付けることです。そのためには、手元に観測されるデータを活用する際に生じ得るバイアスの問題を特定すること、そしてそれに対処するための手順を導出できるようになることが重要です。次節からはいよいよ、推薦システムに潜むバイアスの問題に踏み込んでいきます。

3.3 推薦システムに潜むバイアスの問題

さてこれまでに紹介してきた推薦システムの定式化とMFに基づく嗜好度合いの予測は、推薦システムについて勉強したことがある人なら誰もが知っているであろう基本的な内容です。実際にMF（やその派生系）を用いて推薦施策を導入したことがあるという方もいることでしょう。しかし、推薦システムに関する多くの書籍や論文ではふれられていない一方で、応用上とても重要な視点があります。それは、**手元に観測されているデータ（図3.2に示した嗜好度合いデータの観測行列）が本当にこれから近似したいデータ（図3.1に示した真の嗜好度合いの行列）を代表したものになっているのか**、という視点です。

この点について具体的なイメージを持つために、簡単な映画推薦の例を導入します。ここでは、ホラー好き・ロマンス好きという2種類のユーザ属性とホラー・ロマンス・コメディという3種類の映画のみが存在するシンプルな設定を考えます。ここで、ホラー好き・ロマンス好きの属性を持

＊1　本章では扱っていない推薦システムに関連するより広範な話題や手法は、[神嶌 16] やそのスライド版（https://www.kamishima.net/archive/recsys.pdf）が参考になります。

つユーザがそれぞれ1,000人ずついたとします。また、ホラー・ロマンス・コメディに対応する映画はそれぞれ1本ずつしかないとします。さらに各ユーザがそれぞれの映画に対して持っている嗜好度合いが、ユーザ属性と映画ジャンルの組み合わせのみによって決まるとします。すなわち嗜好度合いのパターンは、2種類のユーザ属性×3種類の映画ジャンル＝6通りしかありません。このとき、この映画推薦の例における真の嗜好度合い行列が図3.4のように与えられたとします。

ユーザ属性 ＼ 映画ジャンル	ホラー映画	ロマンス映画	コメディ映画
ホラー好き	5	1	3
ロマンス好き	1	5	3

■ **図3.4**／映画推薦の例における真の嗜好度合い行列

先に単純化したように、ユーザのアイテムに対する嗜好度合いのパターンは6通りしかないことが分かります。

さて我々は、$\hat{R}^a$ で表される嗜好度合いの予測行列aと $\hat{R}^b$ で表される嗜好度合いの予測行列bを何かしらの方法によって得たとします[*2]。予測行列aと予測行列bによる嗜好度合いの予測の様子を図3.5および図3.6に示しました。それぞれ図3.4の真の嗜好度合い行列と比べて、予測をはずしている部分を強調して示しました。この2つの予測行列の予測精度を、観測されている嗜好度合いデータのみを用いてできる限り正確に評価することがこの映画推薦の例における目標です。

予測行列aと予測行列bの予測精度を評価する前に、この例において予測行列の予測精度がいかに定義されるものなのか確認しておきます。これまでにも説明してきた通り、**用いる機械学習モデルの真の性能がどのように定義されるべきなのか**を丁寧に確認することは、機械学習の実践においてとても重要なステップです。さて、推薦システムにおける機械学習の役

＊2　ここではどんな方法でこれらの予測行列を得たかという点は重要ではありません。

	ホラー映画	ロマンス映画	コメディ映画
ホラー好き	5	1	**5**
ロマンス好き	1	5	**5**

■ **図 3.5**／映画推薦の例における嗜好度合いの予測行列a（$\hat{R}^a$）

	ホラー映画	ロマンス映画	コメディ映画
ホラー好き	5	**5**	3
ロマンス好き	**5**	5	3

■ **図 3.6**／映画推薦の例における嗜好度合いの予測行列b（$\hat{R}^b$）

割は、すべてのユーザとアイテムの間の嗜好度合いデータが詰まった真の行列（映画推薦の例における図3.4の行列）をなるべく正確に近似することで、そのあとの効果的な推薦施策につなげることでした。したがって、推薦施策が適用され得るすべてのユーザとアイテムの間の嗜好度合いデータに対する平均的な予測誤差を、ここでの真の予測精度とするのが1つの妥当な方法でしょう。この考えに基づくと、予測行列aと予測行列bの予測精度は次のように計算されるべきと言えるでしょう。

- 嗜好度合いの予測行列aの真の予測精度

$$\begin{aligned}
&\hat{R}^a\text{の予測誤差の総和}\\
&= \underbrace{1000}_{\text{ホラー好きの人数}} \times \Big(\underbrace{|5-5|}_{\text{ホラー好き/ホラー映画}} + \underbrace{|1-1|}_{\text{ホラー好き/ロマンス映画}} + \underbrace{|3-5|}_{\text{ホラー好き/コメディ映画}} \Big)\\
&\quad + \underbrace{1000}_{\text{ロマンス好きの人数}} \times \Big(\underbrace{|1-1|}_{\text{ロマンス好き/ホラー映画}} + \underbrace{|5-5|}_{\text{ロマンス好き/ロマンス映画}} + \underbrace{|3-5|}_{\text{ロマンス好き/コメディ映画}} \Big)
\end{aligned}$$

$$\hat{R}^a\text{の平均予測誤差} = \frac{\hat{R}^a\text{の予測誤差の総和}}{\text{総データ数}} = \frac{4000}{6000} = 0.666\ldots$$

- 嗜好度合いの予測行列bの真の予測精度

$\hat{R}^b$の予測誤差の総和

$$= \underbrace{1000}_{\text{ホラー好きの人数}} \times \left(\underbrace{|5-5|}_{\text{ホラー好き/ホラー映画}} + \underbrace{|1-5|}_{\text{ホラー好き/ロマンス映画}} + \underbrace{|3-3|}_{\text{ホラー好き/コメディ映画}} \right)$$

$$+ \underbrace{1000}_{\text{ロマンス好きの人数}} \times \left(\underbrace{|1-5|}_{\text{ロマンス好き/ホラー映画}} + \underbrace{|5-5|}_{\text{ロマンス好き/ロマンス映画}} + \underbrace{|3-3|}_{\text{ロマンス好き/コメディ映画}} \right)$$

$$\hat{R}^b\text{の平均予測誤差} = \frac{\hat{R}^b\text{の予測誤差の総和}}{\text{総データ数}} = \frac{8000}{6000} = 1.333...$$

ここでは、全ユーザと全映画ジャンルの間の嗜好度合いデータが観測されている理想的な状況を仮定して予測行列aと予測行列bの真の予測精度を絶対誤差で計算しました。具体的には、ホラー好きユーザとロマンス好きユーザのそれぞれ1,000人ずつについて予測誤差を総計し、そのあと仮にすべてのユーザがすべての映画ジャンルにレーティングを付けた場合の総データ数(6,000)で誤差の総和を割ることで、平均予測誤差を算出しています。

この真の予測精度に基づくと、**予測行列aの方が予測行列bよりも精度良く嗜好度合いを予測できていることが分かります**。ここで計算した予測行列の真の予測精度は、すべてのユーザとアイテムの間の嗜好度合いデータを用いて計算したものですから、現実には知ることのできない値です。実際には、観測されている一部の嗜好度合いデータのみを用いて、真の予測精度を代替する必要があります。振り返ってみると、先に紹介したMFの学習過程においても、観測データのみを用いて予測誤差を計算していました($r(u,i)$が観測されているデータについてのみ予測誤差の和をとっていましたね)。ここでは、嗜好度合いデータの観測のされ方がその後の予測精度の計算にどのような影響を与えるかを詳しく調べることで、データの観測構造を考慮することの重要性を確認します。そのために、2種類の異なる観測構造、観測構造aと観測構造bを例として導入します。観測構造aと観測構造bにおける嗜好度合いデータの観測の様子を図3.7と図3.8に示しました。

	ホラー映画	ロマンス映画	コメディ映画
ホラー好き	0.1	0.1	0.1
ロマンス好き	0.1	0.1	0.1

■ **図 3.7**／観測構造aにおける嗜好度合いデータの観測確率（すべてのデータが等確率で観測）

	ホラー映画	ロマンス映画	コメディ映画
ホラー好き	0.2	0.02	0.1
ロマンス好き	0.02	0.2	0.1

■ **図 3.8**／観測構造bにおける嗜好度合いデータの観測確率（データによって観測される確率が異なる）

例えば、図3.7においてホラー好きとホラー映画についての要素は0.1となっていますが、これはホラー好きの属性を持つユーザは10％の確率で嗜好度合いを表明することを意味します。よって図3.7によると、観測構造aは6種類存在するユーザ属性と映画ジャンルのすべてにおいて等確率で嗜好度合いデータが観測される構造のようです。一方で図3.8を見ると、観測構造bは嗜好度合いが高いユーザ属性と映画ジャンルのペアについての嗜好度合いデータが観測されやすい構造になっています。観測構造aと観測構造bに基づいた場合、6種類存在するユーザ属性と映画ジャンルのそれぞれについて、いくつの嗜好度合いデータが観測される（ことが期待されるか）を図3.9と図3.10に示しました。

	ホラー映画	ロマンス映画	コメディ映画
ホラー好き	100	100	100
ロマンス好き	100	100	100

■ **図 3.9**／観測構造aにおける嗜好度合いデータの期待観測数

	ホラー映画	ロマンス映画	コメディ映画
ホラー好き	200	20	100
ロマンス好き	20	200	100

■ **図 3.10**／観測構造bにおける嗜好度合いデータの期待観測数

図3.9や図3.10に示した嗜好度合いの観測数は、それぞれの属性を持つユーザの人数1,000人と観測構造における観測確率を掛け算することで計算できます。例えば、観測構造a(図3.9)におけるホラー好きユーザについては、どの映画についても(1,000人のうち)100人分のレーティングデータが均等に観測されていることが分かります。一方で観測構造b(図3.10)のホラー好きユーザを見ると、ホラー映画については200人分のレーティングデータが観測されている一方で、ロマンス映画については20人分のレーティングしか観測されていないというバラツキが見られます。ここで、観測構造aと観測構造bに基づいて手元に観測される嗜好度合いデータを用いて予測行列aと予測行列bの予測精度を計算してみることにしましょう。すると、面白い現象が起こります。

- 観測構造aに基づいてデータが観測された場合の予測行列aの予測精度

$$
\begin{aligned}
&\hat{R}^a\text{の予測誤差の総和} \\
&= \underbrace{100 \times |5-5|}_{\text{ホラー好き/ホラー映画}} + \underbrace{100 \times |1-1|}_{\text{ホラー好き/ロマンス映画}} + \underbrace{100 \times |3-5|}_{\text{ホラー好き/コメディ映画}} \\
&\quad + \underbrace{100 \times |1-1|}_{\text{ロマンス好き/ホラー映画}} + \underbrace{100 \times |5-5|}_{\text{ロマンス好き/ロマンス映画}} + \underbrace{100 \times |3-5|}_{\text{ロマンス好き/コメディ映画}}
\end{aligned}
$$

$$
\hat{R}^a\text{の平均予測誤差} = \frac{\hat{R}^a\text{の予測誤差の総和}}{\text{観測データ数}} = \frac{400}{600} = 0.666...
$$

- 観測構造aに基づいてデータが観測された場合の予測行列bの予測精度

$$
\begin{aligned}
&\hat{R}^b\text{の予測誤差の総和} \\
&= \underbrace{100 \times |5-5|}_{\text{ホラー好き/ホラー映画}} + \underbrace{100 \times |1-5|}_{\text{ホラー好き/ロマンス映画}} + \underbrace{100 \times |3-3|}_{\text{ホラー好き/コメディ映画}} \\
&\quad + \underbrace{100 \times |1-5|}_{\text{ロマンス好き/ホラー映画}} + \underbrace{100 \times |5-5|}_{\text{ロマンス好き/ロマンス映画}} + \underbrace{100 \times |3-3|}_{\text{ロマンス好き/コメディ映画}}
\end{aligned}
$$

$$
\hat{R}^b\text{の平均予測誤差} = \frac{\hat{R}^b\text{の予測誤差の総和}}{\text{観測データ数}} = \frac{800}{600} = 1.333...
$$

- 観測構造bに基づいてデータが観測された場合の予測行列aの予測精度

$$
\begin{aligned}
&\hat{R}^a \text{の予測誤差の総和} \\
&= \underbrace{200 \times |5-5|}_{\text{ホラー好き/ホラー映画}} + \underbrace{20 \times |1-1|}_{\text{ホラー好き/ロマンス映画}} + \underbrace{100 \times |3-5|}_{\text{ホラー好き/コメディ映画}} \\
&\quad + \underbrace{20 \times |1-1|}_{\text{ロマンス好き/ホラー映画}} + \underbrace{200 \times |5-5|}_{\text{ロマンス好き/ロマンス映画}} + \underbrace{100 \times |3-5|}_{\text{ロマンス好き/コメディ映画}}
\end{aligned}
$$

$$
\hat{R}^a \text{の平均予測誤差} = \frac{\hat{R}^a \text{の予測誤差の総和}}{\text{観測データ数}} = \frac{400}{640} = 0.625
$$

- 観測構造bに基づいてデータが観測された場合の予測行列bの予測精度

$$
\begin{aligned}
&\hat{R}^b \text{の予測誤差の総和} \\
&= \underbrace{200 \times |5-5|}_{\text{ホラー好き/ホラー映画}} + \underbrace{20 \times |1-5|}_{\text{ホラー好き/ロマンス映画}} + \underbrace{100 \times |3-3|}_{\text{ホラー好き/コメディ映画}} \\
&\quad + \underbrace{20 \times |1-5|}_{\text{ロマンス好き/ホラー映画}} + \underbrace{200 \times |5-5|}_{\text{ロマンス好き/ロマンス映画}} + \underbrace{100 \times |3-3|}_{\text{ロマンス好き/コメディ映画}}
\end{aligned}
$$

$$
\hat{R}^b \text{の平均予測誤差} = \frac{\hat{R}^b \text{の予測誤差の総和}}{\text{観測データ数}} = \frac{160}{640} = 0.250
$$

それぞれ、まず予測誤差の総和を計算してからそれを観測データ数で割ることで平均予測誤差を算出しています。なおここでは、図3.9や図3.10に示したように観測構造によって予測誤差の総和や観測データ数が変化することに注意が必要です。

これまでに得られた予測行列aと予測行列bに関する予測精度の計算結果を表3.2にまとめました。それぞれの列で予測行列aと予測行列bのうち予測誤差が小さい(精度が良い)予測行列を太字で表しています。

▼ **表 3.2**／観測構造別に計算した予測行列aと予測行列bの予測精度

	すべての嗜好度合いデータが観測	観測構造a	観測構造b
予測行列aの精度	**0.666...**	**0.666...**	0.625
予測行列bの精度	1.333...	1.333...	**0.250**

まずこの結果から分かるのは、「すべての嗜好度合いデータが観測されていた場合の真の予測誤差」と「観測構造aに基づいて観測されたデータを用いて計算した予測誤差」が一致していることです[*3]。一方、「観測構造bに基づいて観測されたデータを用いて計算した予測誤差」を見てみると非常に厄介なことが起きています。すなわち、予測行列bの予測誤差が大幅に低く見積もられてしまっているのです。仮にこの結果に基づいてどちらの予測集合を用いるか決めてしまうと、本来は予測行列aの方が予測精度が良いにもかかわらず、予測行列bを用いて推薦システムを構築してしまうというミスが発生してしまいます。さらに厄介なことに、我々がアクセスできるのは図3.9や図3.10に示した観測構造を経たあとの嗜好度合いデータのみなわけですから、**このミスに気づくのは、実環境で2つの施策を比べるA/Bテストの結果が出たあと**になってしまいます。その段階で誤りに気がついてもすでに手遅れというわけです。

ここまで見てきたように、MFで用いられる観測データを用いた単純な予測誤差は、すべてのユーザ・アイテムペアを考慮した上での予測誤差とはまったく異なる挙動を見せる可能性があることが分かりました。またそれにより、予測行列の良し悪しの判断を間違えてしまうという重大な失敗を導く危険があることも分かりました。なぜこのような失敗が起こってしまうのでしょうか。またどうすればこのような失敗を未然に防ぐことができるのでしょうか。次節では、これらの疑問を払拭すべく、推薦システムの学習手順を見直します。

＊3　本来はサンプリングにランダム性があるため必ずしも一致するわけではなく、「期待値の意味でこれらの値は一致する」という説明が正確です。

3.4 フレームワークに則った推薦システム構築手順の導出

ここでは、1章で導入したフレームワークに則って、推薦システム構築の手順を導きます。適宜1章の内容を振り返ったり、自分ならどうするかを考えながら読み進めると良い勉強になるでしょう。

KPIを設定する

まず我々が取り組むべき最初のステップは、**KPIを設定する**ことでした。本節ではこのステップにはあまり深く踏み込むことはせず、**嗜好度合いを精度良く予測できれば、KPIの改善につながる推薦を実行できる**という仮定を置くことにします。この仮定は厳しいものですが、次章以降でより現実的な設定を扱う準備となるため、ここは練習のつもりでついてきてみてください。

データの観測構造をモデル化する

さてKPIについて確認したあとに我々が行うべきなのは、**データの観測構造をモデル化する**ことでした。3.3節の映画推薦に関する数値例でも見たように、嗜好度合いの予測モデルを学習する際には、ユーザ・アイテムペアごとに嗜好度合いデータが観測される確率が異なることに注意を払う必要があります。そこで、**どのデータが観測されていてどのデータが観測されていないのか**を表す $O(u,i)$ という変数を新たに導入し、この状況をモデル化することを考えます。$O(u,i)$ は、次のように嗜好度合いデータが観測されているユーザ・アイテムペアについては1を、されていないペアについては0をとる2値確率変数です。

$$
O(u,i) = \begin{cases} 1 \ (r(u,i) \text{ が観測されている}) \\ 0 \ (r(u,i) \text{ が観測されていない}) \end{cases}
$$

また、ここでは嗜好度合いデータが観測される確率が重要な役割を果たすことから、$O(u,i)$ の期待値を表すための特別な記号を用意することにします。

$$\theta(u,i)=\mathbb{E}_O[O(u,i)]=P(O(u,i)=1)$$

$O(u,i)$ は2値確率変数ですから、その期待値は $O(u,i)=1$ となる確率に一致します。さてここでは単純に $O(u,i)$ の期待値を $\theta(u,i)$ と置いたわけですが、これは **ユーザ u とアイテム i についての嗜好度合いデータ $r(u,i)$ が観測される確率**を表します。$\theta(u,i)$ が u や i ごとに異なる値をとり得ることにすると、嗜好度合いデータの観測されやすさにバラツキがある状況を表現できます。この $\theta(u,i)$ は嗜好度合いデータの観測構造を司り、あとのステップで重要な役割を果たしてきます。慣れてくるとあとの手順を見越した上で、自在にデータの観測構造をモデル化できるようになってくるはずです。

解くべき問題を特定する

データの観測構造をモデル化したあとに我々が行うべきなのは、**解くべき問題を特定する**ことでした。これは、**機械学習モデルの性能を定義する**ことと言い換えることもできます。機械学習の実践のかなり多くのケースでは、このステップがないがしろにされてしまっています。このステップの存在に自覚的になり、きちんと書き下しておくことはあとのステップを正確に遂行するためにもとても重要なのでした。実際、Explicit Feedback に基づく推薦システムに関する多くの文献では3.2節で説明した

$$\min_{\phi}\sum_{(u,i)\in[n]\times[m]:r(u,i)\ \text{が観測}}(r(u,i)-f_{\phi}(u,i))^2$$

などの学習のための最適化が唐突に登場するわけなのですが[*4]、**この最適化問題が本来どんな問題を解きたくて、その問題を観測データからどのように近似することで導かれたものであるのかについて語られることはほとんどありません**。

さてここでは、**すべてのユーザとアイテムについて一様に推薦精度を担保したい**状況を想定し、次の目的関数を**解きたい問題**として定義すること

＊4　ここでは、予測モデルを一般化して $f_{\phi}(u,i)$ で表しています。最初に紹介した MF の場合、$f_{\phi}(u,i)=p_u^{\top}q_i$ となります。

にします。

$$\mathcal{J}(f_{\phi}) = \frac{1}{nm} \sum_{u \in [n]} \sum_{i \in [m]} \ell(r(u,i), f_{\phi}(u,i))$$

なおこの真の目的関数を定義する段階に、**これといった正解があるわけではありません**。例えば、新規アイテムについての推薦精度が重要な場面があったとします。そのときのアイテム i の施策上での重要度を $w_{item}(i)$ という重み関数で適当に表現したとします。すると、

$$\mathcal{J}'(f_{\phi}) = \frac{1}{nm} \sum_{u \in [n]} \sum_{i \in [m]} w_{item}(i) \cdot \ell(r(u,i), f_{\phi}(u,i))$$

というアイテムの重要度を考慮した真の目的関数を定義する判断も当然あり得えます。

またユーザごとに推薦システム内でのアクティブさの違いがあり、アクティブなユーザについての推薦精度を重視したい設定があったとしましょう。すると今度は、ユーザ u の施策上での重要度を $w_{user}(u)$ などとしてあげて、真の目的関数を

$$\mathcal{J}''(f_{\phi}) = \frac{1}{nm} \sum_{u \in [n]} \sum_{i \in [m]} w_{user}(u) \cdot \ell(r(u,i), f_{\phi}(u,i))$$

と定義してもちろん良いというわけです。

以降では、最も単純な $\mathcal{J}(\cdot)$ を用いて話を進めます。なおここでも補足したように、本書では何が正解なのかを覚えるというよりも、自分が取り組んでいる問題に沿った機械学習の実践手順を、自ら表現したり導出したりできるようになることが重要です。本書で紹介している内容はあくまで理解を助けるために厳選された一例にすぎません。常に自らが実際に立ち向かっている実務課題との関連性を意識しながら、正解を覚えるのではなく汎用的な思考回路を理解することを目指して読み進めることが大事です。

観測データを用いて解くべき問題を近似する

さて解くべき問題を特定したあとは、**手元の観測データを用いて解くべき問題を近似するステップ**がやってきます。嗜好度合いデータの観測構造を表現するための確率変数 $O(u,i)$ を用いると、手元に観測されている嗜好度合いデータ、すなわち学習データを次のように表すことができます。

$$\mathcal{D} = \{(u,i,r(u,i)) \mid O(u,i)=1\}_{(u,i)\in[n]\times[m]}$$

これは単純に、$O(u,i)=1$ となっているユーザ・アイテムペアについての嗜好度合いデータの集合です。現実世界では、この観測可能な学習データ $\mathcal{D}$ のみを使って嗜好度合いデータの予測モデルを学習する必要があります。

このように利用可能な観測データを書き表してみると真の目的関数 $\mathcal{J}(f_\phi)$ は、実際のところ計算できないことがよく分かります。なぜならば、$\mathcal{J}(f_\phi)$ を計算するためには、すべてのユーザ・アイテムペアについての嗜好度合いデータが必要な一方で、手元に観測されているのは、$O(u,i)=1$ となっているユーザ・アイテムペアについてのデータのみだからです。この状況を打破するために、**解きたい問題（目的関数）を手元の観測データのみを用いて近似するステップ**が必要になるのです。

このような視点に立つと、3.2節で紹介した標準的なMFは、次の**ナイーブ推定量**を計算できない真の目的関数の代替として学習に用いていると解釈できます。

$$\begin{aligned}\hat{\mathcal{J}}_{naive}(f_\phi;\mathcal{D}) &= \frac{1}{nm}\sum_{(u,i):O(u,i)=1}\ell(r(u,i),f_\phi(u,i)) \\ &= \frac{1}{nm}\sum_{(u,i)}O(u,i)\cdot\ell(r(u,i),f_\phi(u,i))\end{aligned}$$

すなわち真の目的関数に対するナイーブ推定量は、**観測されている嗜好度合いデータについての予測誤差を単純に平均したもの**です[*5]。なお、損失関数に何を用いるかは相変わらず重要ではないため、$\ell(\cdot,\cdot)$ で一般化し

＊5　以降、煩雑な表記を避けるため適宜、$\sum_{(u,i)\in[n]\times[m]}$ の代わりに $\sum_{(u,i)}$ を用います。

ています。各自の好みで二乗誤差などを想像すれば良いでしょう。

さてこのナイーブ推定量による真の目的関数の近似は(これまでそのような捉え方をしてこなかったかもしれませんが)、通常のMFが採用していることもあり、多くの人にとって実は馴染みの深い推定量だと思われます。またたしかに、手元の観測データ $\mathcal{D}$ から計算可能であるため、嗜好度合いの予測モデルを学習する際に実際に活用できます。しかし、このナイーブ推定量は本当に真の目的関数 $\mathcal{J}(f_\phi)$ に対する正当な近似になっているのでしょうか？

それを調べるために、ナイーブ推定量の期待値を計算してみると面白いことが分かります。ある適当な嗜好度合いの予測モデル f_ϕ が与えられたときのナイーブ推定量の期待値は、次のように計算できます。

$$
\begin{aligned}
\mathbb{E}_O[\hat{\mathcal{J}}_{naive}(f_\phi;\mathcal{D})] &= \mathbb{E}_O\left[\frac{1}{nm}\sum_{(u,i)\in\mathcal{D}}\ell(r(u,i),f_\phi(u,i))\right] \\
&= \mathbb{E}_O\left[\frac{1}{nm}\sum_{(u,i):O(u,i)=1}\ell(r(u,i),f_\phi(u,i))\right] \\
&= \mathbb{E}_O\left[\frac{1}{nm}\sum_{(u,i)}O(u,i)\cdot\ell(r(u,i),f_\phi(u,i))\right] \\
&= \frac{1}{nm}\sum_{(u,i)}\mathbb{E}_O[O(u,i)]\cdot\ell(r(u,i),f_\phi(u,i)) \\
&= \frac{1}{nm}\sum_{(u,i)}\theta(u,i)\cdot\ell(r(u,i),f_\phi(u,i))
\end{aligned}
$$

ここでは、ナイーブ推定量に登場する唯一の確率変数である $O(u,i)$ についての期待値をとっています。また先ほど定義した $\mathbb{E}_O[O(u,i)]=\theta(u,i)$ を、期待値計算の途中で用いています。

このナイーブ推定量の期待値計算から得られた結果には、その簡単な計算過程とは裏腹に、驚くほど多くの情報が含まれています。まず1つ目の情報は、ある特殊ケースを除いてナイーブ推定量の期待値

$\mathbb{E}[\hat{\mathcal{J}}_{naive}(f_\phi;\mathcal{D})]$ は、真の目的関数 $\mathcal{J}(f_\phi)$ に比例しないという残念な結果です。ちなみにその特殊ケースとは、$\theta(u,i)$ がすべてのユーザ・アイテムペアについて1つの定数をとる次のケースのことです。

$$\theta(u,i) = B \in (0,1],\ \forall(u,i) \in [n] \times [m]$$

この場合、ナイーブ推定量の期待値は、

$$\mathbb{E}_O[\hat{\mathcal{J}}_{naive}(f_\phi;\mathcal{D})] = \frac{B}{mn} \sum_{(u,i)\in[n]\times[m]} \ell(r(u,i), f_\phi(u,i))$$

となり、たしかに真の目的関数 $\mathcal{J}(f_\phi)$ に比例することが分かります。しかし、この $\theta(u,i)$ がすべてのユーザ・アイテムペアについて1つの定数をとるという条件はかなり強く、残念ながら現実に満たされることはほとんどないと言えます。この条件を解釈すると、**すべてのユーザ・アイテムペアについての嗜好度合いデータが同じ確率で観測される**ことを要求しています。またここで扱っている嗜好度合いデータはExplicit Feedbackであり、これはユーザ自らが能動的に嗜好度合いを表明しなければ観測できないデータです。ユーザごとにいくつかのアイテムを一様ランダムにサンプルし、それらにレーティングを付与するようアンケートなどでお願いするところまでは、分析者の一存で実行できるでしょう。しかし、その後ユーザが実際にレーティングを付与するかどうかについては分析者の制御下になく、ユーザ個々人の判断に委ねられます。分析者がいくら頑張ったところで、**すべてのユーザ・アイテムペアについての嗜好度合いデータが同じ確率で観測されることを保証できない**のです。これは、生身のユーザが関わることを想定する推薦システムならではの難しさと言えます。

実際いくつかの研究では、ユーザは自分が好きなアイテムに対してはレーティングを与えやすいが嫌いなアイテムについてはレーティングを与えにくいといった傾向が観測されています。図3.11に、後ほど3.5節の簡易実験で用いるYahoo! R3データにおける**手元で観測されるレーティング分布と実際のレーティング分布の間の乖離**を示しました。左の棒グラフは、

1. ユーザごとにいくつかのアイテムを一様ランダムにサンプルする
2. サンプルされたアイテムに対して強制的にレーティングを付与してもらう

という実験で観測されたレーティングの分布を示しています。ユーザに強制的なレーティング付与をお願いすることで、レーティングデータの観測確率を一定に揃えている点がポイントです。一方で右の棒グラフは、推薦システムでユーザが思うがままにアイテムにレーティングを付与する過程で自然に観測されたレーティングの分布を示しています。左のグラフは、仮にすべてのユーザ・アイテムペアについてのレーティングが観測されたとしたときの真のレーティング分布を、実験による強制性を保証として推定したものと言えます。図3.11によると、推薦システムで自然に観測されたレーティング分布と真のレーティング分布の間には大きな乖離があることが一目瞭然です。特に、右側の自然に観測されるレーティング分布は真のレーティング分布と比べて4や5などの好意的なレーティングの値が観測されやすくなっていることが分かります。これは、実際の推薦システムにおいてユーザは、自分が好きなアイテムに対してはレーティングを与えやすいが嫌いなアイテムについてはレーティングを与えにくいという現象が存在し、レーティングデータが一様な確率で観測されるわけではないことを示す一例と言えます。

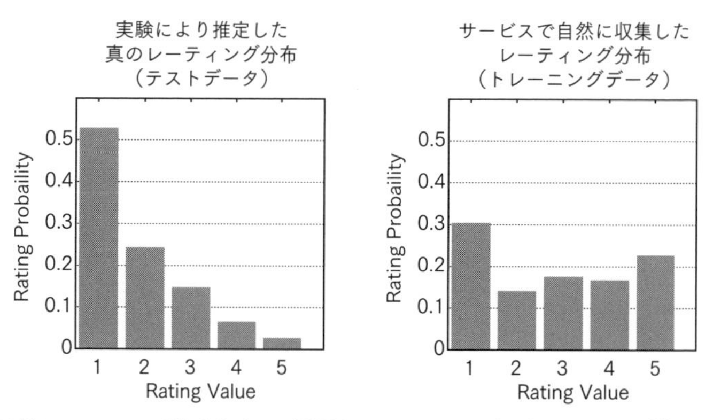

■ 図3.11 真のレーティング分布と手元で観測されるレーティング分布の間の乖離([Marlin07]のFigure 1を元に筆者が作成)

さて、ナイーブ推定量の期待値計算から得られる示唆についての話に戻ります。この期待値計算が我々に教えてくれる2つ目の事実は、このナイーブ推定量は（おそらく無意識のうちに）**観測されやすいデータを必要以上に重視する設計**になってしまっているということです。このことは、ナイーブ推定量の期待値において損失関数 $\ell(\cdot,\cdot)$ が、ユーザ・アイテムペアごとの嗜好度合いデータの観測されやすさ $\theta(u,i)$ で重み付けられていることから分かります。元々は何の重み付けもしていなかったはずなのでとても気づきにくく厄介な問題なのですが、**観測データ上で何も考えずに目的関数を設計してしまうと、データの観測されやすさの違いに起因するバイアスの影響を受けてしまう**ため、注意が必要だということが分かります。

最後にナイーブ推定量の期待値計算が我々に教えてくれるのは、**観測データを用いた真の目的関数の近似方法**に関する建設的な情報です。ナイーブ推定量の期待値では、損失関数 $\ell(\cdot,\cdot)$ がそれぞれのユーザ・アイテムペアについての嗜好度合いデータの観測されやすさ $\theta(u,i)$ で重み付けられていました。このことが分かっているならば、**あらかじめ損失関数をデータの観測確率の逆数で重み付けてあげる**ことでその部分があとで相殺され、真の目的関数に対する正当な推定量を構築できそうだという見当がつきます。このように、ナイーブ推定量などの適当な推定量の性質を調べることで正当な解き方を導出する方法は理解を助ける上で便利なので、このあともたびたび登場します。

最後の考察に基づいて、新たな推定量を定義してみましょう。

$$
\begin{aligned}
\hat{\mathcal{J}}_{IPS}(f_\phi;\mathcal{D}) &= \frac{1}{nm}\sum_{(u,i)\in\mathcal{D}}\frac{1}{\theta(u,i)}\cdot\ell(r(u,i),f_\phi(u,i)) \\
&= \frac{1}{nm}\sum_{(u,i):O(u,i)=1}\frac{1}{\theta(u,i)}\cdot\ell(r(u,i),f_\phi(u,i)) \\
&= \frac{1}{nm}\sum_{(u,i)}\frac{O(u,i)}{\theta(u,i)}\cdot\ell(r(u,i),f_\phi(u,i))
\end{aligned}
$$

ここでは、嗜好度合いデータに対する損失関数をあらかじめデータの観測確率の逆数で重み付けるInverse Propensity Score (IPS) 推定量を新たに定義しました*6。推薦システムの文脈では、嗜好度合いデータの観測確率 $\theta(u,i)$ のことを傾向スコア (Propensity Score) と呼ぶことがあり、その逆数で重み付けているため、IPSという名前が付いています。

IPS推定量がねらった通り真の目的関数を近似できているのか、その期待値を計算して確かめましょう。これも先ほどのナイーブ推定量の場合と同様、次のように計算できます。

$$\begin{aligned}
\mathbb{E}_O[\hat{\mathcal{J}}_{IPS}(f_\phi;\mathcal{D})] &= \mathbb{E}_O\left[\frac{1}{nm}\sum_{(u,i)}\frac{O(u,i)}{\theta(u,i)}\cdot\ell(r(u,i),f_\phi(u,i))\right] \\
&= \frac{1}{nm}\sum_{(u,i)}\frac{\mathbb{E}_O[O(u,i)]}{\theta(u,i)}\cdot\ell(r(u,i),f_\phi(u,i)) \\
&= \frac{1}{nm}\sum_{(u,i)}\ell(r(u,i),f_\phi(u,i)) \quad \because \mathbb{E}[O(u,i)]=\theta(u,i) \\
&= \mathcal{J}(f_\phi)
\end{aligned}$$

この期待値計算により、IPS推定量の期待値がきちんと目的関数 $\mathcal{J}(f_\phi)$ に一致することが分かりました。この結果は、嗜好度合いの予測モデル f_ϕ に依存せず成り立つため、IPS推定量は、(採用しているデータ観測構造のモデル化のもとで) 真の目的関数に対する不偏推定量であると言えます。これはすなわち、観測される嗜好度合いデータに存在するバイアスを除去し、先に定義した真の目的関数を観測データのみから扱う方法を導出できたことを意味します。

なお、IPS推定量を用いるために必要な傾向スコア $\theta(u,i)$ は通常観測されず、事前に推定しておく必要があります。この傾向スコアを推定する方法にはいくつかの方法が存在しますが、その中で最もシンプルな方法は[Schnabel16]が採用している嗜好度合いごとの観測されやすさの違いを考慮する方法です。これにより、(先に図3.11で確認した) ユーザは嗜好度合いが高いアイテムより嗜好度合いを付与しやすいといった構造・バラ

---

*6 [Schnabel16] による命名です。

ツキを学習において考慮できます。

この方法ではまず、嗜好度合いごとの観測されやすさ $P(O=1 \mid R=r)$ を、次のように変形します。

$$
\begin{aligned}
P(O=1 \mid R=r) &= \frac{P(R=r \mid O=1)P(O=1)}{P(R=r)} \\
&\propto \frac{P(R=r \mid O=1)}{P(R=r)}
\end{aligned}
$$

分子の $P(R=r \mid O=1)$ は、観測されているバイアスのあるデータを用いて簡単に推定できます。厄介なのは分母の $P(R=r)$ で、これはバイアスを含む観測データのみから推定するのは困難です。よって、[Schnabel16] ではほんの少量のバイアスのない完全にランダムな観測構造が仮定できるデータが存在する場面を想定し、そのデータを使って分母を推定することを提案しています。完全にランダムな観測構造が仮定できるデータがまったく手に入らないより現実的な状況に対応する手法については、発展的な内容として章末にまとめています。

機械学習モデルを学習する

ここまで来てようやく**機械学習モデルを学習する**ステップがやってきます。これまでに、IPS推定量を用いることで真の目的関数を偏りなく近似できることが分かりました。したがって、観測データのみからは計算不可能な真の目的関数の代替として、IPS推定量をもとに学習を行うことを考えます。もちろんここまでの議論は嗜好度合いの予測モデル f_ϕ の設計に依らないため、複雑な深層学習ベースの推薦モデルなどあらゆる機械学習モデルを学習する際にも、IPS推定量を用いることができます。ここでは、3.2節でも紹介したMFを使った単純なケースについてのみ説明します。

まずIPS推定量に基づく学習プロセスは、次の式で表すことができます。

$$
\min_{\phi} \hat{\mathcal{J}}_{IPS}(f_\phi; \mathcal{D}) = \min_{P,Q} \frac{1}{nm} \sum_{(u,i):O(u,i)=1} \frac{1}{\theta(u,i)} \cdot (r(u,i) - p_u^\top q_i)^2
$$

ここでは、嗜好度合いの予測モデルとして単純なMF（$f_\phi(u,i) = p_u^\top q_i$）を、損失関数として二乗誤差（$\ell(y,y') = (y-y')^2$）を採用しています。

このようにIPS推定量で真の目的関数を推定した場合にも、確率的勾配降下法などでユーザ行列 P とアイテム行列 Q を学習できます。α は、学習率を表すハイパーパラメータです。

$$p_u \longleftarrow p_u + 2\alpha e_{u,i} \cdot q_i / \theta(u,i)$$
$$q_i \longleftarrow q_i + 2\alpha e_{u,i} \cdot p_u / \theta(u,i)$$

$e_{u,i} = r(u,i) - p_u^\top q_i$ は、ユーザ u とアイテム i の嗜好度合いに対する予測誤差です。上記の p_u と q_i についての更新を繰り返すことで、IPS推定量に基づいたMFの学習を実行できます。またここでは、$\theta(u,i)$ が p_u や q_i に依存しないことから単純に観測確率 $\theta(u,i)$ の逆数で元々の勾配を重み付ければ良く、IPS推定量に基づいた学習を簡単に実装できることが分かります。

3.5 Pythonによる実装とYahoo! R3データを用いた性能検証

ここではIPS推定量に基づくMFの実装とその実データを用いた簡単な性能検証を行います。

3.5.1 Yahoo! R3データの紹介

本章では、バイアスを含む状況における嗜好度合い予測の評価に適したYahoo! R3データ[*7]を用いて簡易実験を行います。このデータセットには、15,400人のユーザと1,000曲の楽曲について観測された約30万個の5段階のレーティングデータが表3.3に示す形で収録されています。

＊7 https://webscope.sandbox.yahoo.com/

▼ 表3.3／オリジナルのYahoo! R3データのイメージ

ユーザインデックス (u)	アイテム（楽曲）インデックス (i)	観測されたレーティング ($r(u,i)$)
1	14	5
1	35	1
1	46	1
...	...	...
15400	637	5
15400	884	1
15400	949	5

Yahoo! R3データについて特徴的なのは、**異なる観測構造で収集されたデータセットがそれぞれトレーニングデータ・テストデータに分けられて公開されている**点です。このうちトレーニングデータにおいては、**ユーザが自らの意思でどの楽曲にレーティングを付与するかを決定**した末に観測されたレーティングデータが収録されています。よって、データの観測構造は偏ったものであり、特に嗜好度合いが高いデータが観測されやすくなっています。一方テストデータは、それぞれのユーザに対して10曲の楽曲をランダムにサンプリングしたあと、その10曲の楽曲に対して強制的にレーティングを付与してもらうことで収集されています。したがって、テストデータの観測構造は完全にランダムであることがデータ収集方法から保証されており、**推薦システム全体のユーザ・アイテムの分布を偏りなく代表したデータになっています**。

図3.11に示したレーティング分布はこのYahoo! R3データのものであり、トレーニングデータとテストデータの間には、大きな分布の隔たりがあることがこの図からも確認できます。Yahoo! R3データを活用することで、データの観測構造にバイアスが見込まれるトレーニングデータを用いて学習された予測モデルの性能を、推薦システム全体のユーザ・アイテム分布を代表したテストデータを使って評価できるのです。

3.5.2 Pythonを用いた実装

次にPythonを用いて、IPS推定量にも対応可能なMFを実装します。ここでは、Adamによるモデルパラメータの更新式を自ら実装する方法を採用していますが、より複雑な自作推定量を用いることにした場合は、TensorFlowやPyTorchなどの深層学習フレームワークを用いる方が容易に実装できる場合もあります。以下、重要な部分のみを抜粋して解説します。まずは、IPS推定量に対応可能なMFを実装します。

```
# 必要なツールをインポート
from typing import Tuple, Optional, List
from dataclasses import dataclass

import numpy as np
from sklearn.metrics import mean_squared_error as calc_mse
from sklearn.utils import check_random_state


@dataclass
class MatrixFactorization:
    k: int # ユーザ・アイテムベクトルの次元数
    learning_rate: float # 学習率
    reg_param: float # 正則化項に関するハイパーパラメータ
    alpha: float = 0.001
    beta1: float = 0.9
    beta2: float = 0.999
    eps: float = 1e-8
    random_state: int = 12345

    def __post_init__(self) -> None:
        self.random_ = check_random_state(self.random_state)

    def fit(
        self,
        train: np.ndarray,
        val: np.ndarray,
        test: np.ndarray,
```

```
    pscore: Optional[np.ndarray] = None, # 傾向スコア
    n_epochs: int = 10,
) -> Tuple[List[float], List[float]]:
    """
    トレーニングデータを用いてモデルパラメータを学習し、
    バリデーションとテストデータに対する予測誤差の推移を出力.
    """

    # 傾向スコアが設定されない場合は、ナイーブ推定量を用いる
    if pscore is None:
        pscore = np.ones(np.unique(train[:, 2]).shape[0])

    # ユニークユーザとユニークアイテムの数を数える
    n_users = np.unique(train[:, 0]).shape[0]
    n_items = np.unique(train[:, 1]).shape[0]

    # モデルパラメータを初期化
    self._initialize_model_parameters(n_users=n_users, n_items=n_items)

    # トレーニングデータを用いてモデルパラメータを学習
    val_loss, test_loss = [], []
    for _ in range(n_epochs):
        self.random_.shuffle(train)
        for user, item, rating in train:
            # 傾向スコアの逆数で予測誤差を重み付けて計算
            err = (rating - self._predict_pair(user, item))
            err /= pscore[rating - 1]
            # モデルパラメータPとQを更新
            grad_P = err * self.Q[item] - self.reg_param * self.P[user]
            self._update_P(user=user, grad=grad_P)
            grad_Q = err * self.P[user] - self.reg_param * self.Q[item]
            self._update_Q(item=item, grad=grad_Q)

        # バリデーションデータに対する嗜好度合いの予測誤差を計算
        # 傾向スコアが与えられた場合はそれを用いたIPS推定量で、
        # そうでない場合はナイーブ推定量を用いる
        r_hat_val = self.predict(data=val)
        inv_pscore_val = 1.0 / pscore[val[:, 2] - 1]  # 傾向スコアの逆数
        val_loss.append(
```

```
                calc_mse(val[:, 2], r_hat_val, sample_weight=inv_pscore_val)
            )
            # テストデータにおける嗜好度合いの予測誤差を計算
            r_hat_test = self.predict(data=test)
            test_loss.append(calc_mse(test[:, 2], r_hat_test))

        return val_loss, test_loss
```

ここで実装したMatrixFactorizationを初期化するには、次の引数を指定する必要があります。

- k：ユーザ・アイテムベクトルの次元数
- learning_rate：学習率
- reg_param：正則化項に関するハイパーパラメータ

それ以外のbeta1・beta2・epsはAdamに関するハイパーパラメータであり、よく用いられる推奨値をデフォルトとして設定しています。

次に最も重要なfitメソッドについて説明します。本節の目的はナイーブ推定量とIPS推定量の性能比較なので、fitメソッドにはトレーニングデータを用いてモデルパラメータを学習し、バリデーションとテストデータに対する予測誤差の推移を出力する機能を持たせています。train・val・testはそれぞれ、Yahoo! R3データセットに合わせて、ユーザインデックス・アイテムインデックス・嗜好度合いデータが3つのカラムに格納された2次元のnumpy配列です。また、fitメソッドは事前に推定された傾向スコアの情報を含むpscoreも引数にとります。ここでは[Schnabel16]に従い、pscoreには嗜好度合いごとの観測されやすさの違い$P(O=1 \mid R=r)$を与えることを想定しています。Yahoo! R3データセットにおける嗜好度合いは5段階でしたから、pscoreはそれぞれの嗜好度合いに対応する5つの値が格納された1次元のnumpy配列ということです。なおpscoreを指定しない場合は、IPS推定量ではなくてナイーブ推定量が適用されます。

fitメソッドの内部では、モデルパラメータであるユーザ行列Pとアイテム行列Qを初期化したあと、与えられたトレーニングデータに基づいてこれらの行列を繰り返し更新し学習しています。注意すべきは、

```
# 傾向スコアの逆数で予測誤差を重み付けて計算
err = (rating - self._predict_pair(user, item))
err /= pscore[rating - 1]
```

と更新式に用いる嗜好度合いの予測誤差を計算する際に、傾向スコアの逆数で誤差を重み付けている点です。この簡単な修正を施すことで、IPS推定量に基づいたMFの学習を実装できます。なおratingの値は1～5と1から始まっているため、rating - 1とすることでインデックスに変換し、それぞれの嗜好度合いの値に対応する傾向スコアを抽出している点には注意が必要です。

残りのユーザ・アイテム行列をアップデートする機能(_update_P・_update_Q)や嗜好度合いを予測するための機能(predict)については、通常のMFの実装と大きく異なる点はないため詳しい解説は不要でしょう。MatrixFactorizationの完全な実装は、https://github.com/ghmagazine/ml_design_book/blob/master/python/ch03/mf.py を参照してください。

3.5.3 Yahoo! R3データを用いた性能比較

IPS推定量に対応可能なMFを実装したところで、Yahoo! R3データを用いてナイーブ推定量とIPS推定量の性能を比較します。まずは、Yahoo! R3データを読み込みます。先に説明したように、このデータセットは元々トレーニングデータとテストデータに分けて収録されているので、それぞれ別途に読み込む必要があります。

```
# オリジナルのトレーニングデータを読み込む
with codecs.open("./data/train.txt", "r", "utf-8") as f:
    train = pd.read_csv(f, delimiter="\t", header=None).values
    train[:, 0], train[:, 1] = train[:, 0] - 1, train[:, 1] - 1
```

```
# オリジナルのテストデータを読み込む
with codecs.open("./data/test.txt", "r", "utf-8") as f:
    test = pd.read_csv(f, delimiter="\t", header=None).values
    test[:, 0], test[:, 1] = test[:, 0] - 1, test[:, 1] - 1
```

なお、Yahoo! R3データにおいてはユーザとアイテムを表すインデックスが1から始まっているため、`train[:, 0], train[:, 1] = train[:, 0] - 1, train[:, 1] - 1`などとすることで、インデックスが`0`からスタートするよう処理を施しています。

次にデータの分割と傾向スコア $\theta(v, i)$ の推定を行います。

```
# トレーニングデータのうち30%を無作為に抽出しバリデーションデータとする
train, val = train_test_split(train, test_size=0.30, random_state=12345)

# テストデータのうち1%を無作為に抽出し傾向スコアの推定に用いる
random, test = train_test_split(test, test_size=0.99, random_state=12345)

# 少量の完全ランダムな嗜好度合いデータを用いて傾向スコアを推定する
[Schnabel16]
numerator = np.unique(train[:, 2], return_counts=True)[1]
numerator = numerator / numerator.sum() # P(R=r | O=1)の推定
denominator = np.unique(random[:, 2], return_counts=True)[1]
denominator = denominator / denominator.sum()  # P(R=r)の推定
pscore = numerator / denominator
```

まずscikit-learnに実装されている`train_test_split`を使って、トレーニングデータのうち30%を無作為にバリデーションデータとし、テストデータのうち1%を傾向スコアの推定に使うデータとします。これは傾向スコアの分母に現れる $P(R=r)$ を推定するために必要な完全にランダムな観測構造が仮定できるデータは、手に入れられても少量であるという現実的な設定を想定した処理です。またこの傾向スコア推定用のデータはそれ以外の用途には用いず、嗜好度合い予測モデルの性能は残りの99%のテストデータで評価するため、過学習は問題になりません。

データの準備ができたら、先ほど実装したMatrixFactorizationを用いて嗜好度合いの予測モデルを学習します。まずは、ナイーブ推定量に基づく通常のMFを学習します。

```
# ナイーブ推定量に基づくMatrix Factorizationの学習
mf_naive = MatrixFactorization(
    k=10,
    learning_rate=0.0001,
    reg_param=0.0001,
    random_state=12345,
)
val_loss_naive, test_loss_naive = mf_naive.fit(
  train=train, val=val, test=test, n_epochs=100
)
```

kはユーザ・アイテムベクトルの次元数、learning_rateは学習率、reg_paramは正則化項に関するハイパーパラメータでした。またナイーブ推定量では傾向スコアを用いる必要がないため、fitメソッドに傾向スコアpscoreは与えていません。

同様にIPS推定量に基づくMFもトレーニングデータを用いて学習します。IPS推定量を用いるためにfitメソッドに傾向スコアが格納されたnumpy配列pscoreを指定している点に注意してください。なおここでは、推定量以外の条件を揃えた上で性能の比較を行うため、ナイーブ推定量に基づくMFを学習したときとまったく同じハイパーパラメータの値を用いています。

```
# IPS推定量に基づくMatrix Factorizationの学習
mf_ips = MatrixFactorization(
    k=10,
    learning_rate=0.0001,
    reg_param=0.0001,
    random_state=12345,
)
```

```
val_loss_ips, test_loss_ips = mf_ips.fit(
  train=train, val=val, test=test, pscore=pscore, n_epochs=100
)
```

ナイーブ推定量とIPS推定量のそれぞれに基づくMFが学習できたところで、図3.12にそれらのテストデータに対する平均二乗誤差(Mean Squared Error；MSE)の推移を描画しました。

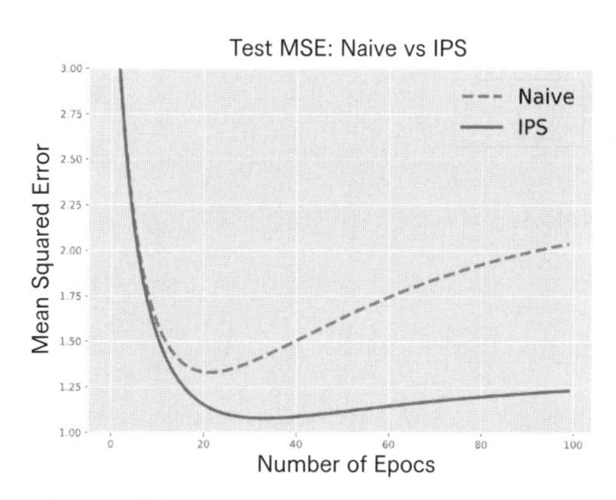

■ **図 3.12**／ナイーブ推定量とIPS推定量を用いたときのMFのテスト誤差の比較

縦軸はテストデータに対する平均二乗誤差を、横軸は学習におけるエポック数を表しています。この結果から分かるように、IPS推定量に基づくMF(実線)は学習が進むにつれて、テストデータに対して良い予測を達成していることが分かります。一方で、ナイーブ推定量に基づくMFの性能(点線)を見てみると、一度はテストデータに対する予測誤差が減少するものの、その後予測精度が大きく悪化していることが分かります。そして最終的には、IPS推定量に大きく差をつけられてしまっています。

次に図3.13にナイーブ推定量に基づいたMFのバリデーションデータに対する平均二乗誤差とテストデータに対する平均二乗誤差の推移を描画しました。

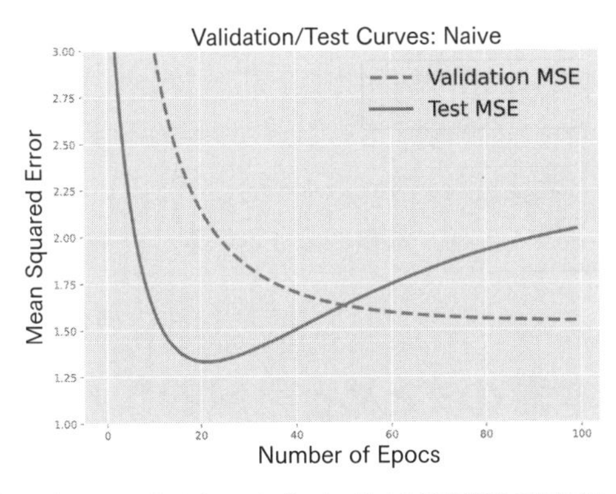

■ **図 3.13**／バリデーションデータとテストデータに対する誤差推移の比較（ナイーブ推定量）

縦軸はバリデーションおよびテストデータに対する平均二乗誤差を、横軸は学習におけるエポック数を表しています。

図3.13を見ると、バリデーションデータとテストデータに対する平均二乗誤差が大きく異なる挙動を見せていることが分かります。バリデーションデータに対する平均二乗誤差（点線）は学習が進むにつれて単調に減少している一方で、テストデータに対する平均二乗誤差（実線）は途中から大きく悪化しています。これはとても厄介な問題です。なぜならば、実際の応用ではテストデータにアクセスすることはできず、バリデーションデータに対する平均二乗誤差を信じて嗜好度合い予測モデルの性能を評価しなければならないからです。この現象はまさに、ナイーブ推定量の期待値を計算することで示唆された**観測されやすいデータを学習において必要以上に重視してしまう問題**が顕在化したものと言えるでしょう。ここで用いているバリデーションデータは元々トレーニングデータの一部を切り取ったものであり、トレーニングデータは嗜好度合いが高いデータが観測されやすいというバイアスを含んだデータでした。ナイーブ推定量はそのようなバイアスを無視してしまっているため、**トレーニングデータを分割したバリデーションデータで性能を評価したところで、いわゆる過学習の問題は考慮できても、データの観測されやすさの違いに起因するバイアスの影響は検知できない**のです。この結果を見ると、観測データに潜むバイアスの問題などに注意深く対処しておかないと、トレーニングデータやバ

リデーションデータに対する精度追求のための努力は、本来解きたかったはずの問題とは関係のない意味のないものになってしまうということがよく分かります。精度追求に関するテクニックを磨くことも大事ではありますが、それ以前に精度追求を意味ある努力にするための思考を身に付けておくべきであるというのは、本書における一貫した考え方です。

3.6 本章のまとめと発展的な内容の紹介

本章では、ウォーミングアップの意味も込めて、最も基本的なExplicit Feedbackを用いた推薦システム構築の場面を扱いました。具体的には、どの嗜好度合いデータが観測されているのかを表す確率変数を明示的に導入することで、嗜好度合いデータの観測されやすさを考慮できるモデルを採用しました。また、観測されている嗜好度合いに対する二乗誤差をやみくもに目的関数として採用するのではなく、我々が本来最適化したいはずの真の目的関数を明示的に定義することが大切であることを再確認しました。そして、観測データから真の目的関数を偏りなく近似する方法を自ら導出する流れを体験しました。

本章で扱った内容は主に[Schnabel16]に基づいています。より詳しく本章の内容を理解したい場合は、この論文を読んでみると良いでしょう。またこの論文で提案されているIPS推定量には、不偏ではあるが分散が大きくなってしまうことや、嗜好度合いデータの観測確率（$\theta(u,i)$）の推定に少量の完全にランダムなデータが必要であることなどの実用上の欠点が存在しています。これらの課題を解決すべく[Wang19]は、2章に登場したDoubly Robust推定量を応用することで真の目的関数の推定における分散の軽減を達成しています。また[Bonner18]は、そもそも嗜好度合いデータの観測確率に依存しない予測手法として、ドメイン適応（domain adaption）の考え方を応用した方法を提案し、推薦システムに関するトップ国際会議であるRecSysのベストペーパーを受賞しています。しかし、[Bonner18]の方法は嗜好度合いデータの観測確率は用いていないものの、少量の完全にランダムな嗜好度合いデータを必要とする手法であることに変わりはありません。そこで[Saito20]は、ドメイン適応の考え方をより洗練した形で推薦システムのバイアス除去に応用した方法を提案し、IPS推定量が抱える2つの課題に同時にアプローチしました。また[Schnabel20]では、「この商品を見た人はこちらの商品も見ています」といったアイテム同士の類似性に基づくItem-to-Item推薦を用いる際に発生してしまうバイアスを除去するための方法を提案しています。最後に[Jeunen20]では、推薦システムのバイアス除去に関連するいくつかの方法の性能を実験的に検証しています。興味がある方は、これらの文献に目を通してみると発展的な内容も含めて理解が深まるでしょう。

なお本文中でも補足しましたが、本章の内容はあくまで推薦システムに存在するバイアスを定式化し適切に対処するための練習の一環であり、いくつかの非現実的な点を含んでいます。まず1つ目に、ユーザの各アイテムに対する嗜好度合いを表すデータとして、Explicit Feedbackを用いている点が挙げられます。たしかにレーティングやアノテーションなどでExplicit Feedbackが得られる場面がまったくないわけではないでしょう。しかし、予測モデルの学習を行うのに十分な数のExplicit Feedbackを得られる場面はかなり限られます。例えばニュース推薦やファッションアイテムの推薦など、非常に短い間隔で新しいアイテムが随時追加される状況では、Explicit Feedbackの活用は不可能に近いと言えます。なぜならば、新たに追加されるアイテムについてのExplicit Feedbackは時間が経たないと集まらないからです。よって多くの実応用において、Explicit Feedbackを用いた推薦手法の適用は現実的ではありません。2つ目の非現実的な点は、嗜好度合いに対する予測誤差の最小化問題を機械学習に解かせている点です。本章で予測誤差の最小化問題をあえて扱ったのは、現存する多くの論文や解説記事が予測誤差の最小化問題として推薦システムを定式化しており、多くの読者がこの定式化に慣れていることを想定したためです。しかし、予測誤差の最小化を解くべき問題として定義することは、予測精度を向上させると、それにともなって収益や動画の視聴時間などのKPIも改善されるという強い仮定を置くことに対応します。しかし、予測精度の改善は必ずしも意思決定の性能の改善を導かないどころか、改悪させてしまう可能性さえあることは、1章や2章ですでに解説した通りです。したがって次章では、Explicit Feedbackよりも現実的に用いられるデータとKPIを直接的に最適化する実践的な定式化に基づいた、より実践的な設定に踏み込みます。

参考文献

- [神嶌16] 神嶌敏弘. 推薦システムのアルゴリズム(Algorithms of Recommender Systems). 2016.
- [Schnabel16] Tobias Schnabel, Adith Swaminathan, Ashudeep Singh, Navin Chandak, and Thorsten Joachims. Recommendations as Treatments: Debiasing Learning and Evaluation. In Proceedings of the 33rd International Conference on Machine Learning, Volume 48, PMLR, pp. 1670-1679, 2016.
- [Marlin07] Benjamin Marlin, Richard S. Zemel, Sam Roweis, and Malcolm Slaney. Collaborative Filtering and the Missing at Random Assumption. In Proceedings of the Twenty-Third Conference on Uncertainty in Artificial Intelligence, pp. 267-275, 2017.
- [Wang19] Xiaojie Wang, Rui Zhang, Yu Sun, and Jianzhong Qi. Doubly Robust Joint Learning for Recommendation on Data Missing Not at Random. In Proceedings of the 36th International Conference on Machine Learning, Volume 97, PMLR, pp. 6638-6647, 2019.
- [Bonner18] Stephen Bonner and Flavian Vasile. Causal Embeddings for Recommendation. In Proceedings of the 12th ACM Conference on Recommender Systems, pp. 104-112, 2018.
- [Schnabel20] Tobias Schnabel and Paul N. Bennett. Debiasing Item-to-Item Recommendations With Small Annotated Datasets. In Proceedings of the Fourteenth ACM Conference on Recommender Systems, pp. 73-81, 2020.
- [Saito20] Yuta Saito and Masahiro Nomura. Offline Recommender Learning Meets Unsupervised Domain Adaptation. arXiv preprint arxiv:1910.07295v6, 2019.
- [Jeunen20] Olivier Jeunen, David Rohde, Flavian Vasile, and Martin Bompaire. Joint Policy-Value Learning for Recommendation. In Proceedings of the 26th ACM SIGKDD International Conference on Knowledge Discovery & Data Mining, pp. 1223–1233, 2020.

4章

Implicit Feedbackを用いたランキングシステムの構築

本章では、3章で扱えていなかった現実的な状況を加味したより実践的な内容を扱います。具体的には、実応用において十分な量を集めるのが困難なExplicit Feedbackではなく、より一般的に用いられる**Implicit Feedback**と呼ばれるデータに基づいた推薦・ランキングシステム構築の手順を導きます。さらに、3章ではKPIの改善に必ずしも結びつくとは限らないごく単純な予測誤差最小化を手始めとして考えていたところを、本章ではより直接的にKPIを最適化する学習手順を考えます。そしてこのような現実的な状況を扱う場合も、1章で導入したフレームワークを丁寧になぞることが重要であることを確認します。特に、複数の異なるデータ観測構造のモデル化を用いた機械学習の実践の流れを体験することで、柔軟にフレームワークを使いこなせるようになる状態を目指します。

4.1 標準的なランキング学習の枠組み

本章ではより実践的な状況を扱うために、ランキング学習(learning-to-rank)と呼ばれる分野の定式化を採用します。そのための準備として、本節では、ランキング学習の標準的な枠組みを解説します。

ランキング学習では、あるサービスにおいて何かしらのKPIを最適化するために、ユーザに対してアイテムやドキュメントのランキングを提示することを考えます。まず、サービスを利用するユーザを $u \in [n] = \{1, 2, \dots, n\}$ で表し、サービスに存在するアイテムを $i \in [m] = \{1, 2, \dots, m\}$ で表します。ここでユーザは、ある未知の確率分布 $p(u)$ に独立に従うとします。このようにユーザがある確率分布に従うことを想定することで、サービス内におけるユーザのアクティブさの違いを自然に導入できます。また $\mathrm{rel}(u,i)$ をユーザ u がアイテム i に対して有している嗜好度合いを表すExplicit Feedbackとします[*1]。本節ではランキング学習の基礎を紹介するため、しばらくExplicit Feedbackが入手できる状況を想定して解説を続けます。ランキング学習の基本的な枠組みを解説したあとに、Explicit Feedbackが手に入らないより実践的な状況を扱います。

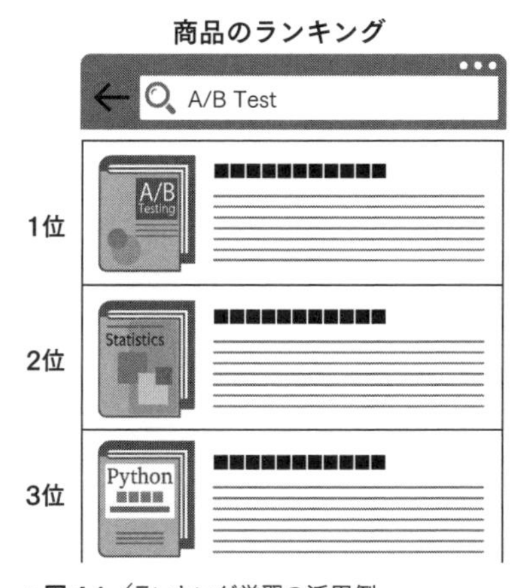

■ 図4.1／ランキング学習の活用例

＊1 rel(·) という記号は、**rel**evance の頭3文字からとりました。なお $\mathrm{rel}(u,i)$ は、3章における $r(u,i)$ に対応します。

ランキング学習では、あるユーザuが与えられたときにそのユーザに対して嗜好度合いが高い順にアイテムを並べ替えたランキングの生成を目指します[*2]。例えば、あるユーザがアイテムAをアイテムBよりも好む場合には、そのユーザに対してアイテムAをアイテムBよりも上位で推薦することを目指します。このためにランキング学習では、次の性質を満たすスコアリング関数fを嗜好度合いデータから学習することを目指します。

$$\mathrm{rel}(u,i) \geq \mathrm{rel}(u,i') \Longrightarrow f_\phi(u,i) \geq f_\phi(u,i'), \forall u \in [n]\ \forall (i,i') \in [m] \times [m] (i \neq i')$$

ここでϕは、スコアリング関数fのパラメータです。この式を満たすスコアリング関数が手に入れば、ユーザuに対して

$$y_\phi = (i_1, i_2, i_3, \ldots), \quad (f_\phi(u,i_1) \geq f_\phi(u,i_2) \geq f_\phi(u,i_3) \geq \ldots)$$

というように、スコアリング関数の出力を参考にアイテム（$i_1, i_2, \ldots$）を並べることで、嗜好度合いが高い順にアイテムを並べたランキングy_ϕを生成できます。このようにある単一のランキングを確率1で返すランキングシステムを**決定的なランキングシステム**と呼ぶことにします。一方、スコアリング関数の出力に基づいて**確率的なランキングシステム**を作ることもできます。例えば、スコアリング関数f_ϕに基づいて次のようにランキングの選択確率を決める方法があります[*3]。

$$\pi_\phi(y \mid u) = \prod_{k=1}^{m} \frac{\exp(f_\phi(u,i_k))}{\sum_{j=k}^{m} \exp(f_\phi(u,i_j))}$$

$\pi_\phi(y|u)$はスコアリング関数f_ϕを用いたときに、ユーザuに対してあるランキングyを出力する確率です。右辺は少し複雑なので注意が必要ですが、ソフトマックス関数に基づいて上位の順位のアイテムから順に非復元抽出する際のアイテム選択確率が数式で表現されています。これは、$k = 1, 2, 3, \ldots$と上から順に何が起こっているかを考えると分かりやすいです。例として、ユーザuに対してあるランキング$y = (i_1, i_2, i_3, \ldots)$を出力する確率を考えます。

---

*2　ユーザがクエリ、アイテムがドキュメントに置き換わって説明されることもよくあります。

*3　このようなランキング上の確率モデルをPlackett-Luceモデルと呼びます。

まず、最上位でi_1が選択される確率を

$$\frac{\exp(f_\phi(u,i_1))}{\sum_{j=1}^{m}\exp(f_\phi(u,i_j))}=\frac{\exp(f_\phi(u,i_1))}{\exp(f_\phi(u,i_1))+\cdots+\exp(f_\phi(u,i_m))}$$

と、スコアリング関数にソフトマックス関数を適用することで算出します。次にi_2が選択される確率を同じようにして決めるのですが、このときすでにi_1が選択されてしまっているため、このアイテムを再度選択することはできません。よって、i_2が2番目のアイテムとして選択される確率の分母には$\exp(f_\phi(u,i_1))$が加算されないため、

$$\frac{\exp(f_\phi(u,i_2))}{\sum_{j=2}^{m}\exp(f_\phi(u,i_j))}=\frac{\exp(f_\phi(u,i_2))}{\exp(f_\phi(u,i_2))+\cdots+\exp(f_\phi(u,i_m))}$$

と計算されます。分母の総和のインデックスが$j=2,\ldots,m$の範囲でとられていることに注意してください。この手順をアイテムの数だけ繰り返すと、ランキングyを生成する確率が$\pi_\phi(y|u)=\prod_{k=1}^{m}\frac{\exp(f_\phi(u,i_k))}{\sum_{j=k}^{m}\exp(f_\phi(u,i_j))}$と表現されることが分かります。

ここからは、スコアリング関数fを学習するための標準的な方法を紹介します。その準備として、スコアリング関数fの性能を目的関数として定義しておく必要があります。ここでは、よく知られた**加法的ランキング評価指標**(Additive Ranking Metrics)に基づいてスコアリング関数の性能を定義します。

あるスコアリング関数f_ϕに基づいて決定的なランキングシステムを作る場合、そのスコアリング関数についての加法的ランキング評価指標は、次のように定義されます。

$$\begin{aligned}\mathcal{J}(f_\phi)&=\mathbb{E}_{u\sim p(u)}\left[\sum_{i\in[m]}\mathrm{rel}(u,i)\cdot\lambda(y_\phi(i))\right]\\&=\sum_{u\in[n]}p(u)\sum_{i\in[m]}\mathrm{rel}(u,i)\cdot\lambda(y_\phi(i))\end{aligned}$$

ここで、$y(i)$はランキングyにおけるアイテムiの順位を表します。また$\lambda(\cdot)$は重み関数であり、これを適当に定義することでAverage Relevance Position(ARP)・Discounted Cumulative Gain(DCG)・Precision@Kなどの

よく知られた加法的ランキング評価指標を具体的に表現できます。

$$
\begin{aligned}
ARP :& \lambda_{ARP}(k) = k \\
DCG@K :& \lambda_{DCG@K}(k) = -\mathbb{I}\{k \leq K\} / \log_2(k+1) \\
Precision@K :& \lambda_{Prec@K}(k) = -\mathbb{I}\{k \leq K\} / K
\end{aligned}
$$

$\mathbb{I}\{\cdot\}$ は指示関数です。ARPは、入力（順位）をそのまま出力します。ARPを重み関数として使うと、$\mathcal{J}(f_\phi)$ の内部で嗜好度合いと順位の積（ $\mathrm{rel}(u,i) \cdot y(i)$ ）が現れます。このとき $\mathcal{J}(f_\phi)$ は、より上位に大きな嗜好度合いを持つアイテムが並ぶ望ましい状況でより小さい値をとるようになります。すなわち、ARPを重み関数として用いたときには、目的関数 $\mathcal{J}(f_\phi)$ の値が小さいほど f_ϕ が良いスコアリング関数であることを意味します。DCG@Kはランキング上位 K 番目までの嗜好度合いの重み付け平均です。DCG@Kで用いられる重みは $1/\log_2(k+1)$ であり、k が小さいすなわち上位のポジションに対してより大きな重みを割り当てることで、そこを重視する気持ちが込められています。最後にPrecision@Kを重み関数として用いると、ランキング上位 K 番目までの嗜好度合いの総量を単純に定数 K で割った値が目的関数として設定されます。DCG@KやPrecision@Kは通常正の値をとる重み関数として定義されますが、ここでは -1 を掛け算することで、スコアリング関数の学習を最小化問題として統一的に記述できるようにしています。

また確率的なランキングシステムについての加法的ランキング評価指標は、決定的なランキングシステムに対する加法的ランキング評価指標を一般化することで次のように定義できます。

$$
\begin{aligned}
\mathcal{J}(\pi_\phi) &= \mathbb{E}_{u \sim p(u)}\left[\mathbb{E}_{y \sim \pi_\phi(y|u)}\left[\sum_{i \in [m]} \mathrm{rel}(u,i) \cdot \lambda(y(i))\right]\right] \\
&= \sum_{u \in [n]} p(u) \sum_{y} \pi_\phi(y \mid u) \sum_{i \in [m]} \mathrm{rel}(u,i) \cdot \lambda(y(i))
\end{aligned}
$$

この場合はランキング y が確率的なランキングシステム $\pi_\phi(\cdot|u)$ に従って選択されるので、そのランキングが従う分布 π についての期待値を

とっています。

ここで注意していただきたいのは、ここでの $f(\cdot)$ もしくは $\pi(\cdot \mid u)$ についての加法的ランキング評価指標の定義は、あくまでExplicit Feedbackが得られていた場合の定義であるということです。あとで解説しますがExplicit Feedbackを用いることができない場合は、異なる考えに基づいてランキング性能を適宜修正する必要が出てきます。

さてスコアリング関数の学習は、**加法的ランキング評価指標の値を最小化するパラメータ ϕ を得る問題**として定式化されます。すなわち、

$$\phi^* = \arg\min_{\phi} \mathcal{J}(\pi_\phi)$$

で定義される ϕ^* が最適なパラメータであり、その性能 $\mathcal{J}(\pi_{\phi^*})$ にできるだけ近い性能を発揮するパラメータを学習データから得ることが、ランキング学習における目標です。

加法的ランキング評価指標についてより良い性能を発揮できるランキングシステムを学習する方法は、ランキング学習における主たる研究テーマであり多数存在します。ここでは、理解や実装が比較的容易で導入に適した[Ai19]などで用いられている方法を紹介します。より一般的なランキング学習手法は、[Burges10]に詳しくまとめられています。

[Ai19]は、ソフトマックス交差エントロピーに基づいた次のリストワイズ損失関数を最小化する基準で、スコアリング関数 f_ϕ のパラメータ ϕ を学習する手順を採用しています。

$$\mathcal{J}(f_\phi) = -\mathbb{E}_{u \sim p(u)} \left[\sum_{i \in [m]} \mathrm{rel}(u,i) \cdot \log \frac{\exp(f_\phi(u,i))}{\sum_{i' \in [m]} \exp(f_\phi(u,i'))} \right]$$

スコアリング関数 f_ϕ をソフトマックス関数に通し、続いて対数関数に通したあと、嗜好度合いで重み付けています。この損失関数においてより小さい値を達成するためには、嗜好度合い $\mathrm{rel}(u,i)$ が高いアイテムに対して、より大きなスコアを出力する必要があります。したがって、このリストワイズ損失関数を最小化する基準でスコアリング関数 f_ϕ のパラメータ ϕ を得ることで、加法的ランキング評価指標について良い性能を発揮することが期待できます。ただし実際には、 $\mathcal{J}(f_\phi)$ の内部に現れる期待値

が計算できないため、経験性能などを代わりに用います。

ここではランキング学習の雰囲気をつかむべく、加法的ランキング評価指標に基づいてランキングシステムを学習するための方法を紹介しました。しかしここでの内容はあくまでランキング学習の枠組みを導入するためのものであり、入手が難しいExplicit Feedbackを用いているなど非現実的な面を含んでいます。次節ではより現実的な設定におけるランキングシステムの学習手順を導出します。

4.2 フレームワークに則ったランキングシステムの学習

本節では、Implicit Feedbackと呼ばれるExplicit Feedbackよりも入手しやすく、実践でも多く用いられているデータに基づいたランキングシステムの学習を扱います。最初にここで扱うImplicit Feedbackと3章で扱ったExplicit Feedbackの特徴を比較して違いを把握します。そのあと、

- ポジションバイアスのみを考慮する
- ポジションバイアスとアイテム選択バイアスを考慮する
- ポジションバイアスとクリックノイズを考慮する

という3つの異なる方針で、ランキングシステムの学習手順を導きます。

4.2.1 Implicit Feedbackとは

これまでは、主にユーザがアイテムに対する嗜好度合いを自発的に表明することで得られるExplicit Feedbackが利用可能な状況を扱ってきました。一方で、Explicit Feedbackを集めるのは現実的にとても困難であり、このデータに基づいた手法をそのまま実応用に適用するのは多くの場合難しいことも説明してきました。そのため、多くの推薦・ランキングシステムは**Implicit Feedback**や**暗黙的なフィードバック**などと呼ばれる代替的なデータを用いて学習されています。

Implicit Feedbackとは、**Explicit Feedbackのようにユーザが明示的に好き嫌いを表明しているわけではないが、それに関する情報が含まれていると考えられるデータの総称**です。Implicit Feedbackは、ユーザに自発的に好き嫌いを表明することを要求しない自然な行動ログであるため、大量に入手できる利点があります。最もよく用いられるImplicit Feedbackは推薦枠内などで観測されるクリックデータでしょう。まずクリックデータはExplicit Feedbackではありません。なぜならば、レーティングデータのようにユーザが自発的に嗜好度合いを表明したデータではないからです。このため、クリックデータと真の嗜好度合いの間には何かしらの乖離が生じていると考えられます。例えば、まったく興味がないアイテムでも推薦枠の上位で推薦されていたら何かの拍子で誤ってクリックしてしまうかもしれません。これは、嗜好度合いは低いがクリックが発生するという乖離が起きているケースです。逆に、本来は興味のあるアイテムでも、ほとんど推薦枠に表示されないくらいランキングの下位に存在する場合、ユーザーはそもそもそのアイテムをクリックできないでしょう。これは、嗜好度合いが高いにもかかわらず、クリックが発生しないという乖離が起きているケースです。このようにクリックデータと真の嗜好度合いの間には乖離が見込まれるものの、ユーザは嗜好度合いが高いアイテムほどクリックしやすく、低いアイテムほどクリックしにくい傾向にあると考えられるため、クリックデータはまさにImplicit Feedbackの一種であると言えます。

Explicit Feedback(明示的)

ユーザがアイテムに対する
嗜好を自己表明
→正確な嗜好のデータ

Implicit Feedback(暗黙的)

分析者が勝手に
ユーザ行動から嗜好を推察
→真の嗜好とは乖離が生じる

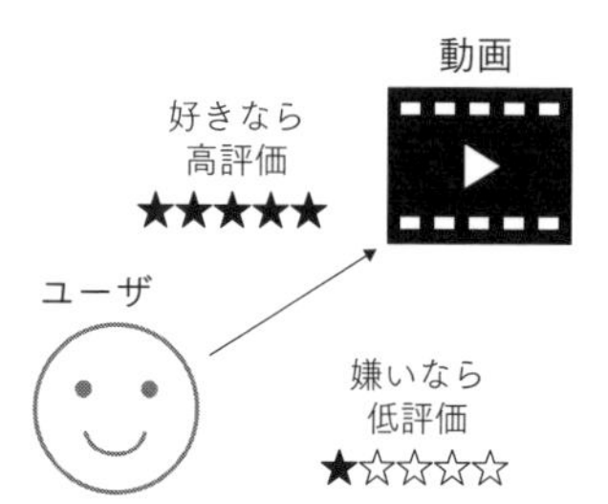

分析者

クリックが発生している
からおそらく嗜好度合い
が高いのだろう

■ 図 4.2/Explicit FeedbackとImplicit Feedback

表4.1にExplicit FeedbackとImplicit Feedbackの違いをまとめました。この2つのデータは、嗜好度合いの正確さと入手しやすさの観点からトレードオフの関係にあることが分かります。つまり、Explicit Feedbackはユーザが嗜好度合いを自己表明したものなので正確な情報なわけですが、その分手に入れるのに手間と時間がかかります。Implicit Feedbackはユーザの行動ログに対して分析者があとから勝手に意味付けするため、真の嗜好度合いからはどうしても乖離が生じてしまいます。その一方で、大量に集めることができるのです。よって、Explicit Feedbackが十分に手に入る状況ならばそれを素直に使えば良いものの、そんな状況はほとんどないので、Implicit Feedbackに見込まれる乖離をうまく補正して活用する必要があります。

▾ **表4.1**／Explicit FeedbackとImplicit Feedbackの比較

	Explicit Feedback（明示的）	Implicit Feedback（暗黙的）
正確さ	嗜好度合いについての正確なデータ	真の嗜好度合いとの乖離を含む
入手しやすさ	とても入手しにくい	大量に入手することが可能

4.2.2 ポジションバイアスを考慮した学習手順の導出

ここではまず、Implicit Feedbackに含まれる乖離の主要な原因であるポジションバイアスを考慮する場合のランキングシステムの学習手順を導出します。

KPIを設定する

我々が最初に取り組むべきは、**KPIを設定する**ことです。本節では**推薦枠内における嗜好度合いの総量**をKPIとし、これの最大化を目指すことにします。これはすなわち、嗜好度合い $\mathrm{rel}(u,i)$ が大きなアイテムで推薦枠を埋め尽くしたいというモチベーションに対応します。これをExplicit Feedbackが直接的には観測されない状況で目指したいということです。このKPI設定は、主にNetflixやSpotifyなどのサブスクリプションサービスにおける推薦施策を想定したものです。これらのサービスでは、ユーザに満足してもらうことで、サービスを継続して利用してもらうことが重要です。そうすることで、ユーザに満足してもらえるサービスを提供できるという意味ではもちろん、ユーザがより長期に契約してくれることで収益にもつながります。よってこれらのサービスでは、ユーザの嗜好に合うアイテムをできるだけランキングの上位で提示することが重要であると言えるでしょう。

ここでEコマースサービスにおける施策を扱っている人の中には、「嗜好度合いの総量を最大化するだけでは意味がない、我々が最大化したいのはコンバージョン（商品購買）数や収益である」と思う人がいるかもしれません。実は、嗜好度合いの総量を最大化したい場合とコンバージョン数や収益を最大化したい場合では、特にデータの観測構造をモデル化する部分で適切な学習手順が変わってきます。コンバージョン数や収益に興味があるケースは次章で扱うこととし、本章ではサブスクリプションサービスなどユーザに満足してもらえる推薦が重要視される設定に焦点を当てています。

ポジションバイアスを考慮するためのデータ観測構造のモデル化

KPIを設定したあとに我々が行うべきなのは、**データの観測構造をモデル化する**ことでした。観測構造のモデル化では、立ち向かっている問題設定において重要な情報に記号を割り当て、それらの間にある関係式を書き下します。Implicit Feedbackを用いる際のモデル化で特に重要なのは、**真の嗜好度合いとImplicit Feedbackの間にどのような乖離を見込むのか**を事前に決定することです。もちろん現実世界では我々が思いつかないものも含めてさまざまな乖離を含んだImplicit Feedbackが観測されていると考えられます。しかし、すべての乖離を見込んで現実をこと細かに反映したモデルは往々にしてとても複雑になってしまいます。また、そもそもどんな乖離が起こっているのかをすべて把握するのは不可能だという悲しい現実もあります。よってこの段階で重要なのは、**Implicit Feedbackに見込まれる乖離のうち、どの乖離が重要であるか取捨選択した上でデータの観測構造をモデル化する**という意識です。なおこの「どのような乖離を見込むか・どのようなモデルを採用するのか」という点は問題設定ごとに大きく変わってくる部分であり、データサイエンティストの腕の見せ所でもあります。ここからは、基礎となる簡単なモデルから始めて、徐々に複雑なモデルを考えるという流れで観測構造のモデル化に慣れていきます。

ここでは手始めとして、**ポジションバイアス**による影響のみを考慮するシンプルで扱いやすいモデルを採用します。ポジションバイアスは本章で扱うバイアスの中でも最もよく知られているもので、真の嗜好情報とクリックデータの乖離を生む主要な原因の1つとされています。このバイアスは、推薦枠のうち下位のポジションで提示されるアイテムは嗜好度合いとは独立にクリックされにくいという**アイテムの表示位置によって生じる真の嗜好度合いとクリックデータの間の乖離**のことを指します。ポジションバイアスを具体的にイメージするために、ある1人のユーザuに対して、10個のアイテム（アイテム1〜10）を推薦した場面を表す例を導入します（図4.3）。

ポジション	アイテム	真の嗜好情報	?	クリックデータ
1番目	アイテム1	◉	?	◉
2番目	アイテム2	✕	?	✕
…	…	…	…	…
9番目	アイテム9	◉	?	✕
10番目	アイテム10	✕	?	✕

■ **図4.3**／真の嗜好情報とクリックデータの乖離の例

図4.3の推薦枠には、上から順にアイテム1〜10が並べられています。「真の嗜好情報」の列を見ると、アイテム1とアイテム9はユーザuの嗜好に合っているが、アイテム2とアイテム10はユーザuの嗜好に合っていないことが読み取れます。次に一番右側の「クリックデータ」の列を見てみると、クリックが発生したのは最上位のポジションに提示されたアイテム1だけであり、ユーザuの嗜好に合っているはずのアイテム9はクリックされていないことが分かります。これがいわゆる真の嗜好情報

(Explicit Feedback) とクリックデータ (Implicit Feedback) の間に存在する乖離です。ここで得られたクリックデータをもとにランキングシステムを学習しようとしても、単にクリックの発生有無をユーザの嗜好の発現だとみなしていては、ユーザに新たな嗜好アイテムを提示できる兆しが見えません。

このような乖離が発生するメカニズムを「ユーザがそれぞれのポジションに提示されたアイテムを見ていたかどうか」を意識することで理解しようとするのがポジションバイアスの考え方です。これがどういうことか理解するため、図4.3で「？」とされていた列に「ユーザがそれぞれのポジションに提示されたアイテムを見ていたかどうか」を表す情報を付け加えた図4.4を見てみましょう。

ポジション	アイテム	真の嗜好情報	アイテムを見ていた？	クリックデータ
1番目	アイテム1	◉	◉	◉
2番目	アイテム2	×	◉	×
…	…	…	…	…
9番目	アイテム9	◉	×	×
10番目	アイテム10	×	×	×

■ **図 4.4**／ポジションバイアスにより真の嗜好情報とクリックデータの乖離を理解する

先に導入した例を図4.4のようにとらえると、真の嗜好情報とクリックデータに乖離が生じる構造が見えてきます。上から順に確認します。まずアイテム1はユーザの嗜好に合うアイテムでした。また最上位で提示されているため、ユーザはアイテム1のことを高い確率で目にするだろうと考えられます。いかにもアイテム1がクリックされそうな状況です。次にアイテム2は、2番目のポジションに提示されているためユーザの目に入る確率は高そうですが、そもそもユーザの嗜好に合わないアイテムなのでクリックは発生しにくいと考えられます。実際、アイテム1はクリックされている一方で、アイテム2はクリックされていません。またアイテム9はアイテム1と同様にユーザの嗜好に合うアイテムですが、アイテム1とは異なりクリックが発生していません。クリックが発生する構造に目を向けないとやみくもにアイテム9を負例として扱うしかありませんでしたが、図4.4に基づくと「アイテム9は推薦枠における下位のポジションに提示されたため、ユーザはアイテム9を見ておらず、そもそもクリックが発生し得なかったのではないか」というもっともらしい仮説が浮かび上がります。このように**推薦枠のポジションごとにアイテムがユーザに見られる確率が異なるだろうという想定から、真の嗜好度合いとクリックデータの間に乖離が生じてしまう構造を説明する**のがポジションバイアスの考え方です。

ここで説明したポジションバイアスを考慮してユーザの真の嗜好をできる限りとらえた学習手順を導くためには、図4.4で確認したポジションバイアスの影響をモデル化する必要があります。そのために、ここでいくつかの記号を導入します。まず $C(u,i,k) \in \{0,1\}$ という2値確率変数により、ユーザ u に対してアイテム i がポジション k で推薦されたときのクリック発生有無を表します。u に対して i がポジション k で提示されたときにクリックが発生したら $C(u,i,k)=1$、そうでなければ $C(u,i,k)=0$ となります。次に $R(u,i) \in \{0,1\}$ という確率変数を用いて、ユーザ u がアイテム i を好んでいるか否かという真の嗜好情報を表すことにします。u が i のことを好んでいれば $R(u,i)=1$ を、そうでなければ $R(u,i)=0$ をとります。ここで $R(u,i)$ という記述方法から分かるように、真の嗜好情報はユーザとアイテムのみに依存して決まり、そのアイテムがどのポジションに提示されたかによって真の嗜好は変化しないことを仮定しています。ここで真の嗜好情報 $R(u,i)$ の期待値に、特別な記号を割り当てます。

$$\gamma(u,i) = \mathbb{E}_R[R(u,i)] = P(R(u,i)=1)$$

$\gamma(u,i)$ は $R(u,i)$ が1をとる確率であり、これは u の i に対する嗜好度合いを $[0,1]$ のスケールに押し込めたものと解釈できます。u の i に対する嗜好度合いが高い場合は $\gamma(u,i)$ も大きい値をとり、逆に嗜好度合いが

低い場合は $\gamma(u,i)$ も小さい値をとります。

もちろんユーザのアイテムに対する真の嗜好情報を含む $R(u,i)$ や $\gamma(u,i)$ が直接観測できるならば、4.1節で解説した標準的なランキング学習の定式化を当てはめることで、嗜好度合いの総量最大化を比較的容易に追求できるでしょう。しかしこれらの情報はまさにExplicit Feedbackであり、ほとんどの実応用において入手できません。よってクリックデータ $C(u,i,k)$ と真の嗜好情報 $R(u,i)$ の間の乖離を適切にモデル化した上で、その乖離を補正する必要があります。そのためここでは1つの選択肢として、推薦枠のうち下位のポジションで表示されるアイテムは真の嗜好度合いと関係なくクリックされにくいというポジションバイアスの影響を考慮しているということです。

このポジションバイアスによる真の嗜好度合いとクリックデータの乖離は、もう1つの確率変数 $O(k) \in \{0,1\}$ を導入することで見通し良くモデル化できます。この確率変数は、**ポジション k に提示されたアイテムがユーザに見られているか否か**を表します。これは図4.4で考慮した「ユーザがそれぞれのポジションに提示されたアイテムを見ていたかどうか」の情報と対応します。つまり、ユーザがポジション k に提示されたアイテムを見ていたとすると $O(k)=1$ となり、見ていなければ $O(k)=0$ となります。なお $O(k)$ という記述方法から分かる通り、アイテムがユーザに見られるか否かはポジション k のみに依存し、ユーザやアイテムには依存しないという単純化の仮定を置いています。ここでも真の嗜好情報 $R(u,i)$ のときと同様に、$O(k)$ にも特別な記号を用意することにします。

$$\theta(k) = \mathbb{E}_O[O(k)] = P(O(k)=1)$$

$\theta(k)$ は $O(k)$ が1をとる確率であり、これはポジション k に提示されたアイテムの見られやすさを表します。つまりポジション k がユーザに見られやすい場合は、$\theta(k)$ は大きい値をとります。逆に見られにくい場合は、$\theta(k)$ は小さい値をとります。通常 k の値が小さい、すなわち上位のポジションほどユーザに見られやすいため、一般的には、

$$\theta(1) \geq \theta(2) \geq \theta(3) \geq \dots$$

が成り立っていると考えられます。

最後にここで登場した3つの確率変数を関連付ける次の関係式をおくことで、観測構造のモデル化を完成させます。

$$C(u,i,k) = O(k) \cdot R(u,i)$$

この関係式により我々は「ユーザがアイテムのことを好んでいて（$R = 1$）かつ推薦枠においてそのアイテムを見ていたとき（$O = 1$）にのみ（またそのときには必ず）クリックが発生する（$C = 1$）」ことを仮定したことになります。この等式は一見何の変哲もない簡素なものに思えますが、実はさまざまな主張を含んでいます。例えば、ユーザ u がポジション k に提示されたアイテム i を見ていたとすると $O(k) = 1$ となりますから、この場合関係式は

$$C(u,i,k) = R(u,i)$$

となります。すなわち $O(k) = 1$ のとき、クリックデータは真の嗜好情報を完全に反映したものだという主張が読み取れます。一方 $O(k) = 0$ のときは、

$$C(u,i,k) = 0, \ \forall R(u,i) \in \{0,1\}$$

となります。つまり、**ユーザがアイテムのことを好んでたとしても、そのアイテムのことを見ていなければクリックは発生し得ない**というポジションバイアスが想定する状況をとらえていることが分かります。図4.4を眺めながら我々が考慮することにしたポジションバイアスによる真の嗜好情報とクリックデータの間の乖離は[*4]、$C(u,i,k) = O(k) \cdot R(u,i)$ という等式で表現できていそうです。ここで導入したポジションバイアスの影響のみを考慮したモデル化を、先の図4.4の状況に当てはめて理解してみましょう。

＊4　細かいですが、データの観測構造のモデル化は能動的なステップであり、現実に起きている乖離をすべて考慮するというよりは、どの乖離を考慮するか分析者が選択するという側面が強いです。それを強調すべく「我々が考慮することにした」という表現を使っています。実応用においてデータの観測構造のモデル化を自覚的に遂行する上でも、この感覚を持っていることは重要です。

ポジション	アイテム	真の嗜好情報	アイテムを見ていた？	クリックデータ
$k=1$	i_1	$R(u,i_1)=1$	$O(1)=1$	$C(u,i_1,1)=1$
$k=2$	i_2	$R(u,i_2)=0$	$O(2)=1$	$C(u,i_2,2)=0$
…	…	…	…	…
$k=9$	i_9	$R(u,i_9)=0$	$O(9)=0$	$C(u,i_9,9)=0$
$k=10$	i_{10}	$R(u,i_{10})=0$	$O(10)=0$	$C(u,i_{10},10)=0$

■ **図 4.5**／導入したモデルを用いて図4.4の状況を理解する

図4.5では、モデル化に用いた記号を使って図4.4の状況を整理しています。図4.4で考えていたアイテム1やアイテム2などのランキングの上位に提示されたアイテムがユーザに見られていただろうとする状況は、$O(1)=O(2)=1$ と記述されます。そしてこの2つのポジションでは、真の嗜好情報とクリックデータが一致していることが分かります。ユーザはアイテム1のことを好んでいる（ $R(u,i_1)=1$ ）ので、クリックが発生しています（ $C(u,i_1,1)=O(1)\cdot R(u,i_1)=1$ ）。一方でアイテム2には興味がない（ $R(u,i_2)=0$ ）ため、クリックが発生していない（ $C(u,i_2,2)=O(2)\cdot R(u,i_2)=0$ ）ということです。

また、下位のポジションに提示されたアイテム9やアイテム10はもはやユーザに見られていないだろうと想定されました。この状況は、$O(9)=O(10)=0$ と表現されます。そしてこれらのポジションでは、クリックデータは真の嗜好情報を反映しません。中でもアイテム9について厄介な状況が起こっています。つまり、ユーザはアイテム9のことを好んでいる（ $R(u,i_9)=1$ ）にもかかわらず、9番目という下位のポジションまでは見ていなかった（ $O(9)=0$ ）ので、結果としてクリックが発生していないのです（ $C(u,i_9,9)=O(9)\cdot R(u,i_9)=0$ ）。したがって、単純にクリックデータを目的変数として用いてしまうと、アイテム9に対する真の嗜好をとらえることができないのです。アイテム2とアイテム9は両方クリックが発生しておらず表層的には同じデータに見えますが、ポジションバイアスを考慮することで、**実はクリックが発生しなかった理由が異なるのではないか**という洞察を得ます。つまり、アイテム2はユーザの嗜好に合わなかったからクリックが発生しなかったと考えられる一方で、アイテム9はユーザの目に入らなかったからクリックが発生しなかったということです。アイテム2とアイテム9を一様に負例として扱ってしまっては、この発生メカニズムの違いを捕捉できません。アイテム9のように、クリックが発生していなかったとしてもユーザが好んでいるアイテムはいくらか存在するはずであり、クリックデータを嗜好の発現としてやみくもに追ってしまうとそれらのアイテムを取りこぼしてしまいます。

さてC・O・Rという3つの確率変数を用いてポジションバイアスの影響を表現するモデル化はとても有名なものであり、**Position-based Model（PBM）**という名前が付いています[*5]。関連する文献にPBMという言葉が出てきたら、ここで説明したように「さまざまなバイアスのうちポジションバイアスの影響を考慮して真の嗜好情報とクリックデータの間の乖離をモデル化することにしたんだな」と思っておけば良いでしょう。

さてこのPBMによるクリックデータの観測構造のモデル化はとてもシンプルで解釈しやすい一方、「少々厳しい仮定を置きすぎではないか？」という感想を持つ人がいるかもしれません。たしかに、それは正しい感覚でしょう。例えばPBMの仮定によると、$R(u,i)=0$のときは必ず$C(u,i,k)=0$となってしまいます。これは「ユーザがアイテムのことを嫌いだとすると、クリックは絶対に起こらない」という仮定を意味します。しかし私たちも私生活の中で、興味を持っているわけではないアイテム（$R(u,i)=0$）を誤ってクリックしてしまう（$C(u,i,k)=1$）ことがあるでしょう。これはまさに、PBMでは発生を想定していないケースと言えます。よってPBMは、このいわゆる誤クリックの影響は考慮できていない不完全なモデル化という見方もあって当然です。しかし、だからと言ってPBMが使い物にならないモデルであるという烙印を押してしまうのは時期尚早です。なぜならば複雑で現実世界を正確に反映したモデルが最良かというと、必ずしもそうではないからです。もちろんクリックの観測構造に多くの要素を追加すればするほど、現

＊5 たまにPosition Bias Modelと呼ばれることもありますが、この場合も同じくPBMという略称が使われます。

実的なモデルに近づいていくでしょうが、同時に複雑さが増します。そして、複雑なモデルほど解釈や扱いが難しくなってしまいます。一方、PBMは現実の多くの部分を表現できていないという弱点があるのはたしかですが、その分扱いが非常に単純であるという利点を持っています。したがって個別の応用ごとに、**どの種のバイアスの影響を考慮すべきなのか**をその影響力の大きさや、そのあとの学習の扱いやすさなどを考慮して決定する必要があり、すべてを考慮した複雑なモデルが良いとは限らないことは、心に留めておくべきです。何か1つの正解を覚えるのではなく、個々の問題設定ごとに複雑さと扱いやすさをバランスしたモデル化を選択する意識がここでは重要なのです[*6]。

解くべき問題を特定する

ここまでは、ポジションバイアスを考慮してクリックデータの観測構造をモデル化してきました。次に取り組むべきは、**解くべき問題を特定する**ステップです。本節で我々は、推薦枠内における嗜好度合いの総量をKPIとして設定していました。この場合、加法的ランキング評価指標の定義に従うことで、素直に解くべき問題を書き下すことができます。ただし、ここで用いているクリックデータの観測構造のモデル化では、$\gamma(u,i)$ によってユーザ u のアイテム i に対する嗜好度合いを表していることに注意する必要があります。よって、この記号を用いて加法的ランキング評価指標の定義を微修正しておく必要があります。ここでは先のモデル化に基づいて、決定的なランキングシステムの性能を、

$$
\begin{aligned}
\mathcal{J}(f_\phi) &= \mathbb{E}_{u\sim p(u)}\left[\sum_{i\in[m]} \gamma(u,i)\cdot\lambda(y_\phi(i))\right] \\
&= \sum_{u\in[n]} p(u) \sum_{i\in[m]} \gamma(u,i)\cdot\lambda(y_\phi(i))
\end{aligned}
$$

＊6 このモデル化の複雑さに関するトレードオフは、機械学習におけるモデルの複雑さのトレードオフに似ています。機械学習では、複雑な予測モデルを用いるほど良い訓練誤差を達成できますが、その分過学習の問題が起こり汎化誤差の意味では必ずしも複雑な予測モデルが良いとは限りません。そのために正則化などの工夫を凝らすことで、予測モデルの複雑さと訓練誤差のバランスを制御するのが一般的です。データの観測構造のモデル化においても、複雑であればあるほど良いわけではなく、複雑さと扱いやすさのバランスを意識する必要があるのです。

とし、確率的なランキングシステムの性能を、

$$\begin{aligned}\mathcal{J}(\pi_\phi) &= \mathbb{E}_{u\sim p(u)}\left[\mathbb{E}_{y\sim\pi_\phi(y|u)}\left[\sum_{i\in[m]}\gamma(u,i)\cdot\lambda(y(i))\right]\right]\\ &= \sum_{u\in[n]}p(u)\sum_{y}\pi_\phi(y\mid u)\sum_{i\in[m]}\gamma(u,i)\cdot\lambda(y(i))\end{aligned}$$

とすることにします。単にモデル化に合わせて、嗜好度合いの記号を $\mathrm{rel}(u,i)$ から $\gamma(u,i)$ に切り替えただけです。

なお、この解くべき問題を特定するステップにおいても、**何か1つの正解があるわけではありません**。例えば、施策におけるユーザの重要度が $w(u)$ という重みで表されるのであれば、

$$\mathcal{J}(\pi_\phi) = \mathbb{E}_{u\sim p(u)}\left[\mathbb{E}_{y\sim\pi_\phi(y|u)}\left[w(u)\sum_{i\in[m]}\gamma(u,i)\cdot\lambda(y(i))\right]\right]$$

という目的関数を用いるという判断も当然あり得るわけです。その場合は、この独自の目的関数を念頭において、あとのステップを自己修正することになるでしょう。

さて、このようにランキングシステムの性能を定義すると、我々が解きたい問題を次のように書くことができます。

- 決定的なランキングシステムを用いる場合

$$\phi^* = \arg\min_{\phi}\ \mathcal{J}(f_\phi)$$

- 確率的なランキングシステムを用いる場合

$$\phi^* = \arg\min_{\phi}\ \mathcal{J}(\pi_\phi)$$

すなわち、推薦枠内における嗜好度合いの総量を最大化(加法的ランキング評価指標を最小化)する意味で、最も性能が良いランキングシステムを導くパラメータを見つける問題が、本節で解きたい問題となります。

観測データを用いて解くべき問題を近似する

推薦枠内における嗜好度合いの総量最大化というKPIに沿って解くべき問題を定義したわけですが、その問題をすぐに解くことはできません。なぜならば、先に定義したランキングシステムの性能を計算するには、真の嗜好度合い $\gamma(u,i)$ が必要であり、我々はこのExplicit Feedbackにアクセスできない状況に立ち向かおうとしているからです。

よって次に我々がクリアすべきなのは、**観測可能なクリックデータを用いて解くべき問題を近似する**ことです。クリックデータのみを利用できる現実的な設定で我々に与えられる学習データは、次のように記述できます。

$$\mathcal{D} = \{(u_j, y_j, c_j)\}_{j=1}^{N}$$

なおここでは、この学習データを収集した際に稼働していたランキングシステムは決定的であったとしています(すなわちこの段階でランキング y_j は確率変数ではありません)。また c_j は、

$$c_j = (C(u_j, i_1, y_j(i_1)), C(u_j, i_2, y_j(i_2)), \ldots, C(u_j, i_m, y_j(i_m)))$$

と表されるクリックデータの集合です。例えば $c_j(i) = C(u_j, i, y_j(i))$ は、ユーザ u_j にランキング y_j を提示したときのアイテム i に関するクリックデータです。つまり (u_j, y_j, c_j) には、ユーザ u_j にランキング y_j を提示したときに観測された、アイテム $\{i_1, i_2, \ldots, i_m\}$ についてのクリック発生有無 c_j が含まれています。一方で、ユーザがどのポジションまで見ていたかという情報 $O(k)$ や真の嗜好情報 $R(u,i)$ は観測できず、ログデータ $\mathcal{D}$ に含まれていないことには注意が必要です。

手元で観測できる学習データを確認したところで、それを使って解くべき問題を近似する方法を導出します。そのためにまず「真の嗜好度合いの部分を単に観測可能なクリックデータで置き換えて解くべき問題を近似したらどのようなことが起こるか?」について調べます。本書の流れに慣れてきた人は、この先を読み進める前に自分自身でどんなことが起こりそうか手を動かしつつ考えてみると良い練習になるでしょう。

真の嗜好度合いを単にクリックデータで置き換えて解くべき問題を近似するというのはつまり、観測できない真の嗜好度合い $\gamma(u,i)$ を観測可能

なクリックデータ $C(u,i,k)$ で置き換えた次のナイーブ推定量を、真のランキング性能 $\mathcal{J}(\pi_\phi)$ の代わりとして用いることを意味します。

$$\hat{\mathcal{J}}_{naive}(\pi_\phi;\mathcal{D}) = \frac{1}{N}\sum_{j=1}^{N}\sum_{y}\pi_\phi(y \mid u_j)\sum_{i\in[m]} C(u_j,i,y_j(i))\cdot\lambda(y(i))$$

このナイーブ推定量では、ランキングシステムの真の性能において用いられている観測不可能な真の嗜好度合い $\gamma(u,i)$ を、観測可能なクリックデータ $C(u,i,y(i))$ でそのまま置き換えています。クリックデータのみが手に入る状況でランキング学習や推薦システムを実務適用したことがある人は、ここで定義したナイーブ推定量のように、クリックデータをそのまま真の嗜好情報の代わりとして使ったことがあるかもしれません。たしかに真の嗜好度合いとクリックデータには一定の相関があると考えられますし、ナイーブ推定量の実装はとても簡単なため悪くない方法に見えます。しかしこのナイーブ推定量が本当に真のランキング性能の妥当な代替になっているかという点については、これまで同様注意深くならなくてはなりません。

この点について調べるために、ナイーブ推定量の期待値を計算してみるとここでも有益な情報を得ます。ある適当な確率的ランキングシステム π_ϕ が与えられたとき、その真の性能に対するナイーブ推定量の期待値は、次のように計算できます。

$$\begin{aligned}
&\mathbb{E}_{u,c}[\hat{\mathcal{J}}_{naive}(\pi_\phi;\mathcal{D})] \\
&= \mathbb{E}_{u,c}\left[\frac{1}{N}\sum_{j=1}^{N}\sum_{y}\pi_\phi(y \mid u_j)\sum_{i\in[m]} C(u_j,i,y_j(i))\cdot\lambda(y(i))\right] \\
&= \frac{1}{N}\sum_{j=1}^{N}\mathbb{E}_{u,c}\left[\sum_{y}\pi_\phi(y \mid u_j)\sum_{i\in[m]} C(u_j,i,y_j(i))\cdot\lambda(y(i))\right] \\
&= \frac{1}{N}\sum_{j=1}^{N}\mathbb{E}_{u}\left[\sum_{y}\pi_\phi(y \mid u_j)\sum_{i\in[m]} \mathbb{E}_C[C(u_j,i,y_j(i))]\cdot\lambda(y(i))\right] \\
&= \frac{1}{N}\sum_{j=1}^{N}\sum_{u}p(u)\sum_{y}\pi_\phi(y \mid u)\sum_{i\in[m]} \theta(y_j(i))\cdot\gamma(u,i)\cdot\lambda(y(i))
\end{aligned}$$

ここで最後の等式はPBMにより、$\mathbb{E}_C[C(u,i,y_j(i))] = \theta(y_j(i)) \cdot \gamma(u,i)$であることを用いています。

ここでのナイーブ推定量の期待値計算から得られた結果には、またもや多くの情報が含まれています。まず、ある特殊ケースを除いてナイーブ推定量の期待値 $\mathbb{E}[\hat{\mathcal{J}}_{naive}(\pi_\phi;\mathcal{D})]$ は、真の目的関数 $\mathcal{J}(\pi_\phi)$ に比例しないことが分かります。その特殊ケースというのは、次のように $\theta(k)$ がすべてのポジションについて同じ値をとるケースのことを指します。

$$\theta(k) = B \in (0,1), ; \forall k \in [m]$$

この場合、ナイーブ推定量の期待値は、

$$\begin{aligned}
\mathbb{E}_{u,c}[\hat{\mathcal{J}}_{naive}(\pi_\phi;\mathcal{D})] &= \frac{B}{N}\sum_{j=1}^{N}\sum_{u} p(u) \sum_{y} \pi_\phi(y \mid u) \sum_{i \in [m]} \gamma(u,i) \cdot \lambda(y(i)) \\
&= B \cdot \left(\sum_{u} p(u) \sum_{y} \pi_\phi(y \mid u) \sum_{i \in [m]} \gamma(u,i) \cdot \lambda(y(i)) \right) \\
&= B \cdot \mathcal{J}(\pi_\phi)
\end{aligned}$$

となり、たしかに真の目的関数 $\mathcal{J}(\pi_\phi)$ に比例することが分かります。しかし、$\theta(k)$ がすべてのポジションについて1つの定数をとるというのは、かなり強い条件です。なぜならばこの条件は、**推薦枠内のポジションごとの見られやすさにまったく違いがない(ポジションバイアスによる影響が存在しない)** ことを要求しているからです。よってポジションごとの見られやすさに違いが見込まれる現実的な状況でナイーブ推定量を使ってしまうと、ランキングシステムの学習においてポジションバイアスの影響を受けてしまうのです。

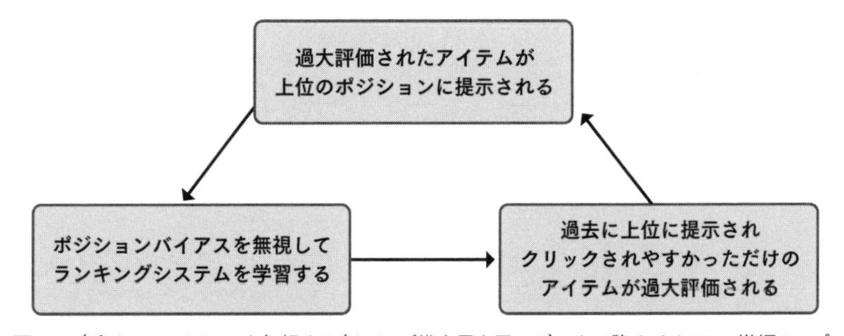

■ 図 4.6／ポジションバイアスを無視する(ナイーブ推定量を用いる)ことで陥るバイアスの増幅ループ

次に期待値計算の結果が我々に教えてくれるのは、このナイーブ推定量は**過去に上位のポジションに提示されたアイテムの嗜好度合いを過大評価（もしくは下位で提示されたアイテムを過小評価）する設計になってしまっている**ことです。このことは、ナイーブ推定量の期待値内部の真の嗜好度合い $\gamma(u,i)$ が、そのアイテムが過去のランキング y_j において提示されたポジションの見られやすさ $\theta(y_j(i))$ で重み付けられていることから分かります（ $y_j(i)$ はランキング y_j におけるアイテム i の提示ポジションでした）。これはまさに、クリックデータを真の嗜好度合いの代替として安易に用いたときに発生するポジションバイアスの影響を示しています。これまた元々のナイーブ推定量の計算時は特に何の重み付けもしていなかったはずなので、とても気づきにくく厄介な問題です。またナイーブ推定量を用いてランキングシステムを学習する場合、過去に上位のポジションで提示されたアイテムの嗜好度合いが過大評価されるわけですから、次にそのデータを用いて学習されるランキングシステムでは、その過大評価されたアイテムが上位に表示されやすくなります。すなわち、いつまでもバイアスに対処せずにいると、**気づかぬうちにバイアスの増幅ループに陥ってしまう危険がある**のです。これにより例えば、単に人気なアイテムを推薦することだけに終始してしまうランキングシステムしか学習されないなどの具体的な問題が発生します。

最後にナイーブ推定量の期待値計算が我々に教えてくれるのは、**観測可能なクリックデータを用いた真の目的関数の近似方法**です。ナイーブ推定量の期待値内部の真の嗜好度合い $\gamma(u,i)$ は、対象アイテム i が過去に提示されたポジションの見られやすさ $\theta(y_j(i))$ で重み付けられています。このことが分かっているならば、**ポジションごとの見られやすさの逆数で学習におけるクリックの価値をあらかじめ重み付けておく**ことでポジションバイアスの影響を考慮できそうです。これまでと同じ思考の流れで、解くべき問題を観測データから近似する方法の見通しが立ちました。

ここで得られた見通しに基づいて、真の目的関数に対する新たな推定量を定義してみましょう。

$$\hat{\mathcal{J}}_{IPS}(\pi_\phi;\mathcal{D}) = \frac{1}{N}\sum_{j=1}^{N}\sum_{y}\pi_\phi(y \mid u_j)\sum_{i\in[m]}\frac{C(u_j,i,y_j(i))}{\theta(y_j(i))}\cdot\lambda(y(i))$$

ここでは、クリックデータをそのまま使うのではなくて、アイテムが過去に提示されたポジションの見られやすさ $\theta(y_j(i))$ の逆数であらかじめクリックの価値を重み付けるInverse Propensity Score(IPS)推定量を新たに定義しました*7。はたしてねらった通りの結果を導けているのか、IPS推定量の期待値を計算して確認しましょう。先ほどのナイーブ推定量の場合と同様、IPS推定量の期待値は次のように計算できます。

$$\begin{aligned}
&\mathbb{E}_{u,c}[\hat{\mathcal{J}}_{IPS}(\pi_\phi;\mathcal{D})] \\
&= \mathbb{E}_{u,c}\left[\frac{1}{N}\sum_{j=1}^{N}\sum_{y}\pi_\phi(y \mid u_j)\sum_{i\in[m]}\frac{C(u_j,i,y_j(i))}{\theta(y_j(i))}\cdot\lambda(y(i))\right] \\
&= \frac{1}{N}\sum_{j=1}^{N}\mathbb{E}_u\left[\sum_{y}\pi_\phi(y \mid u_j)\sum_{i\in[m]}\frac{\mathbb{E}_C[C(u_j,i,y_j(i))]}{\theta(y_j(i))}\cdot\lambda(y(i))\right] \\
&= \frac{1}{N}\sum_{j=1}^{N}\mathbb{E}_u\left[\sum_{y}\pi_\phi(y \mid u_j)\sum_{i\in[m]}\frac{\theta(y_j(i))\cdot\gamma(u_j,i)}{\theta(y_j(i))}\cdot\lambda(y(i))\right] \quad \because PBM \\
&= \frac{1}{N}\sum_{j=1}^{N}\mathbb{E}_u\left[\sum_{y}\pi_\phi(y \mid u_j)\sum_{i\in[m]}\gamma(u_j,i)\cdot\lambda(y(i))\right] \\
&= \sum_{u\in[n]}p(u)\sum_{y}\pi_\phi(y \mid u)\sum_{i\in[m]}\gamma(u,i)\cdot\lambda(y(i)) \\
&= \mathcal{J}(\pi_\phi)
\end{aligned}$$

この計算により、IPS推定量の期待値が真の目的関数 $\mathcal{J}(\pi_\phi)$ に一致することが確かめられました。またこの結果は、ランキングシステム π_ϕ に依存せず成り立つので、IPS推定量はポジションバイアスのみを考慮したクリックデータのモデル化のもとで、真の目的関数に対する不偏推定量で

*7 不偏ランキング学習（Unbiased Learning-to-rank）と呼ばれるクリックデータのみを用いて高性能なランキング学習を目指す研究領域では、ポジションごとの見られやすさ $\theta(k)$ のことを傾向スコア（Propensity Score）と呼ぶことがあり、その逆数でクリックデータの価値を重み付けているため、IPSという名前が付いています。[Joachims17] による命名です。

あると言えます。ねらい通り、数式上ではポジションバイアスの影響を取り除くことができました。

簡単な数値例を用いてIPS推定量の挙動をつかむ

ここでナイーブ推定量やIPS推定量についての理解を深めるために、簡単な数値例を使ってこれらの推定量を手を動かして計算してみることにしましょう。

簡単な数値例

- ある1人のユーザ u のみが存在する。
- u に対して2つのアイテム $\mathcal{I}=\{i_1, i_2\}$ を並べ替え、真の嗜好度合いの総量最大化を目指す。
- u は i_2 よりも i_1 に対して大きな嗜好度合いを持っている。具体的には、

$$\gamma(u, i_1)=1.0,\ \gamma(u, i_2)=0.5$$

  とする。
- 1番目のポジションと2番目のポジションでは10倍見られやすさに差があるとする。具体的には、

$$\theta(1)=1.0,\ \theta(2)=0.1$$

  とする。
- クリックはPBMに基づいて確率的に観測される。
- 2つのスコアリング関数 f_1 と f_2 があり、それぞれに基づいて決定的なランキング y_{f_1} と y_{f_2} を作る。そして、この2つのランキングの性能をクリックデータのみを用いた性能評価により比較することを考える。なお、 f_1 は i_1 に対して大きなスコアを振り（ $f_1(u, i_1) > f_1(u, i_2)$ ）、 f_2 は i_2 に対して大きなスコアを振る（ $f_2(u, i_2) > f_2(u, i_1)$ ）とする。そのため、 y_{f_1} は i_1 を上位で提示するランキングであり、 y_{f_2} は i_2 を上位で提示するランキングである。この状況は

$$y_{f_1}(i_1) = 1,\ y_{f_1}(i_2) = 2$$
$$y_{f_2}(i_1) = 2,\ y_{f_2}(i_2) = 1$$

と表現される。

- 性能評価に用いるデータを収集した際には、 y_{f_2} が用いられていたとする。したがって、ランキングシステムの性能評価に利用できるデータは、

$$\mathcal{D} = \{(u, y_{f_2}, c)\}$$

である。クリックデータ c はあとで具体化する。

以上の数値例で起こっている状況を図4.7に示しました。

f_1 によるランキング

ポジション	アイテム	嗜好度合い	見られやすさ
$k=1$	i_1	$\gamma(u,i_1)=1.0$	$\theta(1)=1.0$
$k=2$	i_2	$\gamma(u,i_2)=0.5$	$\theta(2)=0.1$

f_2 によるランキング

ポジション	アイテム	嗜好度合い	見られやすさ
$k=1$	i_2	$\gamma(u,i_2)=0.5$	$\theta(1)=1.0$
$k=2$	i_1	$\gamma(u,i_1)=1.0$	$\theta(2)=0.1$

■ **図 4.7**／数値例で用いる2つのランキングシステム

図4.7を見ると、 f_1 の方が嗜好度合いが高い i_1 を上位のポジションに提示できているので、 f_2 よりも良いスコアリング関数だと予想されます。本当にそうなっているのか確かめるために、 f_1 と f_2 の真の性能を計算しておきます。ここでは、加法的ランキング評価指標の重み関数として、計算が簡単なARP（ $\lambda_{ARP}(k) = k$ ）を使います。

- **f_1 の真のランキング性能**

$$
\begin{aligned}
\mathcal{J}(f_1) &= \sum_{i \in \mathcal{I}} \gamma(u,i) \cdot \lambda_{ARP}(y_{f_1}(i)) \\
&= \sum_{i \in \mathcal{I}} \gamma(u,i) \cdot y_{f_1}(i) \\
&= \gamma(u,i_1) \cdot y_{f_1}(i_1) + \gamma(u,i_2) \cdot y_{f_1}(i_2) \\
&= 1.0 \cdot 1 + 0.5 \cdot 2 \\
&= 2.0
\end{aligned}
$$

- **f_2 の真のランキング性能**

$$
\begin{aligned}
\mathcal{J}(f_2) &= \sum_{i \in \mathcal{I}} \gamma(u,i) \cdot \lambda_{ARP}(y_{f_2}(i)) \\
&= \sum_{i \in \mathcal{I}} \gamma(u,i) \cdot y_{f_2}(i) \\
&= \gamma(u,i_1) \cdot y_{f_2}(i_1) + \gamma(u,i_2) \cdot y_{f_2}(i_2) \\
&= 1.0 \cdot 2 + 0.5 \cdot 1 \\
&= 2.5
\end{aligned}
$$

したがって $\mathcal{J}(f_1) < \mathcal{J}(f_2)$ であり、f_1 の方が真のランキング性能においてより良いスコアリング関数であることが定量的に確かめられました。

次に、ナイーブ推定量の期待値とIPS推定量の期待値を具体的に計算して理解の深化を図ります。その準備として、ログデータ $\mathcal{D}$ のあり得る実現パターンをすべて列挙します。この段階ではまだログデータ中のクリックデータ c を具体化していませんでした。というのもクリックは確率変数であり、いくつかの実現パターンがあり得るからです。ここでの簡単な例では、ユーザとアイテムのペアが2組しか存在せず（(u,i_1) と (u,i_2)）、ログデータを収集した際に稼働していたランキングは f_2 の1種類なので、クリックデータのあり得る実現パターンは、表4.2に示す4パターンのみです。

▼表4.2／ログデータのあり得る実現パターンの列挙

パターン	i_1 のクリック発生有無	i_2 のクリック発生有無
パターン1 (p1)	1	1
パターン2 (p2)	1	0
パターン3 (p3)	0	1
パターン4 (p4)	0	0

ここで i_1, i_2 のクリック発生有無はそれぞれ、$C(u, i_1, y_{f_2}(i_1)) = C(u, i_1, 2)$, $C(u, i_2, y_{f_2}(i_2)) = C(u, i_2, 1)$ のことを指します(データを収集したランキングが y_{f_2} であることに注意)。また便宜上、パターン1〜4のことをp1〜4と名付けています。ここでPBMの仮定を用いると、それぞれのパターンの発生確率を計算できます。例えば、p1の発生確率 $P(p1)$ は、

$$
\begin{aligned}
P(p1) &= P(C(u, i_1, y_{f_2}(i_1)) = 1) \cdot P(C(u, i_2, y_{f_2}(i_2)) = 1) \\
&= P(C(u, i_1, 2) = 1) \cdot P(C(u, i_2, 1) = 1) \\
&= (\theta(2) \cdot \gamma(u, i_1)) \cdot (\theta(1) \cdot \gamma(u, i_2)) \quad \because PBM \\
&= (0.1 \cdot 1.0) \cdot (1.0 \cdot 0.5) \\
&= 0.05
\end{aligned}
$$

同様にしてp2〜4の発生確率はそれぞれ、$P(p2) = 0.05, P(p3) = 0.45$, $P(p4) = 0.45$ となります(p1と同様に計算できるため省略しています)。

この4つのパターンそれぞれについてナイーブ推定量とIPS推定量による性能の推定値を計算し、得られた結果をパターンの発生確率で重み付け平均することで推定量の期待値を計算するのがここでの方針です。少々面倒に思えるかもしれませんが、具体的な数値例を丁寧に追うのは確実に理解の助けになります。小手先の理解だけでIPS推定量を使って、甚大なミスを招いてしまうことと比べると大した手間ではないでしょう。

- **p1 においてナイーブ推定量を用いて f_1 と f_2 の性能を推定**

$$\begin{aligned}
\hat{\mathcal{J}}_{naive}(f_1; p1) &= \sum_{i \in \mathcal{I}} C(u, i, y_{f_2}(i)) \cdot \lambda_{ARP}(y_{f_1}(i)) \\
&= \sum_{i \in \mathcal{I}} C(u, i, y_{f_2}(i)) \cdot y_{f_1}(i) \\
&= C(u, i_1, y_{f_2}(i_1)) \cdot y_{f_1}(i_1) + C(u, i_2, y_{f_2}(i_2)) \cdot y_{f_1}(i_2) \\
&= C(u, i_1, 2) \cdot 1 + C(u, i_2, 1) \cdot 2 \\
&= 1 \cdot 1 + 1 \cdot 2 \quad \because p1 \\
&= 3.0
\end{aligned}$$

$$\begin{aligned}
\hat{\mathcal{J}}_{naive}(f_2; p1) &= \sum_{i \in \mathcal{I}} C(u, i, y_{f_2}(i)) \cdot \lambda_{ARP}(y_{f_2}(i)) \\
&= \sum_{i \in \mathcal{I}} C(u, i, y_{f_2}(i)) \cdot y_{f_2}(i) \\
&= C(u, i_1, y_{f_2}(i_1)) \cdot y_{f_2}(i_1) + C(u, i_2, y_{f_2}(i_2)) \cdot y_{f_2}(i_2) \\
&= C(u, i_1, 2) \cdot 2 + C(u, i_2, 1) \cdot 1 \\
&= 1 \cdot 2 + 1 \cdot 1 \quad \because p1 \\
&= 3.0
\end{aligned}$$

- **p1 において IPS 推定量を用いて f_1 と f_2 の性能を推定**

$$\begin{aligned}
\hat{\mathcal{J}}_{IPS}(f_1; p1) &= \sum_{i \in \mathcal{I}} \frac{C(u, i, y_{f_2}(i))}{\theta(y_{f_2}(i))} \cdot \lambda_{ARP}(y_{f_1}(i)) \\
&= \sum_{i \in \mathcal{I}} \frac{C(u, i, y_{f_2}(i))}{\theta(y_{f_2}(i))} \cdot y_{f_1}(i) \\
&= \frac{C(u, i_1, y_{f_2}(i_1))}{\theta(y_{f_2}(i_1))} \cdot y_{f_1}(i_1) + \frac{C(u, i_2, y_{f_2}(i_2))}{\theta(y_{f_2}(i_2))} \cdot y_{f_1}(i_2) \\
&= \frac{C(u, i_1, 2)}{\theta(2)} \cdot 1 + \frac{C(u, i_2, 1)}{\theta(1)} \cdot 2 \\
&= \frac{1}{0.1} \cdot 1 + \frac{1}{1.0} \cdot 2 \quad \because p1 \\
&= 12.0
\end{aligned}$$

$$
\begin{aligned}
\hat{\mathcal{J}}_{IPS}(f_2;p1) &= \sum_{i \in \mathcal{I}} \frac{C(u,i,y_{f_2}(i))}{\theta(y_{f_2}(i))} \cdot \lambda_{ARP}(y_{f_2}(i)) \\
&= \sum_{i \in \mathcal{I}} \frac{C(u,i,y_{f_2}(i))}{\theta(y_{f_2}(i))} \cdot y_{f_2}(i) \\
&= \frac{C(u,i_1,y_{f_2}(i_1))}{\theta(y_{f_2}(i_1))} \cdot y_{f_2}(i_1) + \frac{C(u,i_2,y_{f_2}(i_2))}{\theta(y_{f_2}(i_2))} \cdot y_{f_2}(i_2) \\
&= \frac{C(u,i_1,2)}{\theta(2)} \cdot 2 + \frac{C(u,i_2,1)}{\theta(1)} \cdot 1 \\
&= \frac{1}{0.1} \cdot 2 + \frac{1}{1.0} \cdot 1 \quad \because p1 \\
&= 21.0
\end{aligned}
$$

最初なので計算過程を丁寧に書きました。他のパターンの計算は、4.6節にまとめて掲載しています。いくつかのパターンについて、答えを見る前に自分で計算してみると良い練習になるでしょう。なお、f_1 の性能を推定する場合にも f_2 の表記が登場していますが、これはログデータが y_{f_2} によって収集されている設定だからであり、それぞれの推定量の定義に従っているだけです。

表4.3に、ナイーブ推定量とIPS推定量による f_1 と f_2 の性能の推定値をパターンごとにまとめました。これを用いて、それぞれの推定量の期待値を計算してみましょう。

▼ **表 4.3**／ナイーブ推定量とIPS推定量によるスコアリング関数 f_1, f_2 のランキング性能の評価値

パターン	パターン発生確率	$\hat{\mathcal{J}}_{naive}(f_1)$	$\hat{\mathcal{J}}_{naive}(f_2)$	$\hat{\mathcal{J}}_{IPS}(f_1)$	$\hat{\mathcal{J}}_{IPS}(f_2)$
p1	0.05	3.0	3.0	12.0	21.0
p2	0.05	1.0	2.0	10.0	20.0
p3	0.45	2.0	1.0	2.0	1.0
p4	0.45	0.0	0.0	0.0	0.0

- **ナイーブ推定量の期待値**

$$\begin{aligned}\mathbb{E}[\hat{\mathcal{J}}_{naive}(f_1)] &= P(p1)\cdot\hat{\mathcal{J}}_{naive}(f_1;p1) + P(p2)\cdot\hat{\mathcal{J}}_{naive}(f_1;p2)\\ &\quad + P(p3)\cdot\hat{\mathcal{J}}_{naive}(f_1;p3) + P(p4)\cdot\hat{\mathcal{J}}_{naive}(f_1;p4)\\ &= 0.05\cdot 3.0 + 0.05\cdot 1.0 + 0.45\cdot 2.0 + 0.45\cdot 0.0\\ &= 1.1\end{aligned}$$

$$\begin{aligned}\mathbb{E}[\hat{\mathcal{J}}_{naive}(f_2)] &= P(p1)\cdot\hat{\mathcal{J}}_{naive}(f_2;p1) + P(p2)\cdot\hat{\mathcal{J}}_{naive}(f_2;p2)\\ &\quad + P(p3)\cdot\hat{\mathcal{J}}_{naive}(f_2;p3) + P(p4)\cdot\hat{\mathcal{J}}_{naive}(f_2;p4)\\ &= 0.05\cdot 3.0 + 0.05\cdot 2.0 + 0.45\cdot 1.0 + 0.45\cdot 0.0\\ &= 0.7\end{aligned}$$

- **IPS推定量の期待値**

$$\begin{aligned}\mathbb{E}[\hat{\mathcal{J}}_{IPS}(f_1)] &= P(p1)\cdot\hat{\mathcal{J}}_{IPS}(f_1;p1) + P(p2)\cdot\hat{\mathcal{J}}_{IPS}(f_1;p2)\\ &\quad + P(p3)\cdot\hat{\mathcal{J}}_{IPS}(f_1;p3) + P(p4)\cdot\hat{\mathcal{J}}_{IPS}(f_1;p4)\\ &= 0.05\cdot 12.0 + 0.05\cdot 10.0 + 0.45\cdot 2.0 + 0.45\cdot 0.0\\ &= 2.0\end{aligned}$$

$$\begin{aligned}\mathbb{E}[\hat{\mathcal{J}}_{IPS}(f_2)] &= P(p1)\cdot\hat{\mathcal{J}}_{IPS}(f_2;p1) + P(p2)\cdot\hat{\mathcal{J}}_{IPS}(f_2;p2)\\ &\quad + P(p3)\cdot\hat{\mathcal{J}}_{IPS}(f_2;p3) + P(p4)\cdot\hat{\mathcal{J}}_{IPS}(f_2;p4)\\ &= 0.05\cdot 21.0 + 0.05\cdot 20.0 + 0.45\cdot 1.0 + 0.45\cdot 0.0\\ &= 2.5\end{aligned}$$

最後に、f_1 と f_2 のそれぞれについての真の性能・ナイーブ推定量の期待値・IPS推定量の期待値を表4.4にまとめます。それぞれの指標において、値が小さい方（性能が良い方）の数字を太字にしています。

▼ **表 4.4**／スコアリング関数 f_1, f_2 の真のランキング性能とナイーブ推定量・IPS推定量の期待値

スコアリング関数	真のランキング性能	ナイーブ推定量の期待値	IPS推定量の期待値
f_1	**2.0**	1.1	**2.0**
f_2	2.5	**0.7**	2.5

表4.4を見ると、IPS推定量の期待値は真のランキング性能に一致していることが分かります。一方でナイーブ推定量の期待値は、真の性能と大きく外れたものになってしまっています。それだけならまだしも、ここではさらに厄介なことが起こっています。つまりナイーブ推定量を信じてしまうと、本当は f_1 の方が高性能なのにもかかわらず、f_2 の方が良いスコアリング関数であるという誤った結論を導いてしまうのです。なぜナイーブ推定量はこのような結果を導いてしまうのでしょうか。ここで性能評価に用いたログデータは、スコアリング関数 f_2 によって生成されたランキング y_{f_2} が稼働することで収集されたものでした。**ナイーブ推定量を用いてしまうとログデータが集められた際に使用されていたランキングに近いランキングの性能が過大評価されてしまう**ため、f_2 の方が f_1 よりも良いという誤った結論を導いてしまったのです。これは先にその存在が示唆されていた、過去に上位のポジションで提示されたアイテムを必要以上に過大評価してしまう問題に整合する結果です。

ランキングシステムの学習

観測データを用いて解くべき問題を近似したあとにやってくるのは**ランキングシステムを学習する**ステップです。これまでの計算などから、IPS推定量を用いることでポジションバイアスの影響を考慮できることが分かりました。したがって、観測データのみからは計算不可能な真の目的関数の代替として、IPS推定量を最小化することで新たなランキングシステムを得ることを考えます。ここでは、4.1節の標準的なランキング学習の学習方法で紹介したソフトマックス交差エントロピーに基づいたリストワイズ損失関数を応用します。スコアリング関数 f_ϕ のリストワイズ損失関数は、次のように定義される関数でした。

$$\mathcal{J}(f_\phi) = -\mathbb{E}_{u\sim p(u)}\left[\sum_{i\in[m]} \gamma(u,i)\cdot\log\frac{\exp(f_\phi(u,i))}{\sum_{i'\in[m]}\exp(f_\phi(u,i'))}\right]$$

このリストワイズ損失関数をIPS推定量で近似すると、観測データから計算可能な次の損失関数が導出されます。

$$\hat{\mathcal{J}}_{IPS}(f_\phi; \mathcal{D}) = -\frac{1}{N}\sum_{j=1}^{N}\sum_{i\in[m]}\frac{C(u_j, i, y_j(i))}{\theta(y_j(i))}\cdot\log\frac{\exp(f_\phi(u_j, i))}{\sum_{i'\in[m]}\exp(f_\phi(u_j, i'))}$$

このIPS推定量に基づくリストワイズ損失を最小化する基準でスコアリング関数のパラメータを学習することで、ポジションバイアスの影響に対処したランキング学習を目指すことができます。4.3節では、ここで導いたIPS推定量に基づくランキングシステムの学習手順を実装します。

ポジションバイアスの推定方法

さてこれまでに、IPS推定量を用いてポジションバイアスに対応する方法を導出してきました。しかし、実応用を見据えるとまだ考えなければならない点が残っています。それは、IPS推定量を計算するためには、ポジションごとの見られやすさを表すポジションバイアスパラメータ $\theta(k)$ が必要であるという点です。残念ながらこのパラメータは未知であるため、クリックデータから推定する必要があります。

$\theta(k)$ の推定は関連分野における主要な研究テーマの1つであり、この部分だけを議論している論文が複数存在します。ここでは、その中でも基本的な方法として**Pair Result Randomization**と**Regression-EM**を紹介します*8。

まずPair Result Randomizationでは、ある連続する2つのポジション k と $k+1$ のアイテム推薦を一定期間完全にランダムに入れ替えます。これは例えば、本来アイテムAとアイテムBがそれぞれ2番目と3番目に表示される場合に、一定の確率でアイテムAを3番目、アイテムBを2番目として入れ替えて表示するといったことを行います。そしてその期間に得られたデータのポジション k におけるクリック確率とポジション $k+1$ におけるクリック確率の比を、推定したいパラメータの比 $\theta(k+1)/\theta(k)$ の推定量として使います。

Pair Result Randomizationの詳細を数式を使って説明します。まず「ポジション k とポジション $k+1$ のアイテムの推薦を一定期間完全にランダ

*8 これらの推定方法は、[Wang18] で詳しく解説されています。

ムに入れ替えた末に得られたデータ」は次のように表現できます。

$$\mathcal{D} = \{(u_j, y_j, c_j)\}_{j=1}^{N},\ y_j \sim \pi_{k,k+1}(\cdot \mid u_j)$$

ここで $\pi_{k,k+1}$ は、ポジション k とポジション $k+1$ で提示するアイテムのみを入れ替えた2つのランキングを確率 0.5 ずつで出力する確率的ランキングシステムです。つまりこの確率的ランキングシステムは、

$$\begin{aligned}
\pi_{k,k+1}(y_1 \mid u) = \pi_{k,k+1}(y_2 \mid u) &= 0.5 \\
y_1^{-1}(k) &= y_2^{-1}(k+1) \\
y_1^{-1}(k+1) &= y_2^{-1}(k) \\
y_1^{-1}(k') &= y_2^{-1}(k'),\ \forall k' \in [m] \backslash \{k, k+1\}
\end{aligned}$$

と表現できます。なお $y^{-1}(k)$ は、ランキング y においてポジション k に提示されるアイテムのことです。このとき、ログデータ $\mathcal{D}$ を使って計算可能な次の推定量を考えます。

$$\begin{aligned}
\hat{w}(k, k+1) &= \frac{N^{-1} \sum_{j=1}^{N} C(u_j, y_j^{-1}(k+1), k+1)}{N^{-1} \sum_{j=1}^{N} C(u_j, y_j^{-1}(k), k)} \\
&= \frac{\sum_{j=1}^{N} C(u_j, y_j^{-1}(k+1), k+1)}{\sum_{j=1}^{N} C(u_j, y_j^{-1}(k), k)}
\end{aligned}$$

推定対象は、 $w(k, k+1) = \theta(k+1)/\theta(k)$ です。 $\hat{w}(k, k+1)$ は、ログデータにおけるポジション k とポジション $k+1$ のクリック確率の比です。

ここで、 $\hat{w}(k, k+1)$ の分母の期待値を計算すると

$$
\begin{aligned}
&\mathbb{E}_{u,y,c}\left[\frac{1}{N}\sum_{j=1}^{N} C(u_j, y_j^{-1}(k), k)\right] \\
&= \frac{1}{N}\sum_{j=1}^{N} \mathbb{E}_{u,y,c}\left[C(u_j, y_j^{-1}(k), k)\right] \\
&= \sum_{u\in[n]} p(u) \sum_{y\in\{y_1,y_2\}} \pi_{(k,k+1)}(y \mid u)\cdot \mathbb{E}_C[C(u, y^{-1}(k), k)] \\
&= \sum_{u\in[n]} p(u) \sum_{y\in\{y_1,y_2\}} \pi_{(k,k+1)}(y \mid u)\cdot \theta(k)\cdot \gamma(u, y^{-1}(k)) \quad \because PBM \\
&= \theta(k)\cdot\left(\sum_{u\in[n]} p(u) \sum_{y\in\{y_1,y_2\}} \pi_{(k,k+1)}(y \mid u)\cdot \gamma(u, y^{-1}(k))\right) \\
&= \theta(k)\cdot M_k
\end{aligned}
$$

となります。最後の定数部分を M_k とおきました。

同様に $\hat{w}(k, k+1)$ の分子の期待値を計算すると、

$$
\begin{aligned}
&\mathbb{E}_{u,y,c}\left[\frac{1}{N}\sum_{j=1}^{N} C(u_j, y_j^{-1}(k+1), k+1)\right] \\
&= \frac{1}{N}\sum_{j=1}^{N} \mathbb{E}_{u,y,c}[C(u_j, y_j^{-1}(k+1), k+1)] \\
&= \sum_{u\in[n]} p(u) \sum_{y\in\{y_1,y_2\}} \pi_{(k,k+1)}(y \mid u)\cdot \mathbb{E}_C[C(u, y^{-1}(k+1), k+1)] \\
&= \sum_{u\in[n]} p(u) \sum_{y\in\{y_1,y_2\}} \pi_{(k,k+1)}(y \mid u)\cdot \theta(k+1)\cdot \gamma(u, y^{-1}(k+1)) \quad \because PBM \\
&= \theta(k+1)\cdot\left(\sum_{u\in[n]} p(u) \sum_{y\in\{y_1,y_2\}} \pi_{(k,k+1)}(y \mid u)\cdot \gamma(u, y^{-1}(k+1))\right) \\
&= \theta(k+1)\cdot M_{k+1}
\end{aligned}
$$

となります。最後の定数部分を M_{k+1} とおきました。

実はここで、

$$
\begin{aligned}
M_k &= \sum_{u \in [n]} p(u) \sum_{y \in \{y_1, y_2\}} \pi_{(k,k+1)}(y \mid u) \cdot \gamma(u, y^{-1}(k)) \\
&= \sum_{u \in [n]} p(u) \cdot \Big(\pi_{(k,k+1)}(y_1 \mid u) \cdot \gamma(u, y_1^{-1}(k)) + \pi_{(k,k+1)}(y_2 \mid u) \cdot \gamma(u, y_2^{-1}(k)) \Big) \\
&= \sum_{u \in [n]} p(u) \cdot \frac{\gamma(u, y_1^{-1}(k)) + \gamma(u, y_2^{-1}(k))}{2} \quad (*) \\
&= \sum_{u \in [n]} p(u) \cdot \frac{\gamma(u, y_2^{-1}(k+1)) + \gamma(u, y_1^{-1}(k+1))}{2} \quad (**) \\
&= \sum_{u \in [n]} p(u) \sum_{y \in \{y_1, y_2\}} \pi_{(k,k+1)}(y \mid u) \cdot \gamma(u, y^{-1}(k+1)) \\
&= M_{k+1}
\end{aligned}
$$

となり、分子の期待値と分母の期待値に登場する定数は等しいことが分かります。なお $(*)$ では、$\pi_{k,k+1}(y_1 \mid u) = \pi_{k,k+1}(y_2 \mid u) = 0.5$ であることを用いました。また $(**)$ では、$y_1^{-1}(k) = y_2^{-1}(k+1)$ および $y_1^{-1}(k+1) = y_2^{-1}(k)$ であることを用いています。ここで、$M = M_k = M_{k+1}$ とおくと、

$$
\begin{aligned}
\frac{\mathbb{E}[N^{-1} \sum_{j=1}^{N} C(u_j, y_j^{-1}(k+1), k+1)]}{\mathbb{E}[N^{-1} \sum_{j=1}^{N} C(u_j, y_j^{-1}(k), k)]} &= \frac{M \cdot \theta(k+1)}{M \cdot \theta(k)} \\
&= \frac{\theta(k+1)}{\theta(k)} \\
&= w(k, k+1)
\end{aligned}
$$

となるため、（PBMの仮定が成り立っているもとで）$\hat{w}(k, k+1)$ は $w(k, k+1)$ に対する一致推定量となります。つまりPair Result Randomizationは、θ の比を推定することで M が観測データからは計算できない困難をうまく避けていると解釈できます。より直感的には、ポジション k とポジション $k+1$ のアイテムをランダムに入れ替えた上で発生した2つのポジションのクリック確率の違いは、それらのポジションの見られやすさの違いによるもののはずだというアイデアに基づいていると説明できるでしょう。

さて $w(k,k+1)$ の定義より、 $w(1,k)=\prod_{k'=1}^{k-1} w(k',k'+1)$ であるため、

$$\hat{w}(1,k)=\prod_{k'=1}^{k-1}\hat{w}(k',k'+1)$$

とすると、 $w(1,k)$ に対する一致推定量を構築できます。これを $\theta(k)$ の代替として用いることで、IPS推定量を活用できます。

Pair Result Randomizationは、ある2つの連続したポジションに提示されるアイテムをランダムに入れ替えたランキングを運用することで、単純なクリック確率の比の計算によりポジションバイアスパラメータを推定できる便利な方法です。しかしデータ収集のために一定期間ランキングを操作する必要があり、そのための実装コストがかかります*9。また、ある2つの連続したポジションに提示されるアイテムをランダムに入れ替える操作は、特に上位のポジションでユーザ体験に悪影響を及ぼす可能性を否定できません。例えば[Wang18]は、GmailとGoogle Driveの検索ランキング枠で1番目と2番目のポジションの提示アイテムをランダムに入れ替えた結果、6～12%のユーザ体験の有意な悪化が見られたことを報告しています(Mean Reciprocal Rank；MRRで計測)。

次に紹介する**Regression-EM**は、EMアルゴリズムに工夫を加えることで、ログデータ($\mathcal{D}$)のみからポジションバイアスパラメータ $\theta(k)$ を推定する手法です。Pair Result Randomizationと比較すると少し難しい方法ですが、その分ユーザ体験を損ねる危険を被ることなくポジションバイアスパラメータを推定できます。

Regression-EMを説明する準備として、まずはEMアルゴリズムを使ってポジションバイアスパラメータを推定する方法を説明します。本節で考えている問題設定では、クリックデータ C は観測されるものの、真の嗜好情報 R とユーザがアイテムを見ているか否かを表す変数 O は観測不可能でした。ここでは、それらの期待値である $\gamma(u,i)$ と $\theta(k)$ を潜在パラメータと見てEMアルゴリズムを適用し、 $\theta(k)$ を推定します。

＊9　ただし推薦枠のインターフェースが変わらない限りポジションバイアスパラメータ $\theta(k)$ が大きく変化することは考えにくいため、学習のたびにPair Result Randomizationを行う必要はありません。

まずログデータ $\mathcal{D}$ についての対数尤度は、

$$
\begin{aligned}
&\log P(\mathcal{D}) \\
&= \sum_{j=1}^{N} \sum_{k \in [m]} c_j(k) \cdot \log\left(P(c_j(k)=1)\right) + (1-c_j(k)) \cdot \log\left(1-P(c_j(k)=1)\right)
\end{aligned}
$$

と定義できます。ここで $P(c_j(k)=1)$ はPBMに基づいて、

$$
P(c_j(k)=1) = P(C(u_j, y_j^{-1}(k), k)=1) = \theta(k) \cdot \gamma(u_j, y_j^{-1}(k))
$$

となり、ここで推定したいポジションバイアスパラメータ $\theta(k)$ が登場することが分かります。

次にEステップとMステップの繰り返しにより、対数尤度をできるだけ大きくする潜在パラメータの推定値を見つけます。

まずEステップでは、ある繰り返し回数 t までに得られている潜在変数のパラメータを用いて潜在変数に関する条件付き確率を推定します。

$$
\begin{aligned}
&P^{(t+1)}(O(k)=1, R(u,i)=1 \mid C(u,i,k)=1) = 1 \\
&P^{(t+1)}(O(k)=1, R(u,i)=0 \mid C(u,i,k)=0) = \frac{\theta^{(t)}(k) \cdot (1-\gamma^{(t)}(u,i))}{1-\theta^{(t)}(k) \cdot \gamma^{(t)}(u,i)} \\
&P^{(t+1)}(O(k)=0, R(u,i)=1 \mid C(u,i,k)=0) = \frac{(1-\theta^{(t)}(k)) \cdot \gamma^{(t)}(u,i)}{1-\theta^{(t)}(k) \cdot \gamma^{(t)}(u,i)} \\
&P^{(t+1)}(O(k)=0, R(u,i)=0 \mid C(u,i,k)=0) = \frac{(1-\theta^{(t)}(k)) \cdot (1-\gamma^{(t)}(u,i))}{1-\theta^{(t)}(k) \cdot \gamma^{(t)}(u,i)}
\end{aligned}
$$

PBMにおける関係式より、$C=1$ ならば必ず $R=O=1$ であるため、$P(O(k)=1, R(u,i)=1 \mid C(u,i,k)=1)=1$ が成り立ちます。それ以外の3つの式は、条件付き確率の定義および $O(k)$ と $R(u,i)$ が独立であることから導かれます。

次にMステップでは、次のように潜在変数パラメータの推定値を更新します。

$$
\begin{aligned}
&\theta^{(t+1)}(k) \\
&= \frac{1}{N} \sum_{j=1}^{N} \Big(c_j(k) + (1 - c_j(k)) \cdot P^{(t)}(O(k) = 1 \mid c_j(k) = 0) \Big) \\
&\gamma^{(t+1)}(u, i) \\
&= \frac{\sum_{j=1}^{N} c_j(y_j(i)) + (1 - c_j(y_j(i))) \cdot P^{(t)}(R(u, i) = 1 \mid c_j(y_j(i)) = 0)}{\sum_{j=1}^{N} \mathbb{I}\{u = u_j\}}
\end{aligned}
$$

ここで登場する $P^{(t)}(O(k) = 1 \mid c_j(k) = 0)$ や $P^{(t)}(R(u, i) = 1 \mid c_j(y_j(i)) = 0)$ は、Eステップの結果を用いると次の通りに計算できます。

$$
\begin{aligned}
&P^{(t)}(O(k) = 1 \mid c_j(k) = 0) \\
&= 1 - P^{(t)}(O(k) = 0 \mid c_j(k) = 0) \\
&= 1 - P^{(t)}(O(k) = 0, R(u_j, y_j^{-1}(k)) = 1 \mid c_j(k) = 0) \\
&\quad - P^{(t)}(O(k) = 0, R(u_j, y_j^{-1}(k)) = 0 \mid c_j(k) = 0) \\
&= \frac{\theta^{(t)}(k) \cdot (1 - \gamma^{(t)}(u_j, y_j^{-1}(k)))}{1 - \theta^{(t)}(k) \cdot \gamma^{(t)}(u_j, y_j^{-1}(k))}
\end{aligned}
$$

$$
\begin{aligned}
&P^{(t)}(R(u, i) = 1 \mid c_j(y_j(i)) = 0) \\
&= 1 - P^{(t)}(R(u, i) = 0 \mid c_j(y_j(i)) = 0) \\
&= 1 - P^{(t)}(O(k) = 1, R(u, i) = 0 \mid c_j(y_j(i)) = 0) \\
&\quad - P^{(t)}(O(k) = 0, R(u, i) = 0 \mid c_j(y_j(i)) = 0) \\
&= \frac{\gamma^{(t)}(u, i) \cdot (1 - \theta^{(t)}(y_j(i)))}{1 - \theta^{(t)}(y_j(i)) \cdot \gamma^{(t)}(u, i)}
\end{aligned}
$$

ここで説明したEステップとMステップを繰り返すことで潜在変数パラメータを推定する方法が、一般的なEMアルゴリズムに基づく方法です。これをそのまま適用してポジションバイアスパラメータを推定することもできなくはないのですが、推薦システムやランキングシステムにおける応用ではMステップで問題が起こることがあります。すなわち、Mステップにおける $\gamma^{(t)}(u, i)$ の更新式はパラメータ数がユーザとアイテムのペアの数（$n \times m$）だけ存在するため膨大であり、特にクリックデータが疎（スパース）である場合にうまく更新できないのです。

この問題に対応するための工夫を付け加えたのが、**Regression-EM**という手法です。これは、Mステップにおける$\gamma^{(t)}(u,i)$の更新を教師あり機械学習で代替することで問題の解決を図っています。Regression-EMの疑似コードを図4.8に示しました。

Algorithm 1 Regression-EM

Input: $\mathcal{D} = \{(u_j, y_j, c_j)\}_{j=1}^{N}$:ログデータ, $\{x_{u,i}\}$:ユーザ・アイテムペア特徴量, $F(\cdot)$:嗜好度合い予測器

Output: $\{\theta(k)\}$:ポジションバイアスパラメータの推定値

1: $\{\theta(k)\}$ と $\{\gamma(u,i)\}$ を初期化し, $\{\theta^{(0)}(k)\}$ および $\{\gamma^{(0)}(u,i)\}$ とする $(t=0)$
2: **repeat**
3: 　$\{\theta^{(t)}(k)\}$ 及び $\{\gamma^{(t)}(u,i)\}$ をもとに, 4つの条件付き確率を推定 (**E ステップ**)
4: 　$\mathcal{S} = \emptyset$
5: 　**for** $(u,y,c) \in \mathcal{D}$ **do**
6: 　　**for** $k = 1,2,\ldots$ **do**
7: 　　　嗜好ラベルをベルヌーイ分布からサンプル $\tilde{R}_{u,i} \sim Bern\left(P(R(u,y^{-1}(k)) = 1 \mid c(k))\right)$
8: 　　　$\mathcal{S} \cup \{(x_{u,i}, \tilde{R}_{u,i})\}$
9: 　　**end for**
10: 　**end for**
11: 　$\mathcal{S}$ を学習データとして, 予測器 $F(\cdot)$ のモデルパラメータを更新
12: 　E ステップの結果を用いて $\{\theta^{(t+1)}(k)\}$ を更新 (**M ステップ**)
13: 　嗜好度合い予測器 $F(\cdot)$ の出力をもとに $\{\gamma^{(t+1)}(u,i) = F(x_{u,i})\}$ を更新 (**M ステップ**)
14: 　$t = t+1$
15: **until** 収束
16: **return** $\{\theta^{(t)}(k)\}$

■ **図 4.8**／Regression-EMの疑似コード

潜在パラメータを初期化したあとに、EステップとMステップを繰り返します。ただし、$\gamma^{(t)}(u,i)$の更新を嗜好度合い推定器$F(\cdot)$で行い、推定すべきパラメータ数が膨大になってしまう問題に対応しようとしているのが特徴です。擬似コード中の11行目における$F(\cdot)$の学習は、次の交差エントロピー誤差を最小化することで行います。

$$\mathcal{L}(F) = -\sum_{j=1}^{N}\sum_{i\in[m]} \tilde{R}(u_j,i)\log(F(x_{u_j,i})) + (1-\tilde{R}(u_j,i))\log(1-F(x_{u_j,i}))$$

$x_{u_j,i}$はユーザu_jとアイテムiのペアを表現する特徴量、$\tilde{R}(u_j,i)$はEステップで推定された条件付き確率をもとにベルヌーイ分布からサンプリ

ングされた嗜好度合いラベルです。

IPS推定量が活用できる条件

ここまで、ポジションバイアスのみを考慮したクリックデータのモデル化やそれに基づいた推定量の構築方法を導出してきました。

その容易さも相まって、ここで紹介したポジションバイアスへの対処方法は強力な武器になり得るのは間違いないでしょう。しかし、1つ注意しておかなければならないことがあります。それは、IPS推定量の内部で$\theta(k)$の逆数が用いられていることです。すなわち$\theta(k)$は、アイテムランキング内のすべての順位において0になってはいけず、ここまでは暗に、

$$\theta(k) > 0, \ \forall k \in [m]$$

を仮定していたのです。実はこれは思った以上に重大な仮定です。この条件についての理解を深めるために図4.9の例を使います。

アイテム	ランキング	検索枠における提示ポジション	見られやすさ
i_1	$y(i_1) = 1$	$k = 1$	$\theta(1)(> 0)$
i_2	$y(i_2) = 2$	$k = 2$	$\theta(2)(> 0)$
i_3	$y(i_3) = 3$	推薦されず	0

■ **図 4.9**／IPS推定量を用いることができない例

図4.9は、あるユーザに対して$\{i_1, i_2, i_3\}$という3つのアイテムを並べ替えてできたランキングを確率1で提示した場面を描いています。ただし、推薦枠は2つしか存在しないため、ランキングの上位2番目までのアイテムを上から順に推薦枠に詰めて、ユーザに提示しています。この状況自体は現実世界にありふれたものでしょう。しかしこの状況では、先ほど確認したIPS推定量を用いるための条件（$\theta(k) > 0, \forall k \in [m]$）が残念ながら満たされていません。なぜならば、3番目のアイテム（i_3）は推薦枠に入れてもらえていないため、そもそもユーザはこれを閲覧することが不可

能であり、$\theta(3)=0$だからです。このように上位のいくつかのアイテムのみをユーザに提示する推薦枠が用いられている場合は、IPS推定量を用いるための条件が満たされないのです。

ここで説明した**上位いくつかのアイテムのみに絞ってユーザに提示する際に生まれるバイアスのことをアイテム選択バイアス**と呼びます*10。この状況を扱うためには、ポジションバイアスのみを考慮している現状のモデル化に修正を加える必要が出てきます。次項では、ポジションバイアスと同様に現実的なバイアスの1つであるアイテム選択バイアスを扱うための方法を導きます。

4.2.3 アイテム選択バイアスを考慮した学習手順の導出

アイテム選択バイアスを考慮するためのデータ観測構造のモデル化

ポジションバイアスのみを考慮したデータのモデル化に基づくと、ユーザが閲覧できないアイテムがあった場合にIPS推定量を活用できない問題がありました。特に上位のアイテムのみをユーザに提示するというよくある推薦枠の設計がこの状況に当てはまることは、図4.9で説明しました。この厄介な問題には、どのように対応すべきなのでしょうか？

残念なことに、これまでのように決定的なランキングシステムでログデータを収集している限りは、この問題を解決するのは困難です。なぜならば決定的なランキングシステムは各ユーザに対して確率1である固定のランキングを表示するため、一部のアイテムはいつまで経ってもユーザに閲覧されないままだからです。

かといってまだ諦める必要はありません。実は確率的なランキングシステムを有効活用してログデータを設計することで、アイテム選択バイアスの問題に対処できる可能性があります。図4.9では、

$$y(i_1)=1,\ y(i_2)=2,\ y(i_3)=3$$

で定義されるランキングyを確率1でユーザに提示していました。そして

* 10 [Oosterhuis20a] による命名です。

そのうち実際に推薦枠に入れることができるのは、i_1 と i_2 のみでした。ここでは、この決定的なランキングシステムを、次の確率的なランキングシステムに変えたときに何が起こるのか考えてみます。

$$\pi(y_1 \mid u) = \pi(y_2 \mid u) = 0.5$$
$$y_1(i_1) = 1,\ y_1(i_2) = 2,\ y_1(i_3) = 3$$
$$y_2(i_1) = 3,\ y_2(i_2) = 2,\ y_2(i_3) = 1$$

ここで定義した確率的ランキングシステム π は、確率0.5で y_1 というランキングをユーザに提示します。これは、先ほどまでの決定的なランキングシステムが出力していたランキングと同じものです。一方このランキングシステムは、残りの確率 0.5 でランキング y_2 を提示します。y_2 は y_1 において、i_1 と i_3 を入れ替えたランキングです。

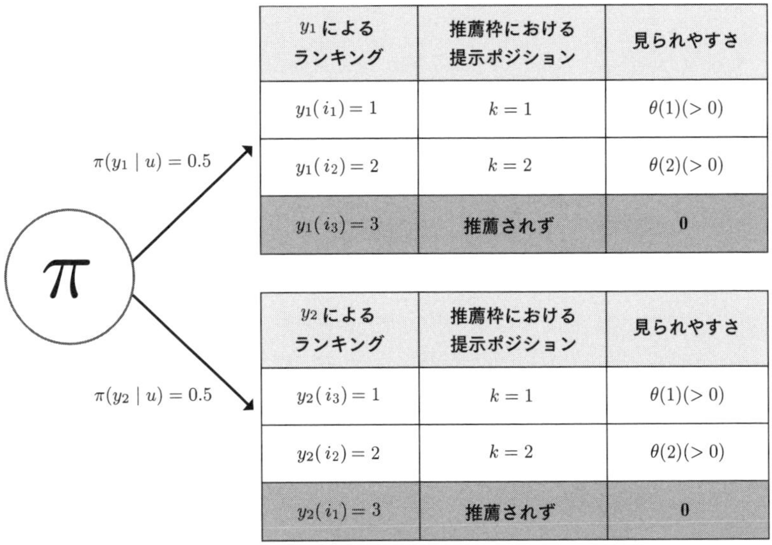

π

$\pi(y_1 \mid u) = 0.5$

y_1 によるランキング	推薦枠における提示ポジション	見られやすさ
$y_1(i_1) = 1$	$k = 1$	$\theta(1)(> 0)$
$y_1(i_2) = 2$	$k = 2$	$\theta(2)(> 0)$
$y_1(i_3) = 3$	推薦されず	0

$\pi(y_2 \mid u) = 0.5$

y_2 によるランキング	推薦枠における提示ポジション	見られやすさ
$y_2(i_3) = 1$	$k = 1$	$\theta(1)(> 0)$
$y_2(i_2) = 2$	$k = 2$	$\theta(2)(> 0)$
$y_2(i_1) = 3$	推薦されず	0

■ **図 4.10**／確率的ランキングシステムによるランキング提示の様子

この確率的ランキングシステムが y_1 をユーザに提示したときは、i_3 が推薦枠外に弾き出されてしまい、ユーザはこれを見ることができません。しかしこの確率的ランキングシステムは、i_3 を推薦枠内でユーザに提示するランキングy_2も出力する可能性があります。したがって全体で考えると、どのアイテムもある確率でユーザに見られる可能性がある状況ができ上がっています。このことを計算で確かめてみましょう。図4.9や図4.10の例で、ユーザがそれぞれのポジションを見る確率が

$$\theta(1) \geq \theta(2) > \theta(3) = 0$$

を満たすとします。一般的に上位のポジションほどユーザに見られやすいので、$\theta(1) \geq \theta(2)$としています。また2番目のポジションまでは推薦枠内でユーザに提示されるので、$\theta(1)$や$\theta(2)$は正の値であるとしています。しかし、3番目のアイテムはそもそもユーザに提示されないため$\theta(3) = 0$としています。ここで確率的ランキングシステムπによってデータを収集することを踏まえると、それぞれのアイテムがユーザに見られる確率はそれぞれ、

- πのもとで、i_1がユーザに見られる確率

$$\begin{aligned}
\mathbb{E}_y\left[\theta(y(i_1))\right] &= \sum_{y \in \{y_1, y_2\}} \pi(y \mid u) \cdot \theta(y(i_1)) \\
&= \underbrace{\pi(y_1 \mid u)}_{y_1\text{が選ばれる確率}} \cdot \underbrace{\theta(y_1(i_1))}_{y_1\text{が選ばれたときに }i_1\text{が見られる確率}} \\
&\quad + \underbrace{\pi(y_2 \mid u)}_{y_2\text{が選ばれる確率}} \cdot \underbrace{\theta(y_2(i_1))}_{y_2\text{が選ばれたときに }i_1\text{が見られる確率}} \\
&= \frac{\theta(1) + \theta(3)}{2} \\
&= \theta(1)/2 > 0 \quad \because \theta(3) = 0
\end{aligned}$$

- π のもとで、i_2 がユーザに見られる確率

$$
\begin{aligned}
\mathbb{E}_y\left[\theta(y(i_2))\right] &= \sum_{y \in \{y_1, y_2\}} \pi(y \mid u) \cdot \theta(y(i_2)) \\
&= \underbrace{\pi(y_1 \mid u)}_{y_1\text{が選ばれる確率}} \cdot \underbrace{\theta(y_1(i_2))}_{y_1\text{が選ばれたときに } i_2\text{が見られる確率}} \\
&\quad + \underbrace{\pi(y_2 \mid u)}_{y_2\text{が選ばれる確率}} \cdot \underbrace{\theta(y_2(i_2))}_{y_2\text{が選ばれたときに } i_2\text{が見られる確率}} \\
&= \frac{\theta(2) + \theta(2)}{2} \\
&= \theta(2) > 0
\end{aligned}
$$

- π のもとで、i_3 がユーザに見られる確率

$$
\begin{aligned}
\mathbb{E}_y\left[\theta(y(i_3))\right] &= \sum_{y \in \{y_1, y_2\}} \pi(y \mid u) \cdot \theta(y(i_3)) \\
&= \underbrace{\pi(y_1 \mid u)}_{y_1\text{が選ばれる確率}} \cdot \underbrace{\theta(y_1(i_3))}_{y_1\text{が選ばれたときに } i_3\text{が見られる確率}} \\
&\quad + \underbrace{\pi(y_2 \mid u)}_{y_2\text{が選ばれる確率}} \cdot \underbrace{\theta(y_2(i_3))}_{y_2\text{が選ばれたときに } i_3\text{が見られる確率}} \\
&= \frac{\theta(3) + \theta(1)}{2} \\
&= \theta(1)/2 > 0 \quad \because \theta(3) = 0
\end{aligned}
$$

と計算できます。個別のランキング（y_1 と y_2）に着目すると推薦枠外に弾き飛ばされてしまうアイテムが存在しますが、複数のランキングを確率的に配合することで、トータルではすべてのアイテムが正の確率でユーザに閲覧される状況ができ上がっています。このように確率的ランキングシステムの特性を利用すると、アイテム選択バイアスの問題に対応できる希望が見えてきます。

観測データを用いて解くべき問題を近似する

ここでは、ポジションバイアスのみを考慮していた場合と同様、ランキ

ングシステムの真の性能を

$$\mathcal{J}(\pi_\phi) = \mathbb{E}_{u\sim p(u)}\left[\mathbb{E}_{y\sim\pi_\phi(y|u)}\left[\sum_{i\in[m]}\gamma(u,i)\cdot\lambda(y(i))\right]\right]$$
$$= \sum_{u\in[n]} p(u) \sum_{y} \pi_\phi(y \mid u) \sum_{i\in[m]} \gamma(u,i)\cdot\lambda(y(i))$$

と定義し、それを真の目的関数として最小化する問題

$$\phi^* = \arg\min_{\phi} \mathcal{J}(\pi_\phi)$$

を解くことを目指して、**観測可能なクリックデータを用いて解くべき問題を近似する**ステップに進みます。先の考察に基づいて、確率的ランキングシステムによって収集されたログデータにアクセスできる状況を想定します。すなわち、我々に与えられる学習データは次の形をしています。

$$\mathcal{D} = \{(u_j, y_j, c_j)\}_{j=1}^{N},\ y_j \sim \pi_b(\cdot \mid u)$$

ポジションバイアスのみを考慮していた場合と異なるのは、アイテム選択バイアスに対処することを見越して、ランキング y_j がデータ収集時に稼働していた確率的ランキングシステム π_b に従う確率変数になっている点です。

次に考えなければならないのは、ログデータ $\mathcal{D}$ を用いて真の目的関数 $\mathcal{J}(\pi_\phi)$ を近似する方法でした。実はここでも、**ナイーブ推定量の期待値を計算し、バイアスの発生源を特定する操作**が新たな推定量を設計するための指針を与えてくれます。ナイーブ推定量は、観測できない真の嗜好度合いを観測可能なクリックデータで入れ替えるものでした。

$$\hat{\mathcal{J}}_{naive}(\pi_\phi;\mathcal{D}) = \frac{1}{N}\sum_{j=1}^{N}\sum_{y}\pi_\phi(y \mid u_j)\sum_{i\in[m]} C(u_j, i, y_j(i))\cdot\lambda(y(i))$$

ここではポジションバイアスのみを考慮していた場合のナイーブ推定量の期待値計算と異なり、y_j が $\pi_b(\cdot|u)$ に従う確率変数であることに注意して、次のように期待値を計算します。

$$
\begin{aligned}
&\mathbb{E}_{u,y,c}[\hat{\mathcal{J}}_{naive}(\pi_\phi;\mathcal{D})] \\
&= \mathbb{E}_{u,y,c}\left[\frac{1}{N}\sum_{j=1}^{N}\sum_{y'}\pi_\phi(y' \mid u_j)\sum_{i\in[m]} C(u_j,i,y_j(i))\cdot\lambda(y'(i))\right] \\
&= \frac{1}{N}\sum_{j=1}^{N}\mathbb{E}_{u,y,c}\left[\sum_{y'}\pi_\phi(y' \mid u_j)\sum_{i\in[m]} C(u_j,i,y_j(i))\cdot\lambda(y'(i))\right] \\
&= \mathbb{E}_{u,y,c}\left[\sum_{y'}\pi_\phi(y' \mid u)\sum_{i\in[m]} C(u,i,y(i))\cdot\lambda(y'(i))\right] \\
&= \sum_{u\in[n]} p(u)\sum_{y'}\pi_\phi(y' \mid u)\sum_{i\in[m]} \mathbb{E}_y\left[\mathbb{E}_C[C(u,i,y(i))]\right]\cdot\lambda(y'(i)) \\
&= \sum_{u\in[n]} p(u)\sum_{y'}\pi_\phi(y' \mid u)\sum_{i\in[m]} \mathbb{E}_y\left[\theta(y(i))\right]\cdot\gamma(u,i)\cdot\lambda(y'(i)) \quad \because PBM \\
&= \sum_{u\in[n]} p(u)\sum_{y'}\pi_\phi(y' \mid u)\sum_{i\in[m]} \left(\sum_{y}\pi_b(y \mid u)\cdot\theta(y(i))\right)\cdot\gamma(u,i)\cdot\lambda(y'(i)) \\
&= \sum_{u\in[n]} p(u)\sum_{y'}\pi_\phi(y' \mid u)\sum_{i\in[m]} \bar{\theta}(i;u,\pi_b)\cdot\gamma(u,i)\cdot\lambda(y'(i))
\end{aligned}
$$

ここで、

$$
\bar{\theta}(i;u,\pi_b) = \mathbb{E}_{y\sim\pi_b(y|u)}\left[\theta(y(i))\right] = \sum_{y}\pi_b(y \mid u)\cdot\theta(y(i))
$$

とおきました。これは θ の π_b 上の期待値であり、**確率的ランキングシステム π_b によるランダムネスを考慮した場合に、アイテム i がユーザ u に見られる平均的な確率**のことです。ここまでくるとお気づきの方もいるかもしれませんが、ここでは $\bar{\theta}(i;\pi_b)$ がバイアスの根源であることが、ナイーブ推定量の期待値計算から示唆されています。すなわちここでナイーブ推定量を用いると、データを収集したランキングシステム π_b によって上位で提示されやすかったアイテムの価値が必要以上に過大評価されてしまいます。この事実に基づいて、次に示すpolicy-aware推定量を新たに定義します[*11]。

＊11 [Oosterhuis20a]による命名です。データ収集時に稼働していたランキング方策（ranking policy）による影響を回避するといった意味でしょう。

$$\hat{\mathcal{J}}_{aware}(\pi_\phi;\mathcal{D}) = \frac{1}{N}\sum_{j=1}^{N}\sum_{y}\pi_\phi(y \mid u_j)\sum_{i\in[m]}\frac{C(u_j,i,y_j(i))}{\bar{\theta}(i;u_j,\pi_b)}\cdot\lambda(y(i))$$

あとで期待値をとったときに $\bar{\theta}(i;u,\pi_b)$ が消えることをねらい、あらかじめその逆数で学習におけるクリックデータの価値を重み付けています。

我々のねらいが達成されているのか、policy-aware推定量の期待値を計算して確認してみましょう。

$$\begin{aligned}
&\mathbb{E}_{u,y,c}[\hat{\mathcal{J}}_{aware}(\pi_\phi;\mathcal{D})] \\
&= \mathbb{E}_{u,y,c}\left[\frac{1}{N}\sum_{j=1}^{N}\sum_{y'}\pi_\phi(y' \mid u_j)\sum_{i\in[m]}\frac{C(u_j,i,y_j(i))}{\bar{\theta}(i;u_j,\pi_b)}\cdot\lambda(y'(i))\right] \\
&= \frac{1}{N}\sum_{j=1}^{N}\mathbb{E}_{u,y,c}\left[\sum_{y'}\pi_\phi(y' \mid u_j)\sum_{i\in[m]}\frac{C(u_j,i,y_j(i))}{\bar{\theta}(i;u_j,\pi_b)}\cdot\lambda(y'(i))\right] \\
&= \mathbb{E}_{u,y,c}\left[\sum_{y'}\pi_\phi(y' \mid u)\sum_{i\in[m]}\frac{C(u,i,y(i))}{\bar{\theta}(i;u,\pi_b)}\cdot\lambda(y'(i))\right] \\
&= \sum_{u\in[n]}p(u)\sum_{y'}\pi_\phi(y' \mid u)\sum_{i\in[m]}\frac{\mathbb{E}_y\left[\mathbb{E}_C\left[C(u,i,y(i))\right]\right]}{\bar{\theta}(i;u,\pi_b)}\cdot\lambda(y'(i)) \\
&= \sum_{u\in[n]}p(u)\sum_{y'}\pi_\phi(y' \mid u)\sum_{i\in[m]}\frac{\mathbb{E}_y\left[\theta(y(i))\right]}{\bar{\theta}(i;u,\pi_b)}\cdot\gamma(u,i)\cdot\lambda(y'(i)) \quad \because PBM \\
&= \sum_{u\in[n]}p(u)\sum_{y'}\pi_\phi(y' \mid u)\sum_{i\in[m]}\gamma(u,i)\cdot\lambda(y'(i)) \quad \because \mathbb{E}_y\left[\theta(y(i))\right] = \bar{\theta}(i;u,\pi_b) \\
&= \mathcal{J}(\pi_\phi)
\end{aligned}$$

ということで、policy-aware推定量の期待値はきちんと真の目的関数 $\mathcal{J}(\pi_\phi)$ に一致することが分かります。またこの結果は、ランキングシステム π_ϕ に依存せず成り立つので、policy-aware推定量はポジションバイアスとアイテム選択バイアスを考慮するモデル化のもとで、真の目的関数に対する不偏推定量であると言えます。

ここで注意しなければならないのは、policy-aware推定量も万能ではなく、活用するために満たされているべき条件があることです。IPS推定量の場合と似ていますが、policy-aware推定量の場合は $\bar{\theta}(i;u,\pi_b)$ の逆数が

その内部で使われているため、

$$\bar{\theta}(i; u, \pi_b) > 0, \quad \forall (u, i) \in [n] \times [m]$$

が成り立っていないといけません。

ここで、図4.10で導入した確率的ランキングシステム π によって得られたデータでは、

$$\begin{aligned}\bar{\theta}(i_1; u, \pi) &= \theta(1)/2 > 0 \\ \bar{\theta}(i_2; u, \pi) &= \theta(2) > 0 \\ \bar{\theta}(i_3; u, \pi) &= \theta(1)/2 > 0\end{aligned}$$

だったため条件が成り立っており、policy-aware推定量を活用できます。

一方、次のランキングシステム π' が稼働している状況ではどうでしょうか。

$$\begin{gathered}\pi'(y_1 \mid u) = \pi'(y_3 \mid u) = 0.5 \\ y_1(i_1) = 1,\ y_1(i_2) = 2,\ y_1(i_3) = 3 \\ y_3(i_1) = 2,\ y_3(i_2) = 1,\ y_3(i_3) = 3\end{gathered}$$

y_1 はこれまでと同じものですが、y_1 のうち i_1 と i_2 の位置を入れ替えた y_3 を確率0.5で提示するランキングシステムになっています。

ここで、それぞれのポジションがユーザに見られる確率は、

$$\theta(1) \geq \theta(2) > \theta(3) = 0$$

で変わりありません。新たに導入した確率的ランキングシステム π' を用いてユーザにランキングを提示するときのイメージを図4.11に示しました。

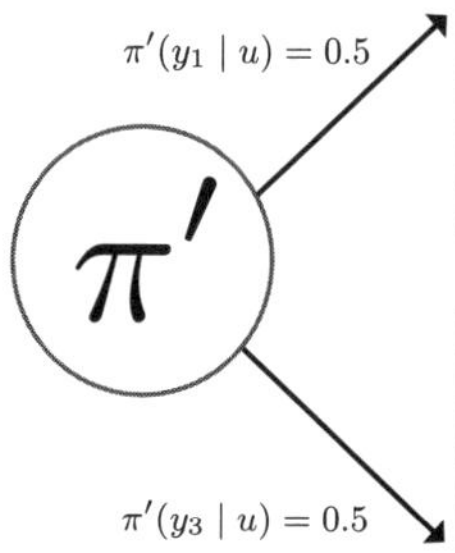

π'

$\pi'(y_1 \mid u) = 0.5$

y_1によるランキング	推薦枠における提示ポジション	見られやすさ
$y_1(i_1) = 1$	$k = 1$	$\theta(1)(> 0)$
$y_1(i_2) = 2$	$k = 2$	$\theta(2)(> 0)$
$y_1(i_3) = 3$	**推薦されず**	**0**

$\pi'(y_3 \mid u) = 0.5$

y_3によるランキング	推薦枠における提示ポジション	見られやすさ
$y_3(i_2) = 1$	$k = 1$	$\theta(1)(> 0)$
$y_3(i_1) = 2$	$k = 2$	$\theta(2)(> 0)$
$y_3(i_3) = 3$	**推薦されず**	**0**

■ **図 4.11**／確率的なランキングシステムを用いてもpolicy-aware推定量の仮定が満たされないケース

この図を見ると直感的に分かるように、y_1 と y_3 のどちらのランキングが選択されたとしても i_3 は推薦枠に入らないため、policy-aware推定量が使える条件が満たされていないことが予想されます。計算により確認すると、

- π' のもとで、i_1 がユーザに見られる確率

$$
\begin{aligned}
\bar{\theta}(i_1; u, \pi') &= \sum_{y \in \{y_1, y_3\}} \pi'(y \mid u) \cdot \theta(y(i_1)) \\
&= \underbrace{\pi'(y_1 \mid u)}_{y_1\text{が選ばれる確率}} \cdot \underbrace{\theta(y_1(i_1))}_{y_1\text{が選ばれたときに }i_1\text{が見られる確率}} \\
&\quad + \underbrace{\pi'(y_3 \mid u)}_{y_3\text{が選ばれる確率}} \cdot \underbrace{\theta(y_3(i_1))}_{y_3\text{が選ばれたときに }i_1\text{が見られる確率}} \\
&= \frac{\theta(1) + \theta(2)}{2} > 0
\end{aligned}
$$

- π' のもとで、i_2 がユーザに見られる確率

$$\begin{aligned}
\bar{\theta}(i_2; u, \pi') &= \sum_{y \in \{y_1, y_3\}} \pi'(y \mid u) \cdot \theta(y(i_2)) \\
&= \underbrace{\pi'(y_1 \mid u)}_{y_1\text{が選ばれる確率}} \cdot \underbrace{\theta(y_1(i_2))}_{y_1\text{が選ばれたときに } i_2\text{が見られる確率}} \\
&\quad + \underbrace{\pi'(y_3 \mid u)}_{y_3\text{が選ばれる確率}} \cdot \underbrace{\theta(y_3(i_2))}_{y_3\text{が選ばれたときに } i_2\text{が見られる確率}} \\
&= \frac{\theta(2) + \theta(1)}{2} > 0
\end{aligned}$$

- π' のもとで、i_3 がユーザに見られる確率

$$\begin{aligned}
\bar{\theta}(i_3; u, \pi') &= \sum_{y \in \{y_1, y_3\}} \pi'(y \mid u) \cdot \theta(y(i_3)) \\
&= \underbrace{\pi'(y_1 \mid u)}_{y_1\text{が選ばれる確率}} \cdot \underbrace{\theta(y_1(i_3))}_{y_1\text{が選ばれたときに } i_3\text{が見られる確率}} \\
&\quad + \underbrace{\pi'(y_3 \mid u)}_{y_3\text{が選ばれる確率}} \cdot \underbrace{\theta(y_3(i_3))}_{y_3\text{が選ばれたときに } i_3\text{が見られる確率}} \\
&= \frac{\theta(3) + \theta(3)}{2} = 0
\end{aligned}$$

となります。やはり、$\bar{\theta}(i_3; u, \pi') = 0$ となってしまっています。この場合は、いくら確率的なランキングシステムを用いたとしても i_3 がユーザに見られることがないため、policy-aware推定量を使うことができません。ただしIPS推定量を用いるための仮定が満たされるときは、policy-aware推定量を用いるための仮定が満たされる一方でその逆は必ずしも成り立たないため、policy-aware推定量の活用範囲がIPS推定量よりも広いことは紛れもない事実です。

ここで強調したいのは、ある推定量を活用するために満たされていなければならない条件とは何なのか、その条件は具体的にどのような状況のことを指し、どんな例において満たされないのか、を事前に把握しておくことの重要性です。特に、これから個々の問題設定に沿ってみなさんが導出する推定量などがどのような条件下で威力を発揮するか知っておく必要が

あります。そうすることで、例えばpolicy-aware推定量をあとで用いてランキングシステムの継続的な改善を図るために、あえて稼働しているランキングシステムに多少のランダムネスを織り混ぜておくなどの先を見越したログデータの設計が可能になります。

簡単な数値例を用いてpolicy-aware推定量の挙動をつかむ

ここではpolicy-aware推定量の理解を深めるために、簡単な数値例を使ってこの推定量を手を動かして計算します。

簡単な数値例

- ある1人のユーザuのみが存在する。
- uに対して3つのアイテム$\mathcal{I} = \{i_1, i_2, i_3\}$を並べ替えて真の嗜好度合いの総量最大化を目指す。
- uは、$i_1 > i_2 > i_3$の順に大きな嗜好度合いを持っている。具体的には、

$$\gamma(u, i_1) = 1.0,\ \gamma(u, i_2) = 0.5,\ \gamma(u, i_3) = 0.4$$

  とする。
- 推薦枠の設計上、ユーザには同時に2つのアイテムしか提示できないとする。具体的には、

$$\theta(1) = 1.0,\ \theta(2) = 0.1,\ \theta(3) = 0$$

  とする。
- クリックデータはPBMに基づいて確率的に観測される。
- パラメータϕに基づく確率的ランキングシステムを次のように定義し、ϕを変えることで生成されるランキングシステムの性能を評価することを考える。この確率的ランキングシステムは、

$$\pi_\phi(y_1 \mid u) = \phi,\ \pi_\phi(y_2 \mid u) = 1 - \phi\ (\phi \in [0, 1])$$
$$y_1(i_1) = 1,\ y_1(i_2) = 2,\ y_1(i_3) = 3$$
$$y_2(i_1) = 3,\ y_2(i_2) = 2,\ y_2(i_3) = 1$$

  と表現される。すなわち、π_ϕはy_1を確率ϕで選択し、y_2を確率

$1-\phi$ で選択する確率的ランキングシステムである。

- 性能評価に用いるデータを収集した際には、確率的ランキングシステム $\pi_{0.2}$ が用いられていたとする。したがって、性能評価に利用できるデータは、

$$\mathcal{D}=\{(u,y,c)\},\ y\sim\pi_{0.2}(\cdot\mid u)$$

である。例によってクリックデータ c はあとで具体化する。

以上の数値例が表す状況を、図4.12に示しました。

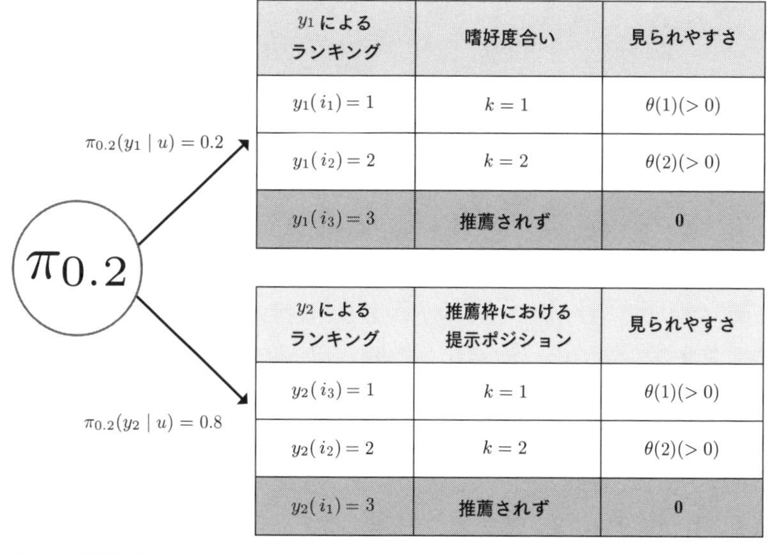

■ **図 4.12**／数値例で用いる確率的ランキングシステム

この例では、ランキング y_1 は嗜好度合いが高い順に上からアイテムを提示できています。よって、y_1 の方が y_2 よりも良いランキングであることが分かります。すなわち、y_1 をより高い確率で提示する（パラメータ ϕ が1に近い）ほど良いランキングシステムだと予想されます。それを確かめるため、具体的に π_ϕ の真の性能を計算しておきましょう。ここでも、加法的ランキング評価指標の重み関数としてARP（$\lambda_{ARP}(k)=k$）を使います。

- **π_ϕ の真のランキング性能**

$$
\begin{aligned}
\mathcal{J}(\pi_\phi) &= \sum_{y \in \{y_1, y_2\}} \pi_\phi(y \mid u) \sum_{i \in \mathcal{I}} \gamma(u,i) \cdot \lambda_{ARP}(y(i)) \\
&= \sum_{y \in \{y_1, y_2\}} \pi_\phi(y \mid u) \sum_{i \in \mathcal{I}} \gamma(u,i) \cdot y(i) \\
&= \pi_\phi(y_1 \mid u) \cdot (\gamma(u,i_1) \cdot y_1(i_1) + \gamma(u,i_2) \cdot y_1(i_2) + \gamma(u,i_3) \cdot y_1(i_3)) \\
&\quad + \pi_\phi(y_2 \mid u) \cdot (\gamma(u,i_1) \cdot y_2(i_1) + \gamma(u,i_2) \cdot y_2(i_2) + \gamma(u,i_3) \cdot y_2(i_3)) \\
&= \phi \cdot (1.0 \cdot 1 + 0.5 \cdot 2 + 0.4 \cdot 3) + (1-\phi) \cdot (1.0 \cdot 3 + 0.5 \cdot 2 + 0.4 \cdot 1) \\
&= 4.4 - 1.2\phi
\end{aligned}
$$

したがって、

$$
\phi > \phi' \Longrightarrow \mathcal{J}(\pi_\phi) < \mathcal{J}(\pi_{\phi'}) \;\; (\phi, \phi' \in [0,1])
$$

であることが分かりました。ϕ として大きい値を用いるほど、良いランキングシステムを導くということです（$\mathcal{J}(\pi_\phi)$ は小さい方が良い）。ϕ が大きな値であるほど、π_ϕ がより良いランキングである y_1 を高い確率で出力することを踏まえると直感的な結果でしょう。

次に準備として、ログデータ $\mathcal{D}$ のあり得る実現パターンをすべて列挙します。ここでは、クリックデータ c に加えてログデータ中のランキング y も確率変数であるため、y の変化も考慮して実現パターンを列挙する必要があります。一方 $\theta(3)=0$ なので、PBMに従うと $P(C(u,\cdot,3)=1)=0$ となり、3番目のポジションではクリックが起こり得ません。また $\gamma(u,i_1)=1$ であり、$P(C(u,i_1,1)=1)=\gamma(u,i_1)\cdot\theta(1)=1$ と i_1 が1番目のポジションに提示されたときには必ずクリックが発生します。これらの特殊ケースを考慮すると、表4.5に示す6パターンがあり得る実現パターンとして残ります。

▼表 4.5／ログデータのあり得る実現パターンの列挙

パターン	ランキング y	i_1 のクリック発生有無	i_2 のクリック発生有無	i_3 のクリック発生有無
パターン1 (p1)	y_1	1	1	0
パターン2 (p2)	y_1	1	0	0
パターン3 (p3)	y_2	0	1	1
パターン4 (p4)	y_2	0	0	1
パターン5 (p5)	y_2	0	1	0
パターン6 (p6)	y_2	0	0	0

ここで、i_1, i_2, i_3 のクリック発生有無はそれぞれ、$C(u, i_1, y(i_1))$, $C(u, i_2, y(i_2))$, $C(u, i_3, y(i_3))$ のことを指します。また便宜上、パターン1〜6のことをp1〜6と名付けています。ここでPBMの仮定を用いると、それぞれのパターンの発生確率を計算できます。例えば、p1の発生確率 $P(p1)$ は、

$$
\begin{aligned}
&P(p1) \\
&= \pi_{0.2}(y_1 \mid u) \cdot P(C(u, i_1, y_1(i_1)) = 1) \cdot P(C(u, i_2, y_2(i_2)) = 1) \cdot P(C(u, i_3, y_1(i_3)) = 0) \\
&= \pi_{0.2}(y_1 \mid u) \cdot (\theta(1) \cdot \gamma(u, i_1)) \cdot (\theta(2) \cdot \gamma(u, i_2)) \cdot (1.0 - \theta(3) \cdot \gamma(u, i_3)) \\
&= 0.2 \cdot (1.0 \cdot 1.0) \cdot (0.1 \cdot 0.5) \cdot (1.0 - 0.0 \cdot 0.4) \\
&= 0.01
\end{aligned}
$$

です。同様にp2〜6の発生確率はそれぞれ

$$
P(p2) = 0.190, P(p3) = 0.016, P(p4) = 0.304, P(p5) = 0.024, P(p6) = 0.456
$$

となります。気になる方は、自分で計算して確かめてみると良いでしょう。

数値例を導入したところで、この例においてIPS推定量やpolicy-aware推定量を活用するために必要な条件が満たされているのか確認します。まず、ポジションバイアスのみを考慮する設定で導出したIPS推定量を活用するために必要な条件は、

$$
\theta(k) > 0, \quad \forall k \in [m]
$$

でした。ここで考えている例において、この条件は満たされていません。

なぜならば推薦枠には2つのアイテムしか提示できず

$$\theta(3) = 0$$

となっているからです。したがって、IPS推定量を使うことは残念ながらできません。

一方、policy-aware推定量を使うために満たされていなければならない条件は、

$$\bar{\theta}(i; u, \pi_b) = \sum_{y} \pi_b(y \mid u) \cdot \theta(y(i)) > 0, \quad \forall (u, i) \in [n] \times [m]$$

でした。なお、π_b はログデータが集められたときに稼働していた確率的ランキングシステムであり、ここでは $\pi_b = \pi_{0.2}$ です。さてこの条件が満たされているかどうかを確認するために、$\bar{\theta}(i; u, \pi_{0.2})$ を具体的に計算してみましょう。

$$\begin{aligned}
\bar{\theta}(i_1; u, \pi_{0.2}) &= \sum_{y \in \{y_1, y_2\}} \pi_{0.2}(y \mid u) \cdot \theta(y(i_1)) \\
&= \underbrace{\pi_{0.2}(y_1 \mid u)}_{y_1\text{が選ばれる確率}} \cdot \underbrace{\theta(y_1(i_1))}_{y_1\text{が選ばれたときに } i_1 \text{が見られる確率}} \\
&\quad + \underbrace{\pi_{0.2}(y_2 \mid u)}_{y_2\text{が選ばれる確率}} \cdot \underbrace{\theta(y_2(i_1))}_{y_2\text{が選ばれたときに } i_1 \text{が見られる確率}} \\
&= \pi_{0.2}(y_1 \mid u) \cdot \theta(1) + \pi_{0.2}(y_2 \mid u) \cdot \theta(3) \\
&= 0.2 \cdot 1.0 + 0.8 \cdot 0.0 \\
&= 0.2 \ (> 0)
\end{aligned}$$

同様に $\bar{\theta}(i_2; u, \pi_{0.2}) = 0.1 \ (> 0)$, $\bar{\theta}(i_3; u, \pi_{0.2}) = 0.8 \ (> 0)$ と計算されるので、すべてのアイテムについて $\bar{\theta}(i; u, \pi_{0.2})$ が正の値をとることが分かります。すなわち、データ収集時に稼働していた $\pi_{0.2}$ のランダムネスを考慮するとすべてのアイテムが正の確率でユーザに見られ得た状況が発生しているため、policy-aware推定量を活用できることが分かります。

最後にナイーブ推定量とpolicy-aware推定量を用いて新たなランキングシステム π_ϕ の真の性能を評価します。6つのあり得るパターンについて

ナイーブ推定量とpolicy-aware推定量を計算し、それぞれ得られた結果をパターンごとの発生確率で重み付け平均することで推定量の期待値を計算する方針を採用します。π_ϕ が確率的ランキングシステムであるため少々計算が複雑になっていますが、その分とても良い練習になるでしょう。

- **p1においてナイーブ推定量を用いて π_ϕ の性能を推定**

$$
\begin{aligned}
&\hat{\mathcal{J}}_{naive}(\pi_\phi; p1) \\
&= \sum_{y \in \{y_1, y_2\}} \pi_\phi(y \mid u) \sum_{i \in \mathcal{I}} C(u, i, y_1(i)) \cdot \lambda_{ARP}(y(i)) \\
&= \sum_{y \in \{y_1, y_2\}} \pi_\phi(y \mid u) \sum_{i \in \mathcal{I}} C(u, i, y_1(i)) \cdot y(i) \\
&= \pi_\phi(y_1 \mid u) \cdot (C(u, i_1, y_1(i_1)) \cdot y_1(i_1) \\
&\quad + C(u, i_2, y_1(i_2)) \cdot y_1(i_2) \\
&\quad + C(u, i_3, y_1(i_3)) \cdot y_1(i_3)) \\
&\quad + \pi_\phi(y_2 \mid u) \cdot (C(u, i_1, y_1(i_1)) \cdot y_2(i_1) \\
&\quad + C(u, i_2, y_1(i_2)) \cdot y_2(i_2) \\
&\quad + C(u, i_3, y_1(i_3)) \cdot y_2(i_3)) \\
&= \phi \cdot (1 \cdot 1 + 1 \cdot 2 + 0 \cdot 3) + (1 - \phi) \cdot (1 \cdot 3 + 1 \cdot 2 + 0 \cdot 1) \\
&= 5 - 2\phi
\end{aligned}
$$

ここで、重み関数 $\lambda_{ARP}(\cdot)$ には評価対象の π_ϕ が選択するランキングが入力されますが、$C(u, i, \cdot)$ の中にはログデータ上で実現しているランキング（パターンによって異なる）が入ることには注意が必要です。

- **p1においてpolicy-aware推定量を用いて π_ϕ の性能を推定**

$$
\begin{aligned}
&\hat{\mathcal{J}}_{aware}(\pi_\phi; p1) \\
&= \sum_{y \in \{y_1, y_2\}} \pi_\phi(y \mid u) \sum_{i \in \mathcal{I}} \frac{C(u, i, y_1(i))}{\bar{\theta}(i; u, \pi_{0.2})} \cdot \lambda(y(i)) \\
&= \sum_{y \in \{y_1, y_2\}} \pi_\phi(y \mid u) \sum_{i \in \mathcal{I}} \frac{C(u, i, y_1(i))}{\bar{\theta}(i; u, \pi_{0.2})} \cdot y(i) \\
&= \pi_\phi(y_1 \mid u) \cdot \left(\frac{C(u, i_1, y_1(i_1))}{\bar{\theta}(i_1; u, \pi_{0.2})} \cdot y_1(i_1) + \frac{C(u, i_2, y_1(i_2))}{\bar{\theta}(i_2; u, \pi_{0.2})} \cdot y_1(i_2) \right. \\
&\qquad\qquad \left. + \frac{C(u, i_3, y_1(i_3))}{\bar{\theta}(i_3; u, \pi_{0.2})} \cdot y_2(i_3) \right) \\
&\quad + \pi_\phi(y_2 \mid u) \cdot \left(\frac{C(u, i_1, y_1(i_1))}{\bar{\theta}(i_1; u, \pi_{0.2})} \cdot y_2(i_1) + \frac{C(u, i_2, y_1(i_2))}{\bar{\theta}(i_2; u, \pi_{0.2})} \cdot y_2(i_2) \right. \\
&\qquad\qquad \left. + \frac{C(u, i_3, y_1(i_3))}{\bar{\theta}(i_3; u, \pi_{0.2})} \cdot y_2(i_3) \right) \\
&= \phi \cdot (\frac{1}{0.2} \cdot 1 + \frac{1}{0.1} \cdot 2 + \frac{0}{0.8} \cdot 3) + (1 - \phi) \cdot (\frac{1}{0.2} \cdot 3 + \frac{1}{0.1} \cdot 2 + \frac{0}{0.8} \cdot 1) \\
&= 35 - 10\phi
\end{aligned}
$$

$\bar{\theta}(i; u, \pi_{0.2})$ には、先ほど条件が成り立っているかチェックした際に計算しておいた値を使っています。

残りのパターンの計算は、4.6節にまとめて掲載しています。表4.6に、ナイーブ推定量とpolicy-aware推定量による π_ϕ の性能の推定値をまとめました。これを用いて、それぞれの推定量の期待値を計算してみましょう。

▼**表4.6**／ナイーブ推定量とpolicy-aware推定量によるランキングシステムの性能評価の値

パターン	パターンの発生確率	$\hat{\mathcal{J}}_{naive}(\pi_\phi; \mathcal{D})$	$\hat{\mathcal{J}}_{aware}(\pi_\phi; \mathcal{D})$
p1	0.010	5.00 - 2.00 ϕ	35.00 - 10.00 ϕ
p2	0.190	3.00 - 2.00 ϕ	15.00 - 10.00 ϕ
p3	0.016	3.00 + 2.00 ϕ	21.25 + 2.50 ϕ
p4	0.304	1.00 + 2.00 ϕ	1.25 + 2.50 ϕ
p5	0.024	2.00	20.00
p6	0.456	0.00	0.00

● **ナイーブ推定量の期待値**

$$\mathbb{E}[\hat{\mathcal{J}}_{naive}(\pi_\phi;\mathcal{D})] = \sum_{p\in\{p1,p2,\ldots,p6\}} P(p)\cdot\hat{\mathcal{J}}_{naive}(\pi_\phi;p) \quad = 1.02 + 0.24\phi$$

● **IPS推定量の期待値**

$$\mathbb{E}[\hat{\mathcal{J}}_{IPS}(\pi_\phi;\mathcal{D})] = \sum_{p\in\{p1,p2,\ldots,p6\}} P(p)\cdot\hat{\mathcal{J}}_{IPS}(\pi_\phi;p) \quad = 4.40 - 1.20\phi$$

最後に、π_ϕ の真の性能・ナイーブ推定量の期待値・policy-aware推定量の期待値を表4.7にまとめました。

▼ **表4.7**／π_ϕ の真のランキング性能とナイーブ推定量・policy-aware推定量の期待値

評価対象のランキングシステム	真の性能	ナイーブ推定量の期待値	policy-aware推定量の期待値
π_ϕ	$4.40 - 1.20\phi$	$1.02 + 0.24\phi$	$4.40 - 1.20\phi$

よって、どんな $\phi \in [0,1]$ についても、policy-aware推定量の期待値は真の性能に一致することが確認できました。またナイーブ推定量の期待値の ϕ の係数を見てみると、正の値（+0.24）になっていることが分かります。すなわちナイーブ推定量を用いてしまうと、ϕ の値は小さい方が良いという誤った結論を導いてしまいます。ランキングシステムの真の性能は $4.40 - 1.20\phi$ であり、本当は ϕ の値は大きい方が良いわけですから、これは由々しき問題です。ナイーブ推定量がこのような誤った結論を導いてしまったのは、ログデータ $\mathcal{D}$ を収集していた確率的なランキングシステムが $\pi_{0.2}$ だったことに起因します。**ナイーブ推定量を用いてしまうとログデータが集められた際に使用されていたランキングに近いランキングシステムの性能が過大評価されてしまう**ため、ϕ の値は小さければ小さいほど良いという誤った結論を導いてしまったのです。

ランキングシステムの学習

最後に、policy-aware推定量に基づいたランキングシステムの学習について補足します。これまでに、policy-aware推定量を用いることでポジションバイアスとアイテム選択バイアスの影響を除去できることが分かりました。したがって、観測データのみからは計算不可能な真の目的関数の代替として、policy-aware推定量を最小化することで新たなランキングシステムを得ることを考えます。ここでも観測データからは計算不可能なリストワイズ損失関数を、次のpolicy-aware推定量で代替します。

$$\hat{\mathcal{J}}_{aware}(f_\phi; \mathcal{D}) = -\frac{1}{N}\sum_{j=1}^{N}\sum_{i\in[m]}\frac{C(u_j, i, y_j(i))}{\bar{\theta}(i; u_j, \pi_b)}\cdot\log\frac{\exp(f_\phi(u_j, i))}{\sum_{i'\in[m]}\exp(f_\phi(u_j, i'))}$$

このpolicy-aware推定量を最小化する基準でスコアリング関数のパラメータを学習することで、ポジションバイアスとアイテム選択バイアスの存在を考慮しつつ、真の目的関数の最小化を目指すことができます。

4.2.4 クリックノイズを考慮した学習手順の導出

ここまでは

- ポジションバイアスのみを考慮する場合(4.2.2項)
- ポジションバイアスとアイテム選択バイアスを考慮する場合(4.2.3項)

について、ランキングシステムを学習する手順を導出してきました。ここからは少し毛色が異なるクリックノイズを扱う方法を考えます。

クリックノイズとは

これまでは、「ユーザがアイテムのことを嗜好していて、またそのアイテムのことを推薦枠内で見ていた場合、必ずクリックが発生する」とするモデル化をもとに話を進めてきました。この状況は、

$$C(u, i, k) = O(k)\cdot R(u, i)$$

という関係式で表現されていました。この式では、ユーザがポジションkに提示されたアイテムを見ていた場合($O(k)=1$)に、

$$C(u,i,k) = R(u,i)$$

となり、これはその場合に観測されるクリックデータは真の嗜好情報を完全に反映したものであるという仮定に相当します。

しかしこれは強い仮定であり、実際には $R=0$ にもかかわらず $C=1$ となってしまったり、逆に $R=1$ なのにもかかわらず $C=0$ となってしまうことも考えられます。例えば、あまり興味がないアイテムのことを誤ってクリックしてしまういわゆる誤クリックは、$R=0$ なのに $C=1$ となってしまうクリックノイズの一種です。また、推薦枠を上から順になんとなく眺めているときに、下のポジションに進むにつれて集中力が切れて、本当は興味があるアイテムを見逃してしまうかもしれません。これは、$R=1$ にもかかわらず $C=0$ となってしまうクリックノイズの例です。

さてここからは、これらのクリックノイズに対応する方法を導きます。なおクリックノイズはポジションバイアスやアイテム選択バイアスと比べると主要なトピックではありませんが、それらに次ぐ話題として研究で扱われ、またデータの観測構造のモデル化や推定量構築の良い練習題材となることから、ここで取り上げることにしています。

クリックノイズを考慮するためのデータ観測構造のモデル化

クリックノイズの概念を紹介したところで、次はクリックノイズを考慮するために、これまでの単純なモデルに修正を加えることを考えます。おさらいとして、ポジションバイアスのみを考慮していたときのモデルは、

$$C(u,i,k) = O(k) \cdot R(u,i),$$
$$P(C(u,i,k)=1) = \theta(k) \cdot \gamma(u,i)$$

という関係式で表現されていました。$C(u,i,k)$ はユーザ u に対してアイテム i がポジション k で提示されたときのクリック発生有無を、$R(u,i)$ はユーザ u がアイテム i を好んでいるか否かという真の嗜好情報を、そして $O(k)$ はポジション k に提示されたアイテムがユーザに見られているか否かを表す2値確率変数でした。

ここで、$R=1$ にもかかわらず $C=0$ と $R=0$ にもかかわらず $C=1$

という2パターンのクリックノイズを表現するために、次の**クリックノイズパラメータ**を導入します。

$$\epsilon^{+}(k) = P\left(C(\cdot,\cdot,k) = 1 \mid O(k) = 1, R(\cdot,\cdot) = 1\right)$$
$$\epsilon^{-}(k) = P\left(C(\cdot,\cdot,k) = 1 \mid O(k) = 1, R(\cdot,\cdot) = 0\right)$$

$\epsilon^{+}(k)$ は、ユーザがポジション k に提示されたアイテムのことを嗜好していてかつそのポジションを見ていた場合に、そのアイテムをクリックする確率です。これを使うと、ユーザが嗜好しているアイテムのことをポジション k においてクリックせず見逃してしまう確率を $1-\epsilon^{+}(k)$ と表現できます。$\epsilon^{-}(k)$ は、ユーザがポジション k に提示されたアイテムのことを嗜好していないにもかかわらず、誤ってクリックしてしまう確率を表しています。つまり、$\epsilon^{-}(k)$ は誤クリックが発生する確率を表します。

ここでその表記方法からも分かるように、$\epsilon^{+}(k)$ と $\epsilon^{-}(k)$ はポジション k のみに依存するという仮定を置いています。直感的には、下位のポジションでは嗜好しているアイテムの見逃しが起こってしまう可能性が高まるため、k が大きいほど $\epsilon^{+}(k)$ の値は小さく（$1-\epsilon^{+}(k)$ の値は大きく）なると考えられます。また上位のポジションでは誤クリックが起こりやすいと考えられるため、k が小さいほど $\epsilon^{-}(k)$ の値は大きくなると想定できます。もちろん ϵ^{+} と ϵ^{-} をユーザやアイテムに依存するパラメータとして導入することも可能ですし、その仮定に対応する推定量を別途導くこともできます。しかしこれも取捨選択の問題で、ユーザやアイテムに依存してクリックノイズの大きさが変わる状況を考慮した方がモデルは現実的なものになる一方、バイアスを記述するために必要なパラメータの数が多くなってしまうためそのあとの扱いが難しくなってしまいます。以降のステップに進んだときの扱いやすさとのバランスを踏まえて、ϵ^{+} と ϵ^{-} のポジションへの依存性までを考慮するというのは、1つのあり得る判断でしょう。

さて、新たに導入した2種のクリックノイズパラメータを使うと、ユーザ u がポジション k に提示されたアイテム i をクリックする確率は、

$$
\begin{aligned}
&P(C(u,i,k)=1) \\
&= P\left(C(u,i,k)=1 \mid O(k)=1, R(u,i)=1\right) \cdot P(O(k)=1) \cdot P(R(u,i)=1) \\
&\quad + P\left(C(u,i,k)=1 \mid O(k)=1, R(u,i)=0\right) \cdot P(O(k)=1) \cdot P(R(u,i)=0) \\
&= \theta(k) \cdot \Big(\epsilon^{+}(k) \cdot \gamma(u,i) + \epsilon^{-}(k) \cdot (1-\gamma(u,i))\Big)
\end{aligned}
$$

という関係式で表現できます。$\epsilon^{+}(k)$ が1ではない値をとることで、真に嗜好しているアイテムを必ずしもクリックしない状況を、$\epsilon^{-}(k)$ が正の値をとることで、真に嗜好していないアイテムについても正の確率でクリックが発生してしまう状況を考慮できます。なお、真に嗜好するアイテムは必ずクリックし（$\epsilon^{+}(k)=1$）、また嗜好していないアイテムは必ずクリックしない（$\epsilon^{-}(k)=0$）という特殊ケースにおいて上の関係式は、

$$
P(C(u,i,k)=1) = \theta(k) \cdot \gamma(u,i)
$$

となります。これはポジションバイアスのみを考慮する場合の関係式と一致しています。すなわちクリックノイズを考慮するために導入した新たなモデルは、ポジションバイアスのみを考慮していたときのモデルを一般化したものになっています。

観測データを用いて解くべき問題を近似する

ここからは、これまでと同様にランキングシステムの真の性能を

$$
\begin{aligned}
\mathcal{J}(\pi_\phi) &= \mathbb{E}_{u \sim p(u)}\left[\mathbb{E}_{y \sim \pi_\phi(y|u)}\left[\sum_{i \in [m]} \gamma(u,i) \cdot \lambda(y(i))\right]\right] \\
&= \sum_{u \in [n]} p(u) \sum_{y} \pi_\phi(y \mid u) \sum_{i \in [m]} \gamma(u,i) \cdot \lambda(y(i))
\end{aligned}
$$

と定義し、それを最小化する問題

$$
\phi^* = \arg\min_{\phi} \mathcal{J}(\pi_\phi)
$$

を解くことを目指して、**観測可能なクリックデータを用いて解くべき問題を近似**するステップを考えます。

ポジションバイアスとクリックノイズを考慮する場合に、手元で観測できるログデータは次の形をしています。

$$\mathcal{D} = \{(u_j, y_j, c_j)\}_{j=1}^{N}$$

なおポジションバイアスのみを考慮していた場合と同様、ここでも学習データを収集した際に稼働していたランキングシステムは決定的であるとし、y_j は確率変数ではありません。ポジションバイアスのみを考慮していたときとまったく同じログデータに見えますが、クリックノイズを考慮したより複雑な

$$P(C(u,i,k)=1) = \theta(k) \cdot \Big(\epsilon^{+}(k) \cdot \gamma(u,i) + \epsilon^{-}(k) \cdot (1-\gamma(u,i)) \Big)$$

という内部構造に基づいてクリックデータが観測されている（と我々が想定している）点が重要な相違点です。

観測できるデータを確認したところで、これまでと同様にナイーブ推定量の期待値を計算し、得られた情報に基づいて新たな推定量を導出することにします。ナイーブ推定量とは、観測できない真の嗜好度合いを観測できるクリックデータで単に置き換えた次の推定量でした。

$$\hat{\mathcal{J}}_{naive}(\pi_\phi; \mathcal{D}) = \frac{1}{N} \sum_{j=1}^{N} \sum_{y} \pi_\phi(y \mid u_j) \sum_{i \in [m]} C(u_j, i, y_j(i)) \cdot \lambda(y(i))$$

さてクリックノイズを考慮したデータ観測構造を踏まえてこのナイーブ推定量の期待値を計算すると、

$$
\begin{aligned}
&\mathbb{E}_{u,c}[\hat{\mathcal{J}}_{naive}(\pi_\phi;\mathcal{D})] \\
&= \mathbb{E}_{u,c}\left[\frac{1}{N}\sum_{j=1}^{N}\sum_{y}\pi_\phi(y \mid u_j)\sum_{i\in[m]} C(u_j,i,y_j(i))\cdot\lambda(y(i))\right] \\
&= \frac{1}{N}\sum_{j=1}^{N}\mathbb{E}_{u,c}\left[\sum_{y}\pi_\phi(y \mid u_j)\sum_{i\in[m]} C(u_j,i,y_j(i))\cdot\lambda(y(i))\right] \\
&= \frac{1}{N}\sum_{j=1}^{N}\mathbb{E}_{u}\left[\sum_{y}\pi_\phi(y \mid u_j)\sum_{i\in[m]} \mathbb{E}_C[C(u_j,i,y_j(i))]\cdot\lambda(y(i))\right] \\
&= \frac{1}{N}\sum_{j=1}^{N}\sum_{u}p(u)\sum_{y}\pi_\phi(y \mid u)\cdot \\
&\quad \sum_{i\in[m]}\underbrace{\theta(y_j(i))\cdot\Big(\epsilon^+(y_j(i))\cdot\gamma(u,i)+\epsilon^-(y_j(i))\cdot(1-\gamma(u,i))\Big)}_{(*)}\cdot\lambda(y(i))
\end{aligned}
$$

となります。最後の等式では、先に確認した

$$
P(C(u,i,y(i))=1)=\theta(y(i))\cdot\Big(\epsilon^+(y(i))\cdot\gamma(u,i)+\epsilon^-(y(i))\cdot(1-\gamma(u,i))\Big)
$$

というクリックノイズを考慮する場合のモデル化における関係式を用いています。

さてここでは、これまでとは一風変わった結果が得られています。というのもこれまでは一貫して、$(*)$ の部分があるパラメータと真の嗜好度合いである $\gamma(u,i)$ の単純な積の形になっていました。したがって、$\gamma(u,i)$ を歪めるパラメータの逆数でクリックデータを事前に重み付けることで、バイアスに対処するための推定量を導出できました。しかしここでは、$(*)$ の部分がそのような単純な積の形にはなっていないので、これまでとは少し違った対処が必要そうです。とはいえそう難しく考える必要はありません。我々が推定量を構築する際に考えなければならないのは、**クリックデータから真の嗜好度合いについての情報を抽出し、真の目的関数を近似すること**でした。ここでは、クリックの期待値が

$$\mathbb{E}_C[C(u,i,y_j(i))] = \theta(y_j(i)) \cdot \Big(\epsilon^+(y_j(i)) \cdot \gamma(u,i) + \epsilon^-(y_j(i)) \cdot (1-\gamma(u,i))\Big)$$

で表されるモデルを採用していることから、(*) がナイーブ推定量の期待値内部に現れました。ここで、真の嗜好度合いを抽出するためにこの式を $\gamma(u,i)$ について解くと

$$\gamma(u,i) = \frac{\mathbb{E}_C[C(u,i,y_j(i))] - \theta(y_j(i)) \cdot \epsilon^-(y_j(i))}{\theta(y_j(i)) \cdot (\epsilon^+(y_j(i)) - \epsilon^-(y_j(i)))}$$

を得ます。よって、これまでの単純な重み付けではなく、

$$\frac{C(u,i,y_j(i)) - \theta(y_j(i)) \cdot \epsilon^-(k)}{\theta(y_j(i)) \cdot (\epsilon^+(y_j(i)) - \epsilon^-(y_j(i)))}$$

というアフィン変換をクリックデータに適用することで、真の嗜好度合いを抽出できそうだという当たりがつきます。この考察に基づいて、ポジションバイアスとクリックノイズの両方に対処するための新たなアフィン推定量を次のように定義します[*12]。

$$\begin{aligned}&\hat{\mathcal{J}}_{affine}(\pi_\phi;\mathcal{D})\\ &= \frac{1}{N}\sum_{j=1}^{N}\sum_{y}\pi_\phi(y \mid u_j)\sum_{i\in[m]}\frac{C(u,i,y_j(i)) - \theta(y_j(i)) \cdot \epsilon^-(y_j(i))}{\theta(y_j(i)) \cdot (\epsilon^+(y_j(i)) - \epsilon^-(y_j(i)))} \cdot \lambda(y(i))\end{aligned}$$

クリックデータの部分に先ほど導いた補正(クリックデータのアフィン変換)を適用していることが分かるはずです。

ここでも、ねらった通りに真の嗜好度合いの情報がクリックデータから抽出できているのか確かめてみましょう。先ほどのナイーブ推定量の場合と同様、アフィン推定量の期待値は次のように計算できます。

* 12 [Vardasbi20] による命名です。

$$
\begin{aligned}
&\mathbb{E}_{u,c}[\hat{\mathcal{J}}_{affine}(\pi_\phi; \mathcal{D})] \\
&= \mathbb{E}_{u,c}\left[\frac{1}{N}\sum_{j=1}^{N}\sum_{y}\pi_\phi(y \mid u_j)\sum_{i\in[m]}\frac{C(u,i,y_j(i)) - \theta(y_j(i))\cdot\epsilon^-(y_j(i))}{\theta(y_j(i))\cdot(\epsilon^+(y_j(i)) - \epsilon^-(y_j(i)))}\cdot\lambda(y(i))\right] \\
&= \frac{1}{N}\sum_{j=1}^{N}\mathbb{E}_{u,c}\left[\sum_{y}\pi_\phi(y \mid u_j)\sum_{i\in[m]}\frac{C(u,i,y_j(i)) - \theta(y_j(i))\cdot\epsilon^-(y_j(i))}{\theta(y_j(i))\cdot(\epsilon^+(y_j(i)) - \epsilon^-(y_j(i)))}\cdot\lambda(y(i))\right] \\
&= \sum_{u}p(u)\sum_{y}\pi_\phi(y \mid u)\sum_{i\in[m]}\frac{\mathbb{E}_C[C(u,i,y_j(i))] - \theta(y_j(i))\cdot\epsilon^-(y_j(i))}{\theta(y_j(i))\cdot(\epsilon^+(y_j(i)) - \epsilon^-(y_j(i)))}\cdot\lambda(y(i)) \\
&= \sum_{u}p(u)\sum_{y}\pi_\phi(y \mid u)\sum_{i\in[m]}\gamma(u,i)\cdot\lambda(y(i)) \quad \because \gamma(u,i) = \frac{\mathbb{E}_C[C(u,i,k)] - \theta(k)\cdot\epsilon^-(k)}{\theta(k)\cdot(\epsilon^+(k) - \epsilon^-(k))} \\
&= \mathcal{J}(f_\phi)
\end{aligned}
$$

ということで、アフィン推定量の期待値はきちんと真の目的関数 $\mathcal{J}(\pi_\phi)$ に一致していることが分かります。またこの結果は、ランキングシステム π_ϕ に依存せず成り立つので、アフィン推定量はポジションバイアスとクリックノイズを考慮したモデル化のもとで、真の目的関数に対する不偏推定量であると言えます。これまでのように単純な重み付けで対応できなさそうな状況でも焦らずに**真の嗜好度合いを抽出するための変換**を見つけることで、クリックノイズに対処する方法を導出できるのです。

クリックノイズの推定方法

アフィン推定量を用いるためには、ポジションバイアスパラメータ $\theta(k)$ とクリックノイズパラメータ $\epsilon^+(k)$ や $\epsilon^-(k)$ を事前に推定しておかなければなりません。これらのパラメータは、ポジションバイアスパラメータを推定する方法として紹介した**Regression-EM**に修正を加えることで推定できます。ここではRegression-EMを用いてクリックノイズパラメータを推定する際にどのような修正を加えなければならないか、その一部を確認することでモデルの複雑さと扱いやすさのトレードオフの存在を確認します。

まずログデータ $\mathcal{D} = \{(u_j, y_j, c_j)\}_{j=1}^{N}$ についての対数尤度は、潜在パラメータを用いて

$$
\begin{aligned}
&\log P(\mathcal{D}) \\
&= \sum_{j=1}^{N} \sum_{k \in [m]} c_j(k) \cdot \log\left(P(c_j(k) = 1)\right) + (1 - c_j(k)) \cdot \log\left(1 - P(c_j(k) = 1)\right)
\end{aligned}
$$

と定義できます。ここで $P(c_j(k) = 1) = P(C(u_j, y_j^{-1}(k), k) = 1)$ はクリックノイズを考慮するためのモデル化に基づいて、

$$
P(c_j(k) = 1) = \theta(k) \cdot \left(\epsilon^{+}(k) \cdot \gamma(u_j, y_j^{-1}(k)) + \epsilon^{-}(k) \cdot (1 - \gamma(u_j, y_j^{-1}(k)))\right)
$$

となり、クリックノイズパラメータ $\epsilon^{+}(k)$ と $\epsilon^{-}(k)$ が登場することが分かります。

これに基づいてEステップでは、潜在変数についての条件付き確率を

$$
\begin{aligned}
&P^{(t+1)}(O(k) = 1, R(u,i) = 1 \mid C(u,i,k) = 1) \\
&\qquad = \frac{\epsilon^{+,(t)}(k) \cdot \gamma^{(t)}(u,i)}{\epsilon^{+,(t)}(k) \cdot \gamma^{(t)}(u,i) + \epsilon^{-,(t)}(k) \cdot (1 - \gamma^{(t)}(u,i))} \\
&P^{(t+1)}(O(k) = 1, R(u,i) = 0 \mid C(u,i,k) = 1) \\
&\qquad = \frac{\epsilon^{-,(t)}(k) \cdot (1 - \gamma^{(t)}(u,i))}{\epsilon^{+,(t)}(k) \cdot \gamma^{(t)}(u,i) + \epsilon^{-,(t)}(k) \cdot (1 - \gamma^{(t)}(u,i))} \\
&P^{(t+1)}(O(k) = 0, R(u,i) = 1 \mid C(u,i,k) = 1) = 0 \\
&P^{(t+1)}(O(k) = 0, R(u,i) = 0 \mid C(u,i,k) = 1) = 0 \\
&P^{(t+1)}(O(k) = 1, R(u,i) = 1 \mid C(u,i,k) = 0) \\
&\qquad = \frac{\theta^{(t)}(k) \cdot (1 - \epsilon^{+,(t)}(k)) \cdot \gamma^{(t)}(u,i)}{1 - \theta^{(t)}(k) \cdot \left(\epsilon^{+,(t)}(k) \cdot \gamma^{(t)}(u,i) + \epsilon^{-,(t)}(k) \cdot (1 - \gamma^{(t)}(u,i))\right)} \\
&P^{(t+1)}(O(k) = 1, R(u,i) = 0 \mid C(u,i,k) = 0) \\
&\qquad = \frac{\theta^{(t)}(k) \cdot (1 - \epsilon^{-,(t)}(k)) \cdot (1 - \gamma^{(t)}(u,i))}{1 - \theta^{(t)}(k) \cdot \left(\epsilon^{+,(t)}(k) \cdot \gamma^{(t)}(u,i) + \epsilon^{-,(t)}(k) \cdot (1 - \gamma^{(t)}(u,i))\right)} \\
&P^{(t+1)}(O(k) = 0, R(u,i) = 1 \mid C(u,i,k) = 0)
\end{aligned}
$$

$$= \frac{(1-\theta^{(t)}(k))\cdot\gamma^{(t)}(u,i)}{1-\theta^{(t)}(k)\cdot\left(\epsilon^{+,(t)}(k)\cdot\gamma^{(t)}(u,i)+\epsilon^{-,(t)}(k)\cdot(1-\gamma^{(t)}(u,i))\right)}$$

$$P^{(t+1)}(O(k)=0,R(u,i)=0\mid C(u,i,k)=0)$$

$$= \frac{(1-\theta^{(t)}(k))\cdot(1-\gamma^{(t)}(u,i))}{1-\theta^{(t)}(k)\cdot\left(\epsilon^{+,(t)}(k)\cdot\gamma^{(t)}(u,i)+\epsilon^{-,(t)}(k)\cdot(1-\gamma^{(t)}(u,i))\right)}$$

と計算します。これらは、条件付き確率の定義とデータ観測構造のモデル化から導けます。ここでポジションバイアスのみを考慮していたときのものと比べて、Eステップの計算式が複雑になっていたり、推定しなければならない条件付き確率の数が増えていたりすることが分かります。これこそが、**モデルを複雑にするほど現実を正確に表現できる一方で、そのあとの計算が大変になったりバイアスパラメータの推定が難しくなったりするトレードオフの具現化**ということになります。

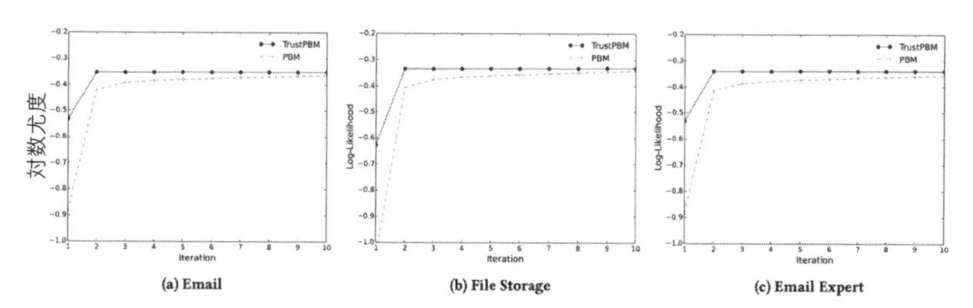

■ **図 4.13**／PBMとTrustPBMによるデータフィッティングの違い（[Agarwal19a]のFigure 3をもとに筆者が作成）

最後に、[Agarwal19a]による実データを用いたポジションバイアスパラメータとクリックノイズパラメータの推定実験の結果を簡単に紹介します。この実験では、(a) Email (b) File Storage (c) Email Expert という3つの実在するプラットフォームにおけるメールやファイルの検索枠のポジションバイアスとクリックノイズパラメータを

- ポジションバイアスのみを考慮する場合（PBM）
- ポジションバイアスとクリックノイズを考慮する場合（TrustPBM）

のそれぞれに対応したRegression-EMを用いて推定しています。

まず図4.13は、(a)〜(c)それぞれの実データにおいてPBMおよびTrustPBMを用いたときのRegression-EMの収束の様子を示しています。縦軸は対数尤度（$\log P(\mathcal{D})$）で横軸は繰り返し回数（t）です。これを見るとすべてのデータにおいて、クリックノイズまで考慮した方がクリックデータに対して良いフィッティングができている（観測構造をとらえることができている）ことが分かります。この結果は、（少なくともこの実験に用いられたデータでは）クリックノイズを考慮するモデルの方がポジションバイアスのみを考慮するモデルよりもより現実を正確に表現したモデルであることを示しています。ただし、これは複雑なモデルを採用しているため当然と言えば当然の結果と言えるでしょう。実践では単純にデータに対するフィッティングが良いモデルを選択すれば良いというわけではなく、モデルの複雑さ（扱いやすさ）も考慮した上で適切なモデルを選択したり、自己修正することになります。

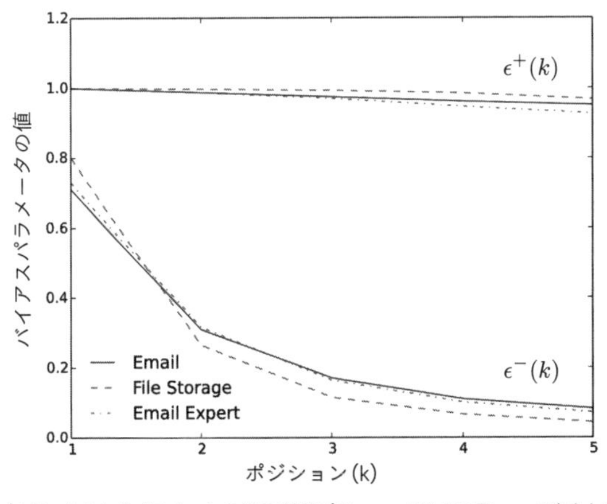

■ **図4.14**／クリックノイズパラメータの推定結果（[Agarwal19a]のFigure 5をもとに筆者が作成）

次に図4.14は、(a)〜(c)のそれぞれのデータにおいてRegression-EMを用いて推定されたクリックノイズパラメータ $\epsilon^+(k), \epsilon^-(k)$ のポジション k ごとの値を示しています。縦軸が $\epsilon^+(k), \epsilon^-(k)$ の推定値で、横軸がポジション k を表しています。また上部に見えているグラフが $\epsilon^+(k)$ を、下部に見えているグラフが $\epsilon^-(k)$ を表しています。まず、$\epsilon^+(k)$ は k が大きくなるにつれて若干の減少傾向にあるもののほとんど1に近い値をとっていることが分かります。これは「真に嗜好していてかつそのポジションを見ているにもかかわらずクリックし損ねてしまう」という見逃しが原因のクリックノイズがほとんど存在しないと推定されたことを示しています。しかしグラフの横軸は $k = 5$ までしかないので、もう少し下位のポジションまで推定してみると見逃しの影響がより鮮明に現れる可能性があるでしょう。一方、$\epsilon^{-}(k)$ は「真に嗜好していないにもかかわらず誤ってクリックしてしまう」という誤クリックの起こりやすさを表すパラメータでした。結果からは、k が小さい上位のポジションでは誤クリックが頻繁に起こっている可能性が示唆されています。すなわち、$k = 1$ においてはおよそ70〜80%のクリックが誤クリックであるという結果が推定されています。なおこれらの結果はあくまで推定された値に基づくものであり、真のパラメータに基づくものではないことに注意が必要です。

4.3 PyTorchを用いた実装と簡易実験

本節では、最も基本的なポジションバイアスに対応するためのIPS推定量に基づくランキング学習の実装と半人工データを用いた性能検証を行います。

4.3.1 半人工データの生成

性能比較にはMicrosoft Learning to Rank Datasets (MSLR) [Qin13] というデータセット[*13]を使います。これはマイクロソフトリサーチが公開しているデータセットであり、Microsoft Bingにおいて発生した検索クエリに対して提示されたドキュメントのペアについての嗜好度合いの情報が収録されています[*14]。特徴的なのは、それぞれの検索クエリとドキュメン

＊13 https://www.microsoft.com/en-us/research/project/mslr/

＊14 ここではクエリとドキュメントのペアとなるので、適合度合いという言葉を使うのが適切ですが、ここでは本章での表記と統一させるため、あえて嗜好度合いと表現します。

トのペアについて0〜4の5段階の嗜好度合い(大きな値ほど嗜好度合いが高い)が、アノテータによってラベル付けされていることです。また嗜好度合いの情報に加え、それぞれのクエリとドキュメントのペアを表す136の特徴量が収録されています。

生のデータセットは、次の見た目をしています(データセットのページから抜粋)。

```
==============================================

0 qid:1 1:3 2:0 3:2 4:2 … 135:0 136:0

2 qid:1 1:3 2:3 3:0 4:0 … 135:0 136:0

==============================================
```

それぞれの行はクエリとドキュメントのペアを表します。列はスペース区切りで表現されており、最初の列は5段階の嗜好度合いラベルを、次の列はクエリのID(qid)を表します。それ以外の136の列には、クエリとドキュメントのペアを表現する特徴量が収録されています。ここではpytorchltr[*15]に実装されているMSLR30Kを使って、データセットを読み込みます。pytorchltrをpipでインストールしたあとは、次のようにしてMSLRデータをあとの学習に適した形に整形できます[*16]。

```
from pytorchltr.datasets import MSLR30K

# MSLR30Kデータセットを読み込む(初回だけ時間がかかる)
train = MSLR30K(split="train") # トレーニングデータ
test = MSLR30K(split="test") # テストデータ
```

さてこのMSLRデータセットはランキング学習などの研究において有用な素晴らしい実データセットですが、そのまま使うだけでは面白くありません。なぜならば、たゆまぬアノテーションの努力によって正確な嗜好

＊15 https://github.com/rjagerman/pytorchltr

＊16 なお、MSLRデータセットの読み込みを初めて実行するときには数十分ほど時間がかかります。

度合いデータが得られてしまっているからです。もちろん仮にこのようなExplicit Feedbackが得られている場面があるならば、その利点を活かして学習を進めてしまうのが良いでしょう。しかしほとんどの応用では毎度このようなアノテーションに時間を割く余裕はなく、クリックデータをうまく駆使する必要があります。よってここでは、本章で扱ってきたクリックデータを用いる場面を再現するために、MSLRデータセットにいくつかの細工を仕込みます。なお実データの一部にあとから工夫を加えて生成されたデータという意味で、これを半人工データと呼ぶことにしています。

まず元のMSLRデータセットに収録されている5段階の嗜好度合いデータを $[0,1]$ のスケールに変換します。

$$\gamma(u,i) = 0.1 + 0.9 \times \frac{2^{\mathrm{rel}(u,i)-1}}{2^{\mathrm{rel\_max}} - 1}$$

ここで、 $\mathrm{rel}(u,i) \in \{0,1,2,3,4\}$ は元のデータセットに収録されている5段階の嗜好度合いデータです。また、 $\mathrm{rel\_max}$ は嗜好度合いがとり得る最大値で、ここでのMSLRデータセットでは $\mathrm{rel\_max} = 4$ です。次に、ポジションバイアスパラメータ $\theta(k)$ を k が大きいほど(ポジションが下位であるほど)小さな値を持つように生成します。

$$\theta(k) = \left(\frac{0.9}{k}\right)^{pow\_true}$$

ここで、 $k \in \{1,2,3,\dots\}$ はクエリに対してドキュメントが提示されたポジションを表します。 pow_true (≥ 0) は半人工データにおけるポジションバイアスの大きさを司るパラメータであり、実験設定として我々が決めるものです。 pow_true として大きい値を与えるほど、ポジションごとのポジションバイアスパラメータの値の差が大きくなり、ポジションバイアスの影響がより深刻な(嗜好度合いとクリックデータの乖離が大きい)半人工データを生成できます。一方で、 pow_true として小さい値を与えると、ポジションバイアスの影響が小さい(嗜好度合いとクリックデータの乖離が小さい)半人工データを生成できます。

最後に、$\gamma(u,i)$ と $\theta(k)$ を使ってPBMの仮定に沿う形でクリックデータを生成します。

$$C(u,i,k) \sim Bern(\gamma(u,i) \cdot \theta(k))$$

$Bern(p)$ は $p \in [0,1]$ をパラメータとするベルヌーイ分布であり、確率 p で 1 を確率 $1-p$ で 0 を返します。$C(u,i,k)$ は2値のクリックデータであり、嗜好度合い $\gamma(u,i)$ との乖離を含みます。特に、データが収集された際に提示されたポジションが下位であるほど（k が大きな値であるほど）ポジションバイアスパラメータ $\theta(k)$ は小さな値をとり、嗜好度合い $\gamma(u,i)$ が大きくてもクリックが発生しにくくなります。

最後に、本節の実験で解きたい問題を確認します。

$$\phi^* = \arg\min_{\phi} \mathcal{J}(f_\phi)$$

$$\begin{aligned}\mathcal{J}(f_\phi) &= \mathbb{E}_{u\sim p(u)}\left[\sum_{i\in[m]} \gamma(u,i) \cdot \lambda(y_\phi(i))\right] \\ &= \sum_{u\in[n]} p(u) \sum_{i\in[m]} \gamma(u,i) \cdot \lambda(y_\phi(i))\end{aligned}$$

f_ϕ はパラメータ ϕ を持つスコアリング関数でした（実験では決定的なランキングシステムのみを扱います）。また、ユーザに対して嗜好度合いが高いアイテムを上位で推薦したい場面を想定し、$\gamma(u,i)$ を用いて目的関数を定義しています。最後に、加法的ランキング評価指標として nDCG@10を使います[*17]。これは、次の重み関数を用いる加法的ランキング評価指標です。

$$\lambda_{nDCG@10}(k) = \frac{\lambda_{DCG@10}(k)}{\lambda_{IDCG@10}}$$

分子のDCG@10は、$\lambda_{DCG@10}(k) = -\mathbb{I}\{k \le 10\} / \log_2(k+1)$ で、上位10番目までに並べられたアイテムの嗜好度合いの重み付け和です。上位

＊17 nDCG は Normalized Discounted Cumulative Gain の略で、DCG を最大値が 1 となるように正規化した評価指標です。

のポジションほど大きな重みを与えることで、上位のランキング精度が重要であるという気持ちが込められています[*18]。

4.3.2 PyTorchを用いた実装

次に、ポジションバイアスに対応可能なランキングモデルを実装します。ここでも誌面の関係上、重要な部分だけ抜き出して解説することとします。実装全体は、https://github.com/ghmagazine/ml_design_book/blob/master/python/ch04/ を参照してください。

実装は主に、

1. スコアリング関数の実装
2. 損失関数の実装
3. 学習過程の実装

の3つのパートに分けられます。まずは、スコアリング関数 f_ϕ の実装です。ここでは多層パーセプトロンをベースとしたスコアリング関数を実装します。

```
from dataclasses import dataclass
from typing import Tuple

from torch import nn, FloatTensor


@dataclass(unsafe_hash=True)
class MLPScoreFunc(nn.Module):
    """多層パーセプトロンによるスコアリング関数."""
    input_size: int
    hidden_layer_sizes: Tuple[int, ...]
```

＊18　$\lambda_{IDCG@10}$ は、nDCG の最大値が 1 となるように正規化するための単なる定数で、DCG@10 の最大値です。

```
    activation_func: nn.functional = nn.functional.elu

    def __post_init__(self) -> None:
        super().__init__()
        self.hidden_layers = nn.ModuleList()
        self.hidden_layers.append(
            nn.Linear(self.input_size, self.hidden_layer_sizes[0])
        )
        for hin, hout in zip(
          self.hidden_layer_sizes, self.hidden_layer_sizes[1:]
        ):
            self.hidden_layers.append(nn.Linear(hin, hout))
        self.output = nn.Linear(self.hidden_layer_sizes[-1], 1)

    def forward(self, x: FloatTensor) -> FloatTensor:
        h = x
        for layer in self.hidden_layers:
            h = self.activation_func(layer(h))
        return self.output(h).flatten(1) # f_{\phi}(u,i)
```

xはユーザとアイテム（もしくはクエリとドキュメント）のペアを表す特徴量ベクトルであり、それをもとにいくつかの隠れ層を経てスコアを出力する設計となっています。多層パーセプトロンの各層における重みパラメータがスコアリング関数のパラメータϕにあたり、先に定義した目的関数についてより小さい値を導けるパラメータϕを得ることが学習における目標です。

次に、MLPScoreFuncのパラメータϕを得るために用いる損失関数を実装します。ここでは、IPS推定量に対応可能なリストワイズ損失関数を実装します。観測されるクリックデータをポジションバイアスパラメータの逆数で重み付けるだけなのでとても簡単です。

```
from typing import Optional

from torch import ones_like, FloatTensor
from torch.nn.functional import log_softmax
```

```
def listwise_loss(
    scores: FloatTensor, # f_{\phi}(u,i)
    click: FloatTensor, # C(u,i,k)
    theta: Optional[FloatTensor] = None # \theta(k)
) -> float:
    """リストワイズ損失関数."""
    if theta is None:
        theta = ones_like(click)
    loss = - (click / theta) * log_softmax(scores, dim=-1)
    return loss.sum(1).mean()
```

ここで実装したlistwise_lossは、3つの入力をもとにリストワイズ損失を計算する関数です。scoresはスコアリング関数の出力で、先に実装したMLPScoreFuncのself.output(h)がこれに対応します。次にclickは2値のクリック発生有無データです。数式では、$C(u,i,k)$ と書いていました。本来は真の嗜好度合いデータが得られていることが理想的ですが、それは現実ではなかなかあり得ないため、より安価に観測可能なクリックデータを用いてランキングシステムの性能を近似する必要があるのでした。その観測データを用いた性能の近似において鍵となるのが、ポジションバイアスパラメータthetaです。IPS推定量は、このポジションバイアスパラメータの逆数でクリックの価値を重み付けることで、ポジションバイアスの影響を除去するものでした。それを踏まえlistwise_lossは、4.2節でも定義した次の損失関数を出力するよう実装されています*19。

$$\hat{\mathcal{J}}_{IPS}(f_\phi;\mathcal{D}) = -\frac{1}{N}\sum_{j=1}^{N}\sum_{i\in[m]}\frac{C(u_j,i,y_j(i))}{\theta(y_j(i))}\cdot\log\frac{\exp(f_\phi(u_j,i))}{\sum_{i'\in[m]}\exp(f_\phi(u_j,i'))}$$

なおそれぞれに対応する推定量をlistwise_lossとして代わりに実装することで、アイテム選択バイアスやクリックノイズなどより複雑な状況に対応することもできます。最後にlistwise_lossを最小化する基準でMLPScoreFuncのモデルパラメータを得ます。この学習の手順は、PyTorch

＊19 実際はクエリごとに評価値が与えられているドキュメントの数が異なるため、listwise_lossに追加的な工夫をして実装しています。しかしこの点は本書の内容において重要ではないため、ここでは省略しています。詳細が気になる方は、GitHub リポジトリを確認してみてください。

を用いた標準的な学習の流れに沿って次のように実装できます。

```
from torch.utils.data import DataLoader

for _ in range(n_epochs):
    loader = DataLoader(
        train,
        batch_size=batch_size,
        shuffle=True,
        collate_fn=train.collate_fn(),
    )
    for batch in loader:
        # クリックデータしか観測できない状況を再現するために、
        # 嗜好度合いデータをクリックデータにあえて変換する
        click, theta = convert_gamma_to_implicit(
            relevance=batch.relevance, pow_true=pow_true, pow_used=pow_used
        )
        # IPS推定量に基づいたリストワイズ損失を計算する
        # `theta`を与えなければ、ナイーブ推定量に基づいた損失を計算できる
        loss = listwise_loss(score_fn(batch.features), click, theta)
        optimizer.zero_grad()
        loss.backward()
        optimizer.step()
```

n_epochsはエポック数、batch_sizeはバッチサイズ、score_fnは学習したいスコアリング関数、optimizerはモデルパラメータの学習に用いる最適化手法で、事前に決めておきます。またtrainは先に読み込んでおいたトレーニングデータです。convert_gamma_to_implicitという関数を用いることで、真の嗜好度合いデータをクリックデータに変換し、現実的な状況を実験のために意図的に作り出しています。次にlistwise_lossを使ってリストワイズ損失を計算し、その損失に従ってoptimizerがモデルパラメータϕを更新します。

ここで実装した学習の流れはとても一般的なものです。よって、スコアリング関数を自分好みの設計にした上で、IPS推定量に基づいた学習やlistwise_lossを実装し直すことで、自分で導出した別の推定量をもとにスコアリング関数を学習することもできます。

4.3.3 半人工データを用いたIPS推定量の性能検証

IPS推定量に対応可能なスコアリング関数の学習手順を実装したところで、半人工データによりIPS推定量の性能を3つの観点から検証します。まずは準備としてオリジナルのMSLRデータセットを読み込んでおきます。

```
from pytorchltr.datasets import MSLR30K

# オリジナルのMSLR30Kデータセットを読み込む
train = MSLR30K(split="train")
test = MSLR30K(split="test")
```

また、本節では一貫して次の実験設定を用いることにします。

```
from torch.optim import Adam

from model import MLPScoreFunc
from train import train_ranker

# 実験設定
batch_size = 32 # バッチサイズ
hidden_layer_sizes = (10,10) # 多層パーセプトロンの構造
learning_rate = 0.0001 # 学習率
n_epochs = 100 # エポック数

torch.manual_seed(12345)
# スコアリング関数
score_fn = MLPScoreFunc(
    input_size=train[0].features.shape[1],
    hidden_layer_sizes=hidden_layer_sizes,
)
# モデルパラメータの最適化手法
optimizer = Adam(score_fn.parameters(), lr=learning_rate)
```

準備ができたところで、性能検証を行います。最初に検証するのは、**ナイーブ推定量とIPS推定量のランキング性能**です。これは著者が実装した

train_rankerという関数を用いることで検証できます。train_rankerの実装自体は、本節での性能検証が目的で一般性はないため詳細な解説は行いません[20]。ここでは次のように、train_rankerに実験設定や用いる推定量を与えることでテストデータにおけるランキング性能(nDCG@10)の推移を出力します。

```
test_ndcg_score_list_ips = train_ranker(
    score_fn=score_fn, # スコアリング関数
    optimizer=optimizer, # モデルパラメータの最適化手法
    estimator="ips", # 推定量. `naive`, `ips`, or `ideal`
    train=train, # トレーニングデータ
    test=test, # テストデータ
    batch_size=batch_size, # バッチサイズ
    pow_true=1.0, # ポジションバイアスの大きさを決める実験パラメータ
    n_epochs=n_epochs, # エポック数
)
```

estimator="naive"とすることで、ナイーブ推定量を用いてポジションバイアスの影響を無視したときのランキング性能を検証することもできます。estimator="ideal"と設定すると、現実にはほとんど手に入れることができない真の嗜好度合い$\gamma(u,i)$を使ってスコアリング関数を学習したときの性能を参考として検証できます。ここではestimatorとして"naive"・"ips"・"ideal"を設定することで、ナイーブ推定量を用いたとき、IPS推定量を用いたとき、そして仮に真の嗜好度合いが得られるときのそれぞれのケースでスコアリング関数を学習します。そうして得たテストデータにおけるランキング性能(nDCG@10)の推移を、図4.15に描画しました[21]。

＊20 内部実装は https://github.com/ghmagazine/ml_design_book/blob/master/python/ch04/train.py から確認できます。

＊21 図4.15~図4.18について、カラーバージョンは https://github.com/ghmagazine/ml_design_book/tree/master/python/ch04 の notebook ファイルをご覧ください。

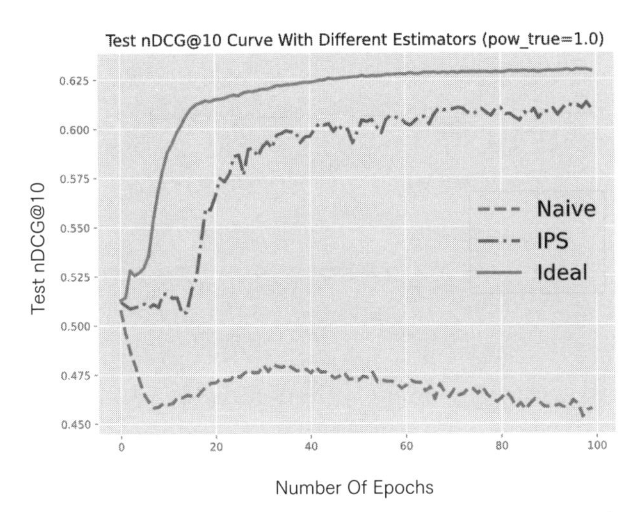

■ **図 4.15**／異なる推定量を用いたときのランキング性能（テストデータにおけるnDCG@10）の比較

縦軸はテストデータを用いて計算したnDCG@10を、横軸は学習におけるエポック数を表しています。なお、テストデータに対するnDCG@10はクリックデータには変換せず、真の嗜好度合い $\gamma(u,i)$ をそのまま用いて計算しています。安価に手に入るクリックデータのみを用いて真の嗜好度合いについての良いランキングを達成したかったわけですから、この評価方法は妥当でしょう。

図4.15を見ると、真の嗜好度合いが得られる理想的な設定で学習したスコアリング関数（Ideal）が最も良いランキング性能を示しています。他の2つの学習曲線（NaiveとIPS）は、真の嗜好度合いが得られない状況のものなのでこれは妥当な結果です。真の嗜好度合いが得られる設定での性能は、その他の実験設定を固定したときにクリックデータのみを用いて達成できる性能の上限として参考にします。

その上で注目すべきなのは、**ナイーブ推定量を用いたときとIPS推定量を用いたときのランキング性能の差**です。図4.15によると、IPS推定量を用いることで真の嗜好度合いが得られることを仮定した理想的な設定での性能と近い性能を達成できていることが分かります。その一方で、ポジションバイアスの存在を無視してナイーブ推定量を用いてしまうと、性能の面でIPS推定量に大きく劣ってしまうことが分かります。それどころか、学習が進んでもランキング性能が向上せず、真の嗜好度合いの順序をほとんど学習できていない様子です。この性能検証から、ポジションバイアスが存在するにもかかわらずその影響を無視してしまうと、やはりランキング性能の追求に関する努力が意味のないものになってしまいかねないことが分かります。

次に、ポジションバイアスの大きさの違いがランキング性能に与える影響を調べます。半人工データ生成の部分で説明した通り、ポジションバイアスの大きさは、$\theta(k)$ を生成する数式における pow_true で調整できました。pow_true に大きい値を設定すればポジションバイアスの影響が大きくなり、pow_true に小さい値を設定すればポジションバイアスの影響が小さくなります。$pow\_true = 0$ とすると、ポジションバイアスの影響が存在しない半人工データが生成されます。ここでは、IPS推定量を用いたときのランキング性能に対してポジションバイアスの大きさが与える影響を調べるために、$pow\_true \in [0.0, 0.5, 1.0, 1.5]$ と変化させたときのランキング性能の変化を調べます。これはtrain_rankerのpow_trueに与える値を変化させることで検証可能です。

```
test_ndcg_score_list_medium_bias = train_ranker(
    score_fn=score_fn,
    optimizer=optimizer,
    estimator="ips", # ここでは`ips`に固定
    train=train,
    test=test,
    batch_size=batch_size,
    pow_true=1.0, # pow_true \in [0.0, 0.5, 1.0, 1.5]と変化させる
    n_epochs=n_epochs,
)
```

ここではestimator="ips"と固定した上で、pow_trueを $[0.0, 0.5, 1.0, 1.5]$ と変化させます。それ以外の実験設定は最初に定義したものを引き続き使用します。これにより得られた結果を、図4.16に描画しました。

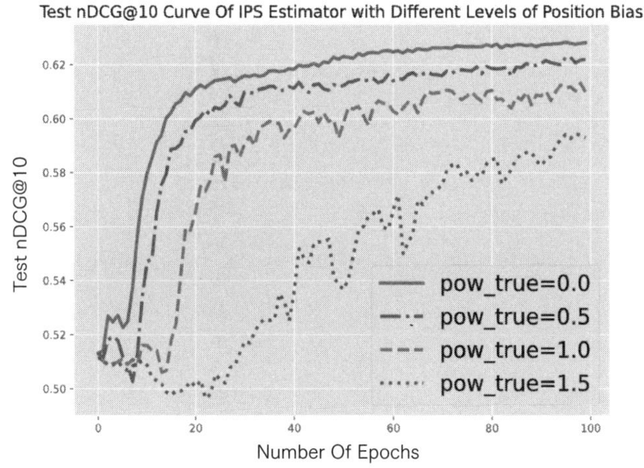

■ **図 4.16**／ポジションバイアスの大きさが変化したときのIPS推定量のランキング性能の変化

図4.16から、ポジションバイアスの影響が大きいほど、IPS推定量を使ったとしてもランキング性能が悪化することが分かります。しかしだからと言って、IPS推定量の効力が失われたわけではありません。図4.17に、`pow_true=1.0`および`pow_true=1.5`としたときのナイーブ推定量とIPS推定量のランキング性能を示しました。

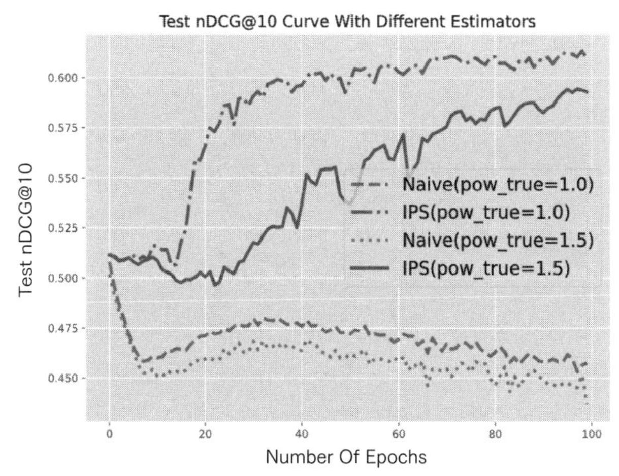

■ **図 4.17**／ポジションバイアスの大きさが変化したときのナイーブ推定量とIPS推定量によるランキング性能の比較

これを見ると、ナイーブ推定量を用いたときもIPS推定量を用いたときと同様にポジションバイアスが大きくなるにつれて性能が悪化していることが分かります。ポジションバイアスの影響が大きいと、我々が本来目的変数としたい真の嗜好度合いと手元に観測されるクリックデータの間の乖離が大きくなるわけですから、どの推定量を用いたとしても性能が悪化してしまいます。ポジションバイアスが大きければ、理想的に真の嗜好度合いが手に入る場合と近い性能をクリックデータのみから達成することは難しいのです。とはいえ大事なのは、どんなpow_trueについてもIPS推定量がナイーブ推定量を大きく上回る性能を発揮していることです。

さてこれまではずっと、真のポジションバイアスパラメータ $\theta(k)$ が既知の状況で性能検証を行ってきました。しかし実際には、ポジションバイアスパラメータ $\theta(k)$ はデータから推定する必要があり、真の値を用いてIPS推定量を計算することはできません。最後に、ポジションバイアスの大きさを見誤ってしまい $\theta(k)$ として真の値とは異なる値を用いてしまったときのIPS推定量の挙動を観察します。これはtrain_rankerのpow_trueとpow_usedに異なる値を与えることで検証できます。

```
test_ndcg_score_list = train_ranker(
    score_fn=score_fn,
    optimizer=optimizer,
    estimator="ips", # ここでは`ips`に固定
    train=train,
    test=test,
    batch_size=batch_size,
    pow_true=1.0, # ここでは1.0に固定
    pow_used=0.5, # pow_used \in [0.0, 0.5, 1.0, 1.5]と変化させる
    n_epochs=n_epochs,
)
```

pow_trueは半人工データを生成する際に用いられる値であり、ここではpow_true=1.0と固定します。次にpow_usedは、IPS推定量を計算する際に用いられる値です。pow_trueとpow_usedに違う値が与えられる状況は、ポジションバイアスの大きさを見誤った状態でIPS推定量を使ってしまう状況に対応します。具体的には、pow_true=1.0のときにpow_ used=0.5とするとポジションバイアスの大きさを過小評価している状況を、pow_used=1.5とするとポジションバイアスの大きさを過大評価している状況を再現できます。pow_used=0.0は、ポジションバイアスがまったく存在しないと見込んでいるのと同等であり、これはナイーブ推定量を使ってスコアリング関数を学習することに対応します。

$pow\_true = 1.0$ と固定した上で、 $pow\_used \in [0.0, 0.5, 1.0, 1.5]$ と変化させたときのIPS推定量の性能を図4.18に示しました。

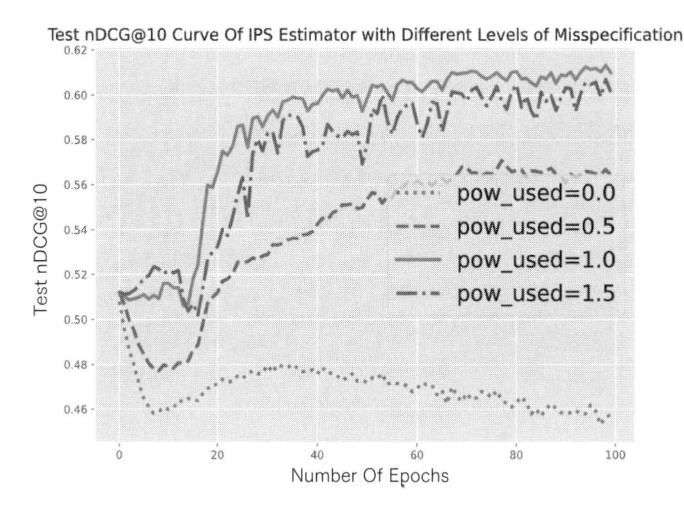

■ 図 4.18／ポジションバイアスの大きさを見誤ったときのランキング性能の変化

面白い挙動が観測されています。まずは、pow_used=1.0としたときのランキング性能が最も良いことが分かります。ここで用いている半人工データはpow_true=1.0でしたから、pow_used=1.0は真のポジションバイアスパラメータを用いてIPS推定量を計算できている状況に相当します。このことから、正確なポジションバイアスパラメータの値を使って学習することが理想的であることが分かります。次にpow_used=0.5とpow_used=1.5が与えられる場合でも、学習が進むにつれてテストデータに対する真の目的関数の値を改善し終盤ではpow_used=1.0の場合に近い性能を見せています。これらはポジションバイアスの存在は考慮しているものの、その影響の大きさを本来よりも小さく見積もっている場合(pow_used=0.5)と大きく見積もっている場合(pow_used=1.5)に相当します。これらの場合では、たしかにpow_used=1.0の場合と比べると性能が劣ってはしまうものの、学習はきちんと進んでおり嗜好度合いの高いアイテムを上位に並べるスコアリング関数を学習できているようです。最後に、pow_used=0.0のケースでは学習がまったく進んでおらず、他の3つのケースよりも明らかに悪い性能を示していることが分かります。pow_used=0.0は、ポジションバイアスの存在をまったくもって無視してナイーブ推定量を用いている場合に対応します。すなわち、**ポジションバイアスの存在を考慮していれば多少その大きさを見誤ったとしてもIPS推定量の効力を引き出せる一方、ポジションバイアスの存在を完全に無視してしまうと学習が意味を成さなくなってしまう可能性がある**のです。ここでも、データの観測構造について何も対処せずに足早に学習に進んでしまうと、手元では精度が向上しているように見えても、実際のところ真のランキング性能には何も変化がないという不毛な状況に陥りかねません。さまざまなバイアスの影響が交錯する現実世界において完璧なモデルやパラメータ推定を目指すのは確かに困難ですが、その上でも重要なバイアスを特定しできる限りの対応をする姿勢を持つことが大切なのです。

4.4 本章のまとめと発展的な内容の紹介

本章では、クリックデータに含まれると考えられるいくつかのバイアスをモデル化し、それに基づいたランキングシステムの学習手順を導出するという実践的な内容を扱いました。具体的には、

- ポジションバイアスのみを考慮する(4.2.2項)
- ポジションバイアスとアイテム選択バイアスを考慮する(4.2.3項)
- ポジションバイアスとクリックノイズを考慮する(4.2.4項)

という3つの異なる方針で、観測構造のモデル化や推定量を導きました。それぞれについて、唐突にバイアスを除去するための推定量を紹介す

るのではなく、まずナイーブ推定量の期待値を計算することで、バイアスを無視することの影響を理解する方針をとりました。これにより、単に紹介された推定量を覚えることに終始せず、個別のデータ観測構造のモデル化に基づいて推定量を適宜導出するための汎用的な理解を目指しました。さらに簡易な数値例をもとに手を動かして推定量の挙動を調べることで、表面的ではない実践応用できるレベルでの内容理解を目指しました。

さてすでに何度か強調していますが、本章に登場したモデル化および推定量に良し悪しの優劣があるわけではありません。これらはあくまで基本となる選択肢にすぎず、分析者が問題設定や制約に応じて、どのモデルを用いるか選択したり独自に修正しながら活用するものです。例えば、IPS推定量を活用するための条件が満たされている状況では、扱いやすさを考慮してクリックノイズの存在をあえて無視し、ハイパーパラメータチューニングなどの他の部分にリソースを配分する判断もあり得るでしょう。逆に、クリックノイズの影響が大きいことが想定される場面では、多少の手間をかけてでもクリックノイズを表現できる現実的なモデルを採用したほうが良いかもしれません。また、推薦枠の設計上IPS推定量を活用できない状況で、ポジションバイアスとクリックノイズの両方を考慮したいとします。そんなときは、本章で扱った基本となるモデルを参考に、3種類のバイアスをすべて考慮できるモデル化と推定量を自ら導くことになるでしょう。4.3節の簡易実験で検証したように、重大なバイアスの見逃しはそのあとのステップに大きな悪影響を及ぼす可能性があります。よってまずは、最低限対処しなければならない重大なバイアスを突き止める意識を持つ必要があります。しかしそのあと、どのバイアスの影響まで考慮すべきか線引きをしなければならないのは我々自身であり、そこに「このモデルが最良のモデルだ」といった単一の正解は存在しません。実践者に求められる姿勢は、最先端手法などを正解として仕入れることではなく（モデル化や推定量の）選択肢・武器を着実に増やすことであり、それら選択肢の性質をよく理解した上で駆使しながら、個別の問題に臨機応変に対応することなのです。

なお本章の内容は主に、[Wang18] [Agarwal19a] [Agarwal19b] [Oosterhuis20a] [Vardasbi20]に基づいており、より詳細な内容はこれらの論文を参照するのが良いでしょう。またThe Web Conference2020におけるチュートリアル[Oosterhuis20c][*22]は、より広範な範囲も網羅したサーベイを提供しており、さらなる勉強の指針を立てるのに役立つでしょう。ただしこれらの論文や資料ではそれぞれ異なる記号で問題が定式化されており、本書ではこれらの論文の内容を統一的に扱うための独自の記号を用いて枠組みを定式化し直しています。よって、それぞれの論文の記号が何を表しているのか誤解しないよう注意を払いつつ内容をフォローするのが安心です。

さて本節で扱った真の嗜好度合いとクリックデータの間に存在するバイアスに関する研究は活発に行われています。その中から「ポジションバイアスパラメータの推定方法」「実システムへの応用研究」「その他の発展的な話題」についていくつかの参考文献を紹介します。

ポジションバイアスパラメータの推定方法

本節では、ポジションバイアスパラメータを推定する方法として、Pair Result RandomizationとRegression-EMという2つの手法を紹介しました。特にログデータのみを用いてポジションバイアスパラメータを推定するための方法は1つの主要な研究領域となっており、いくつかの発展的な手法が存在します。例えば[Agarwal20]は、確率的なランキングシステムによって収集されたデータをうまく活用することで、Regression-EMのようにMステップで嗜好度合いのパラメータγを推定するという難しい工程を行うことなく、ポジションバイアスパラメータを推定できる手法を提案しています。さらに[Ai19]は、PBMにおいてポジションバイアスパラメータと嗜好度合いのパラメータが互いに双対関係にあることを利用して、嗜好度合いを最大化するためのランキングモデルの学習とポジションバイアスパラメータの推定を同時に行うアルゴリズムを提案しています。興味がある方は、これらの論文の内容を把握することで類似の問題に取り組む際の幅が広がるでしょう。

＊22 https://ilps.github.io/webconf2020-tutorial-unbiased-ltr/

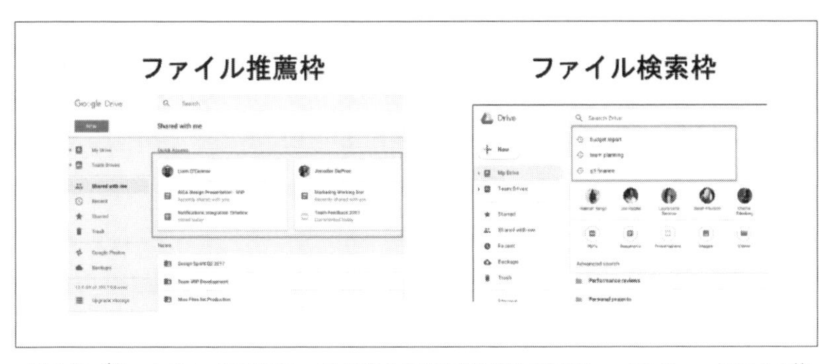

■ 図4.19／Google Driveにおけるファイル検索および推薦枠（[Qin20]のFigure 2とFigure 4をもとに筆者が作成）

実システムへの応用研究

企業による応用事例もいくつか報告されています。[Qin20]は、Google Driveにおけるファイル検索およびファイル推薦システムの構築にバイアス除去の考え方を応用しています。Google Driveには図4.19のように「ドライブで検索」という検索枠や「クイックアクセス」というファイル推薦枠が存在します。これらの枠においてユーザの意図に沿うファイルのランキングを提示することが目標です。このGoogle Driveの応用では、ファイル検索および推薦システムの構築にIPS推定量を応用していることが報告されています。またポジションバイアスパラメータは、ログデータにRegression-EMを適用することで推定しているようです。論文では、ポジションバイアスを考慮していない場合のランキングシステムとIPS推定量を使ってバイアスの影響を考慮したランキングシステムの性能を、1週間のオンラインA/Bテストで比較しています。その結果として、ポジションバイアスを考慮することによる1～2%のクリック確率（CTR）の有意な改善が報告されています*23。

[Hu19]では、Jinri Toutiaoという中国のニュースアプリにおけるランキングシステムにバイアス除去の考え方を応用しています。この応用においてもポジションバイアスのみを考慮したランキングシステムとバイアスについて何も考慮していないランキングシステムの性能をオンラインA/B

＊23 PBMに基づくとA/Bテストにおいて CTR を向上させるためには嗜好度合いが高いアイテムを上位で並べるしかなく、その意味でCTRで性能を比べる評価方法は妥当性を持ちます。

テストで比較しています。その結果、ポジションバイアスを考慮することで最上位のポジションにおけるCTRを2.6%、上位3番目までのポジションにおけるCTRを1.2%、上位5番目までのポジションにおけるCTRを0.8%それぞれ有意に改善できたことが報告されています。

最後にLi(2020)では、TripAdvisorにおけるホテル推薦にポジションバイアス除去の考え方を応用しています。こちらもA/Bテストによりポジションバイアスを考慮した場合とバイアスの存在を無視した場合を比較したところ、ポジションバイアスを考慮することで1.5%程度のCTR改善が見られたことを報告しています。ポジションバイアスに代表される真の嗜好度合いとクリックデータの間の乖離を補正するアプローチはまだまだ歴史が浅く、現在進行形で応用事例が作られている最中にあります。KDDやWSDM、RecSysなどの機械学習における応用系の国際会議にて海外企業による応用事例が報告され始めている傾向にあるので、注視しておくと参考になる事例に出会えるでしょう。

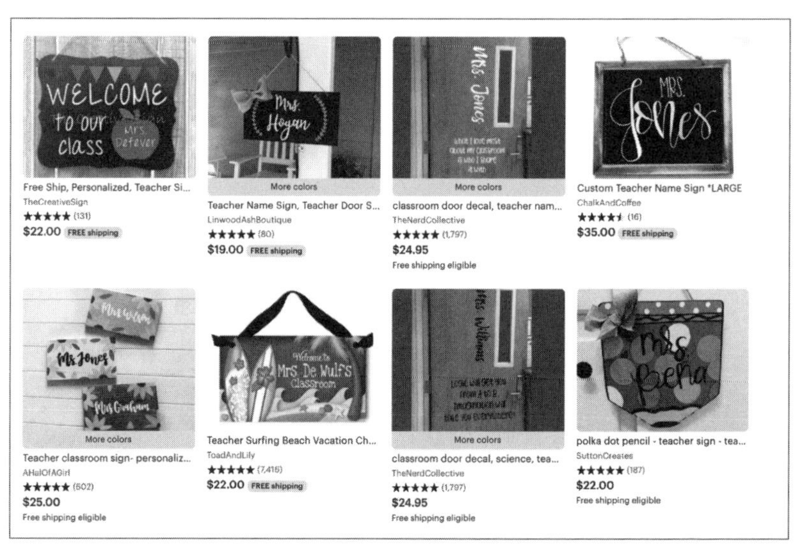

■ **図 4.20**／格子状の推薦枠の例（[Guo20]のFigure 1より引用）

その他の発展的な話題

その他の発展的な話題としていくつかの各論が存在します。例えば[Jagerman20]は、逆数重み付けを含む目的関数をそのまま最小化するのではなく、確率的勾配降下法でモデルパラメータを最適化する際に各データをサンプリングする確率を重み付けする学習方法を提案しています。IPS推定量やpolicy-aware推定量などを用いたときに、逆数重み付けによる分散の問題が発生し学習が安定しない問題の解決がねらいです。[Hu19]は、一般的なランキング学習において強力なベースライン手法としてとらえられているLambdaMartをスコアリング関数として用いる際にポジションバイアスを考慮するための工夫を提案しています。最後に[Guo20]では、推薦枠が本章で扱ってきたアイテムを縦に直列させてユーザに提示するものではなく、図4.20のように格子状にアイテムを並べる設計だった場合にポジションバイアスをうまく推定する方法を提案しています。これらの他にも[Fang20] [Oosterhuis20b] [Ai21] [Oosterhuis21] [Wang21] [Wu21]などで関連研究が行われているので、興味がある人は調べてみると良いでしょう。

4.5 次章に向けて

本章では、ユーザ体験を志向したランキングシステムの学習手順を導出することを通じて、本書が提案するフレームワークを臨機応変に使いこなすための基礎を養いました。本章で扱った内容はとても重要かつ汎用的なものです。一方Eコマースプラットフォームなどでの応用に目を向けると、ユーザ体験もさることながらコンバージョン数や収益を最大化したい場面もたくさんあります。もしくは、ユーザ体験の向上を追求する場合でも動画や楽曲の視聴時間などクリック以上の情報が手に入る場合もあります。そういった場面では、本章で扱ったクリックデータのみを用いる場合とは異なるデータ観測構造のモデル化や推定量を適用する必要があります。またKPIが推薦枠内に留まらずプラットフォーム全体について定義されている場合は、これまでとは一風変わったアプローチを採用する必要が出てきます。

次章ではより先端的な話題として、収益など追加的な情報に基づいて定義されるKPIやプラットフォーム全体について定義されるKPIを扱います。

4.6 省略した計算過程

ここでは、4.2.2項と4.2.3項の数値例で省略した表4.3と表4.6を完成させるために必要な計算をまとめて掲載します。

4.2.2項で用いた数値例に関する計算過程

- **p2においてナイーブ推定量を用いて f_1 と f_2 の性能を推定**

$$
\begin{aligned}
\hat{\mathcal{J}}_{naive}(f_1;p2) &= C(u,i_1,y_{f_2}(i_1))\cdot y_{f_1}(i_1)+C(u,i_2,y_{f_2}(i_2))\cdot y_{f_1}(i_2)\\
&= C(u,i_1,2)\cdot 1+C(u,i_2,1)\cdot 2\\
&= 1\cdot 1+0\cdot 2 \quad \because p2\\
&= 1.0
\end{aligned}
$$

$$
\begin{aligned}
\hat{\mathcal{J}}_{naive}(f_2;p2) &= C(u,i_1,y_{f_2}(i_1))\cdot y_{f_2}(i_1)+C(u,i_2,y_{f_2}(i_2))\cdot y_{f_2}(i_2)\\
&= C(u,i_1,2)\cdot 2+C(u,i_2,1)\cdot 1\\
&= 1\cdot 2+0\cdot 1 \quad \because p2\\
&= 2.0
\end{aligned}
$$

- **p2においてIPS推定量を用いて f_1 と f_2 の性能を推定**

$$
\begin{aligned}
\hat{\mathcal{J}}_{IPS}(f_1;p2) &= \frac{C(u,i_1,y_{f_2}(i_1))}{\theta(y_{f_2}(i_1))}\cdot y_{f_1}(i_1)+\frac{C(u,i_2,y_{f_2}(i_2))}{\theta(y_{f_2}(i_2))}\cdot y_{f_1}(i_2)\\
&= \frac{C(u,i_1,2)}{\theta(2)}\cdot 1+\frac{C(u,i_2,1)}{\theta(1)}\cdot 2\\
&= \frac{1}{0.1}\cdot 1+\frac{0}{1.0}\cdot 2 \quad \because p2\\
&= 10.0
\end{aligned}
$$

$$
\begin{aligned}
\hat{\mathcal{J}}_{IPS}(f_2; p2) &= \frac{C(u, i_1, y_{f_2}(i_1))}{\theta(y_{f_2}(i_1))} \cdot y_{f_2}(i_1) + \frac{C(u, i_2, y_{f_2}(i_2))}{\theta(y_{f_2}(i_2))} \cdot y_{f_2}(i_2) \\
&= \frac{C(u, i_1, 2)}{\theta(2)} \cdot 2 + \frac{C(u, i_2, 1)}{\theta(1)} \cdot 1 \\
&= \frac{1}{0.1} \cdot 2 + \frac{0}{1.0} \cdot 1 \quad \because p2 \\
&= 20.0
\end{aligned}
$$

- **p3においてナイーブ推定量を用いて f_1 と f_2 の性能を推定**

$$
\begin{aligned}
\hat{\mathcal{J}}_{naive}(f_1; p3) &= C(u, i_1, y_{f_2}(i_1)) \cdot y_{f_1}(i_1) + C(u, i_2, y_{f_2}(i_2)) \cdot y_{f_1}(i_2) \\
&= C(u, i_1, 2) \cdot 1 + C(u, i_2, 1) \cdot 2 \\
&= 0 \cdot 1 + 1 \cdot 2 \quad \because p3 \\
&= 2.0
\end{aligned}
$$

$$
\begin{aligned}
\hat{\mathcal{J}}_{naive}(f_2; p3) &= C(u, i_1, y_{f_2}(i_1)) \cdot y_{f_2}(i_1) + C(u, i_2, y_{f_2}(i_2)) \cdot y_{f_2}(i_2) \\
&= C(u, i_1, 2) \cdot 2 + C(u, i_2, 1) \cdot 1 \\
&= 0 \cdot 2 + 1 \cdot 1 \quad \because p3 \\
&= 1.0
\end{aligned}
$$

- **p3においてIPS推定量を用いて f_1 と f_2 の性能を推定**

$$
\begin{aligned}
\hat{\mathcal{J}}_{IPS}(f_1; p3) &= \frac{C(u, i_1, y_{f_2}(i_1))}{\theta(y_{f_2}(i_1))} \cdot y_{f_1}(i_1) + \frac{C(u, i_2, y_{f_2}(i_2))}{\theta(y_{f_2}(i_2))} \cdot y_{f_1}(i_2) \\
&= \frac{C(u, i_1, 2)}{\theta(2)} \cdot 1 + \frac{C(u, i_2, 1)}{\theta(1)} \cdot 2 \\
&= \frac{0}{0.1} \cdot 1 + \frac{1}{1.0} \cdot 2 \quad \because p3 \\
&= 2.0
\end{aligned}
$$

$$
\begin{aligned}
\hat{\mathcal{J}}_{IPS}(f_2; p3) &= \frac{C(u, i_1, y_{f_2}(i_1))}{\theta(y_{f_2}(i_1))} \cdot y_{f_2}(i_1) + \frac{C(u, i_2, y_{f_2}(i_2))}{\theta(y_{f_2}(i_2))} \cdot y_{f_2}(i_2) \\
&= \frac{C(u, i_1, 2)}{\theta(2)} \cdot 2 + \frac{C(u, i_2, 1)}{\theta(1)} \cdot 1 \\
&= \frac{0}{0.1} \cdot 2 + \frac{1}{1.0} \cdot 1 \quad \because p3 \\
&= 1.0
\end{aligned}
$$

- **p4においてナイーブ推定量を用いて f_1 と f_2 の性能を推定**

$$
\begin{aligned}
\hat{\mathcal{J}}_{naive}(f_1; p4) &= C(u, i_1, y_{f_2}(i_1)) \cdot y_{f_1}(i_1) + C(u, i_2, y_{f_2}(i_2)) \cdot y_{f_1}(i_2) \\
&= C(u, i_1, 2) \cdot 1 + C(u, i_2, 1) \cdot 2 \\
&= 0 \cdot 1 + 0 \cdot 2 \quad \because p4 \\
&= 0.0
\end{aligned}
$$

$$
\begin{aligned}
\hat{\mathcal{J}}_{naive}(f_2; p4) &= C(u, i_1, y_{f_2}(i_1)) \cdot y_{f_2}(i_1) + C(u, i_2, y_{f_2}(i_2)) \cdot y_{f_2}(i_2) \\
&= C(u, i_1, 2) \cdot 2 + C(u, i_2, 1) \cdot 1 \\
&= 0 \cdot 2 + 0 \cdot 1 \quad \because p4 \\
&= 0.0
\end{aligned}
$$

- **p4においてIPS推定量を用いて f_1 と f_2 の性能を推定**

$$
\begin{aligned}
\hat{\mathcal{J}}_{IPS}(f_1; p4) &= \frac{C(u, i_1, y_{f_2}(i_1))}{\theta(y_{f_2}(i_1))} \cdot y_{f_1}(i_1) + \frac{C(u, i_2, y_{f_2}(i_2))}{\theta(y_{f_2}(i_2))} \cdot y_{f_1}(i_2) \\
&= \frac{C(u, i_1, 2)}{\theta(2)} \cdot 1 + \frac{C(u, i_2, 1)}{\theta(1)} \cdot 2 \\
&= \frac{0}{0.1} \cdot 1 + \frac{0}{1.0} \cdot 2 \quad \because p4 \\
&= 0.0
\end{aligned}
$$

$$
\begin{aligned}
\hat{\mathcal{J}}_{IPS}(f_2; p4) &= \frac{C(u, i_1, y_{f_2}(i_1))}{\theta(y_{f_2}(i_1))} \cdot y_{f_2}(i_1) + \frac{C(u, i_2, y_{f_2}(i_2))}{\theta(y_{f_2}(i_2))} \cdot y_{f_2}(i_2) \\
&= \frac{C(u, i_1, 2)}{\theta(2)} \cdot 2 + \frac{C(u, i_2, 1)}{\theta(1)} \cdot 1 \\
&= \frac{0}{0.1} \cdot 2 + \frac{0}{1.0} \cdot 1 \quad \because p4 \\
&= 0.0
\end{aligned}
$$

これで残っていた3パターン（p2〜4）についてのナイーブ推定量とIPS推定量による推定値を計算できました。

4.2.3項で用いた数値例に関する計算過程

- **p2においてナイーブ推定量を用いて π_ϕ の性能を推定**

$$
\begin{aligned}
&\hat{\mathcal{J}}_{naive}(\pi_\phi; p2) \\
&= \pi_\phi(y_1 \mid u) \cdot (C(u, i_1, y_1(i_1)) \cdot y_1(i_1) + C(u, i_2, y_1(i_2)) \cdot y_1(i_2) + C(u, i_3, y_1(i_3)) \cdot y_1(i_3)) \\
&\quad + \pi_\phi(y_2 \mid u) \cdot (C(u, i_1, y_1(i_1)) \cdot y_2(i_1) + C(u, i_2, y_1(i_2)) \cdot y_2(i_2) + C(u, i_3, y_1(i_3)) \cdot y_2(i_3)) \\
&= \phi \cdot (1 \cdot 1 + 0 \cdot 2 + 0 \cdot 3) + (1 - \phi) \cdot (1 \cdot 3 + 0 \cdot 2 + 0 \cdot 1) \\
&= 3 - 2\phi
\end{aligned}
$$

- **p2においてpolicy-aware推定量を用いて π_ϕ の性能を推定**

$$
\begin{aligned}
&\hat{\mathcal{J}}_{aware}(\pi_\phi; p2) \\
&= \pi_\phi(y_1 \mid u) \cdot \left(\frac{C(u, i_1, y_1(i_1))}{\bar{\theta}(i_1; u, \pi_{0.2})} \cdot y_1(i_1) + \frac{C(u, i_2, y_1(i_2))}{\bar{\theta}(i_2; u, \pi_{0.2})} \cdot y_1(i_2) + \frac{C(u, i_3, y_1(i_3))}{\bar{\theta}(i_3; u, \pi_{0.2})} \cdot y_1(i_3) \right) \\
&\quad + \pi_\phi(y_2 \mid u) \cdot \left(\frac{C(u, i_1, y_1(i_1))}{\bar{\theta}(i_1; u, \pi_{0.2})} \cdot y_2(i_1) + \frac{C(u, i_2, y_1(i_2))}{\bar{\theta}(i_2; u, \pi_{0.2})} \cdot y_2(i_2) + \frac{C(u, i_3, y_1(i_3))}{\bar{\theta}(i_3; u, \pi_{0.2})} \cdot y_2(i_3) \right) \\
&= \phi \cdot (\frac{1}{0.2} \cdot 1 + \frac{0}{0.1} \cdot 2 + \frac{0}{0.8} \cdot 3) + (1 - \phi) \cdot (\frac{1}{0.2} \cdot 3 + \frac{0}{0.1} \cdot 2 + \frac{0}{0.8} \cdot 1) \\
&= 15 - 10\phi
\end{aligned}
$$

- **p3においてナイーブ推定量を用いて π_ϕ の性能を推定**

$$
\begin{aligned}
&\hat{\mathcal{J}}_{naive}(\pi_\phi; p3) \\
&= \pi_\phi(y_1 \mid u) \cdot (C(u, i_1, y_2(i_1)) \cdot y_1(i_1) + C(u, i_2, y_2(i_2)) \cdot y_1(i_2) + C(u, i_3, y_2(i_3)) \cdot y_1(i_3)) \\
&\quad + \pi_\phi(y_2 \mid u) \cdot (C(u, i_1, y_2(i_1)) \cdot y_2(i_1) + C(u, i_2, y_2(i_2)) \cdot y_2(i_2) + C(u, i_3, y_2(i_3)) \cdot y_2(i_3)) \\
&= \phi \cdot (0 \cdot 1 + 1 \cdot 2 + 1 \cdot 3) + (1 - \phi) \cdot (0 \cdot 3 + 1 \cdot 2 + 1 \cdot 1) \\
&= 3 + 2\phi
\end{aligned}
$$

- **p3においてpolicy-aware推定量を用いて π_ϕ の性能を推定**

$$
\begin{aligned}
&\hat{\mathcal{J}}_{aware}(\pi_\phi; p3) \\
&= \pi_\phi(y_1 \mid u) \cdot \left(\frac{C(u, i_1, y_2(i_1))}{\bar{\theta}(i_1; u, \pi_{0.2})} \cdot y_1(i_1) + \frac{C(u, i_2, y_2(i_2))}{\bar{\theta}(i_2; u, \pi_{0.2})} \cdot y_1(i_2) + \frac{C(u, i_3, y_2(i_3))}{\bar{\theta}(i_3; u, \pi_{0.2})} \cdot y_1(i_3) \right) \\
&\quad + \pi_\phi(y_2 \mid u) \cdot \left(\frac{C(u, i_1, y_2(i_1))}{\bar{\theta}(i_1; u, \pi_{0.2})} \cdot y_2(i_1) + \frac{C(u, i_2, , y_2(i_2))}{\bar{\theta}(i_2; u, \pi_{0.2})} \cdot y_2(i_2) + \frac{C(u, i_3, y_2(i_3))}{\bar{\theta}(i_3; u, \pi_{0.2})} \cdot y_2(i_3) \right) \\
&= \phi \cdot (\frac{0}{0.2} \cdot 1 + \frac{1}{0.1} \cdot 2 + \frac{1}{0.8} \cdot 3) + (1 - \phi) \cdot (\frac{0}{0.2} \cdot 3 + \frac{1}{0.1} \cdot 2 + \frac{1}{0.8} \cdot 1) \\
&= 21.25 + 2.5\phi
\end{aligned}
$$

- **p4においてナイーブ推定量を用いて π_ϕ の性能を推定**

$$
\begin{aligned}
&\hat{\mathcal{J}}_{naive}(\pi_\phi; p4) \\
&= \pi_\phi(y_1 \mid u) \cdot (C(u, i_1, y_2(i_1)) \cdot y_1(i_1) + C(u, i_2, y_2(i_2)) \cdot y_1(i_2) + C(u, i_3, y_2(i_3)) \cdot y_1(i_3)) \\
&\quad + \pi_\phi(y_2 \mid u) \cdot (C(u, i_1, y_2(i_1)) \cdot y_2(i_1) + C(u, i_2, y_2(i_2)) \cdot y_2(i_2) + C(u, i_3, y_2(i_3)) \cdot y_2(i_3)) \\
&= \phi \cdot (0 \cdot 1 + 0 \cdot 2 + 1 \cdot 3) \\
&+ (1 - \phi) \cdot (0 \cdot 3 + 0 \cdot 2 + 1 \cdot 1) \\
&= 1 + 2\phi
\end{aligned}
$$

- **p4においてpolicy-aware推定量を用いて π_ϕ の性能を推定**

$$
\begin{aligned}
&\hat{\mathcal{J}}_{aware}(\pi_\phi; p4) \\
&= \pi_\phi(y_1 \mid u) \cdot \left(\frac{C(u, i_1, y_2(i_1))}{\bar{\theta}(i_1; u, \pi_{0.2})} \cdot y_1(i_1) + \frac{C(u, i_2, y_2(i_2))}{\bar{\theta}(i_2; u, \pi_{0.2})} \cdot y_1(i_2) + \frac{C(u, i_3, y_2(i_3))}{\bar{\theta}(i_3; u, \pi_{0.2})} \cdot y_1(i_3) \right) \\
&\quad + \pi_\phi(y_2 \mid u) \cdot \left(\frac{C(u, i_1, y_2(i_1))}{\bar{\theta}(i_1; u, \pi_{0.2})} \cdot y_2(i_1) + \frac{C(u, i_2, , y_2(i_2))}{\bar{\theta}(i_2; u, \pi_{0.2})} \cdot y_2(i_2) + \frac{C(u, i_3, y_2(i_3))}{\bar{\theta}(i_3; u, \pi_{0.2})} \cdot y_2(i_3) \right) \\
&= \phi \cdot (\frac{0}{0.2} \cdot 1 + \frac{0}{0.1} \cdot 2 + \frac{1}{0.8} \cdot 3) + (1 - \phi) \cdot (\frac{0}{0.2} \cdot 3 + \frac{0}{0.1} \cdot 2 + \frac{1}{0.8} \cdot 1) \\
&= 1.25 + 2.5\phi
\end{aligned}
$$

- **p5においてナイーブ推定量を用いて π_ϕ の性能を推定**

$$
\begin{aligned}
&\hat{\mathcal{J}}_{naive}(\pi_\phi; p5) \\
&= \pi_\phi(y_1 \mid u) \cdot (C(u, i_1, y_2(i_1)) \cdot y_1(i_1) + C(u, i_2, y_2(i_2)) \cdot y_1(i_2) + C(u, i_3, y_2(i_3)) \cdot y_1(i_3)) \\
&\quad + \pi_\phi(y_2 \mid u) \cdot (C(u, i_1, y_2(i_1)) \cdot y_2(i_1) + C(u, i_2, y_2(i_2)) \cdot y_2(i_2) + C(u, i_3, y_2(i_3)) \cdot y_2(i_3)) \\
&= \phi \cdot (0 \cdot 1 + 1 \cdot 2 + 0 \cdot 3) + (1 - \phi) \cdot (0 \cdot 3 + 1 \cdot 2 + 0 \cdot 1) \\
&= 2
\end{aligned}
$$

- **p5においてpolicy-aware推定量を用いて π_ϕ の性能を推定**

$$
\begin{aligned}
&\hat{\mathcal{J}}_{aware}(\pi_\phi; p5) \\
&= \pi_\phi(y_1 \mid u) \cdot \left(\frac{C(u, i_1, y_2(i_1))}{\bar{\theta}(i_1; u, \pi_{0.2})} \cdot y_1(i_1) + \frac{C(u, i_2, y_2(i_2))}{\bar{\theta}(i_2; u, \pi_{0.2})} \cdot y_1(i_2) + \frac{C(u, i_3, y_2(i_3))}{\bar{\theta}(i_3; u, \pi_{0.2})} \cdot y_1(i_3) \right) \\
&\quad + \pi_\phi(y_2 \mid u) \cdot \left(\frac{C(u, i_1, y_2(i_1))}{\bar{\theta}(i_1; u, \pi_{0.2})} \cdot y_2(i_1) + \frac{C(u, i_2, , y_2(i_2))}{\bar{\theta}(i_2; u, \pi_{0.2})} \cdot y_2(i_2) + \frac{C(u, i_3, y_2(i_3))}{\bar{\theta}(i_3; u, \pi_{0.2})} \cdot y_2(i_3) \right) \\
&= \phi \cdot (\frac{0}{0.2} \cdot 1 + \frac{1}{0.1} \cdot 2 + \frac{0}{0.8} \cdot 3) + (1 - \phi) \cdot (\frac{0}{0.2} \cdot 3 + \frac{1}{0.1} \cdot 2 + \frac{0}{0.8} \cdot 1) \\
&= 20
\end{aligned}
$$

- **p6においてナイーブ推定量を用いて π_ϕ の性能を推定**

$$
\begin{aligned}
&\hat{\mathcal{J}}_{naive}(\pi_\phi; p6) \\
&= \pi_\phi(y_1 \mid u) \cdot (C(u, i_1, y_2(i_1)) \cdot y_1(i_1) + C(u, i_2, y_2(i_2)) \cdot y_1(i_2) + C(u, i_3, y_2(i_3)) \cdot y_1(i_3)) \\
&\quad + \pi_\phi(y_2 \mid u) \cdot (C(u, i_1, y_2(i_1)) \cdot y_2(i_1) + C(u, i_2, y_2(i_2)) \cdot y_2(i_2) + C(u, i_3, y_2(i_3)) \cdot y_2(i_3)) \\
&= \phi \cdot (0 \cdot 1 + 0 \cdot 2 + 0 \cdot 3) + (1 - \phi) \cdot (0 \cdot 3 + 0 \cdot 2 + 0 \cdot 1) \\
&= 0
\end{aligned}
$$

- **p6においてpolicy-aware推定量を用いて π_ϕ の性能を推定**

$$
\begin{aligned}
&\hat{\mathcal{J}}_{aware}(\pi_\phi; p6) \\
&= \pi_\phi(y_1 \mid u) \cdot \left(\frac{C(u, i_1, y_2(i_1))}{\bar{\theta}(i_1; u, \pi_{0.2})} \cdot y_1(i_1) + \frac{C(u, i_2, y_2(i_2))}{\bar{\theta}(i_2; u, \pi_{0.2})} \cdot y_1(i_2) + \frac{C(u, i_3, y_2(i_3))}{\bar{\theta}(i_3; u, \pi_{0.2})} \cdot y_1(i_3) \right) \\
&\quad + \pi_\phi(y_2 \mid u) \cdot \left(\frac{C(u, i_1, y_2(i_1))}{\bar{\theta}(i_1; u, \pi_{0.2})} \cdot y_2(i_1) + \frac{C(u, i_2, , y_2(i_2))}{\bar{\theta}(i_2; u, \pi_{0.2})} \cdot y_2(i_2) + \frac{C(u, i_3, y_2(i_3))}{\bar{\theta}(i_3; u, \pi_{0.2})} \cdot y_2(i_3) \right) \\
&= \phi \cdot (\frac{0}{0.2} \cdot 1 + \frac{0}{0.1} \cdot 2 + \frac{0}{0.8} \cdot 3) + (1 - \phi) \cdot (\frac{0}{0.2} \cdot 3 + \frac{0}{0.1} \cdot 2 + \frac{0}{0.8} \cdot 1) \\
&= 0
\end{aligned}
$$

これで残りの5パターン(p2〜6)についてのナイーブ推定量とpolicy-aware推定量による推定値を計算できました。

参考文献

- [Guo20] Ruocheng Guo, Xiaoting Zhao, Adam Henderson, Liangjie Hong, and Huan Liu. Debiasing Grid-based Product Search in E-commerce. In Proceedings of the 26th ACM SIGKDD Conference on Knowledge Discovery and Data Mining, pp. 2852–2860, 2020.
- [Qin20] Zhen Qin, Suming J. Chen, Donald Metzler, Yongwoo Noh, Jingzheng Qin, and Xuanhui Wang. Attribute-based Propensity for Unbiased Learning in Recommender Systems: Algorithm and Case Studies. In Proceedings of the 26th ACM SIGKDD Conference on Knowledge Discovery and Data Mining, pp. 2359–2367, 2020.
- [Wang18] Xuanhui Wang, Nadav Golbandi, Michael Bendersky, Donald Metzler, and Marc Najork. Position Bias Estimation for Unbiased Learning to Rank in Personal Search. In Proceedings of the 11th ACM International Conference on Web Search and Data Mining, pp. 610-618, 2018.
- [Hu19] Ziniu Hu and Yang Wang, Qu Peng, and Hang Li. Unbiased LambdaMART: An Unbiased Pairwise Learning-to-Rank Algorithm. In Proceedings of the 2019 World Wide Web Conference, pp. 2830–2836, 2019.

- [Oosterhuis20a] Harrie Oosterhuis and Maarten de Rijke. Policy-Aware Unbiased Learning to Rank for Top-k Rankings. In Proceedings of the 43rd International ACM SIGIR Conference on Research and Development in Information Retrieval, pp. 489-498, 2020.
- [Ai19] Qingyao Ai, Keping Bi, Cheng Luo, Jiafeng Guo, and W. Bruce Croft. Unbiased Learning to Rank with Unbiased Propensity Estimation. In Proceedings of the 41st International ACM SIGIR Conference on Research and Development in Information Retrieval, pp. 385-394, 2018.
- [Ai21] Qingyao Ai, Tao Yang, Huazheng Wang, and Jiaxin Mao. Unbiased Learning to Rank: Online or Offline?. In ACM Transactions on Information Systems, Volume 39, Issue 2, pp. 1-29, 2021.
- [Jagerman20] Rolf Jagerman and Maarten de Rijke. Accelerated Convergence for Counterfactual Learning to Rank. In Proceedings of the 43rd International ACM SIGIR Conference on Research and Development in Information Retrieval, pp. 469-478, 2020.
- [Vardasbi20] Ali Vardasbi, Harrie Oosterhuis, and Maarten de Rijke. When Inverse Propensity Scoring does not Work: Affine Corrections for Unbiased Learning to Rank. In Proceedings of the 29th ACM International Conference on Information and Knowledge Management, pp. 1475-1484, 2020.
- [Oosterhuis21] Harrie Oosterhuis and Maarten de Rijke. Unifying Online and Counterfactual Learning to Rank: A Novel Counterfactual Estimator that Effectively Utilizes Online Interventions. In Proceedings of the 14th ACM International Conference on Web Search and Data Mining, pp. 463-471, 2021.
- [Agarwal19a] Aman Agarwal, Xuanhui Wang, Cheng Li, Mike Bendersky, and Marc Najork. Addressing Trust Bias for Unbiased Learning-to-Rank. In Proceedings of the 2019 World Wide Web Conference, pp. 4-14, 2019.
- [Agarwal19b] Aman Agarwal, Kenta Takatsu, Ivan Zaitsev, and Thorsten Joachims. A General Framework for Counterfactual Learning-to-Rank. In Proceedings of the 42nd International ACM SIGIR Conference on Research and Development in Information Retrieval, pp. 5-14, 2019.
- [Fang20] Zhichong Fang, Aman Agarwal, and Thorsten Joachims. Intervention Harvesting for Context-Dependent Examination-Bias Estimation. In Proceedings of the 42nd International ACM SIGIR Conference on Research and Development in Information Retrieval, pp. 825-834, 2020.
- [Agarwal20] Aman Agarwal, Ivan Zaitsev, Xuanhui Wang, Cheng Li, Marc Najork, and Thorsten Joachims. Estimating Position Bias without Intrusive Interventions. In Proceedings of the Twelfth ACM International Conference on Web Search and Data Mining, pp. 474-482, 2020.
- [Joachims05] Thorsten Joachims, Laura Granka, and Bing Pan. Accurately Interpreting Clickthrough Data as Implicit Feedback. In Proceedings of the 28th Annual International ACM SIGIR Conference on Research and Development in Information Retrieval, pp. 154-161, 2005.
- [Joachims17] Thorsten Joachims, Adith Swaminathan, and Tobias Schnabel. Unbiased Learning-to-Rank with Biased Feedback. In Proceedings of the Tenth

ACM International Conference on Web Search and Data Mining, pp.781-789, 2017.

- [Burges10] Christopher J.C. Burges. From ranknet to lambdarank to lambdamart: An overview. Technical Report MSR-TR-2010-82. Microsoft Research, 2010.
- [Qin13] Tao Qin and Tie-Yan Liu. Introducing LETOR 4.0 Datasets. arXiv preprint arXiv:1306.2597, 2013.
- [Wang21] Nan Wang, Xuanhui Wang, and Hongning Wang. Non-Clicks Mean Irrelevant? Propensity Ratio Scoring As a Correction. In Proceedings of the 14th ACM International Conference on Web Search and Data Mining, pp. 481-489, 2021.
- [Wu21] Xinwei Wu, Hechang Chen, Jiashu Zhao, Li He, Dawei Yin, and Yi Chang. Unbiased Learning to Rank in Feeds Recommendation. In Proceedings of the 14th ACM International Conference on Web Search and Data Mining, pp. 490-498, 2021.
- [Oosterhuis20b] Harrie Oosterhuis and Maarten de Rijk. Taking the Counterfactual Online: Efficient and Unbiased Online Evaluation for Ranking. In Proceedings of the 2020 ACM SIGIR on International Conference on Theory of Information Retrieval, pp. 137-144, 2020.
- [Oosterhuis20c] Harrie Oosterhuis, Rolf Jagerman, and Maarten de Rijke. Unbiased Learning to Rank: Counterfactual and Online Approaches. In Proceedings of the Web Conference 2020, pp.299-300, 2020.

5章

因果効果を考慮したランキングシステムの構築

5章では、プラットフォーム全体で定義されるKPIを考慮した推薦・ランキングシステム構築という学術研究でもまだあまり扱われていない先端的な話題に踏み込みます。推薦システムの実践でよくある悩みに「とある推薦枠の推薦アルゴリズムを刷新した結果、その推薦枠経由のビジネス指標は改善したのだが、プラットフォーム全体で定義される指標にはまったく影響がなかった」というものがあります。AmazonなどのEコマースプラットフォームで商品推薦アルゴリズムを変更した結果、推薦枠を経由して観測される売上は増大したにもかかわらず、検索やメール配信などさまざまな経路からの流入を考慮したプラットフォーム全体の売上は変化しなかったという状態が例として挙げられます。この場合、推薦枠経由のビジネス指標は改善できているので、機械学習の性能は悪くないはずです。しかし、プラットフォーム全体の指標にはまったく変化がないというのですから不思議というわけです。この問題も、機械学習を持ち出す前にクリアしておくべきステップをないがしろにしてしまうことが原因の1つだと考えられます。本章では、論文などの参考にできる当てのない新規の問題に対しても、源流となるフレームワークを駆使することで、機械学習を機能させる手順を問題なく導出できることを体験します。

5.1 本章で扱う発展的な話題

4章ではクリックデータを代表とするImplicit Feedbackを用いて真の嗜好度合いの総量を最大化する問題を扱いました。本章では、

1. **推薦枠経由で観測される**コンバージョン数や収益、コンテンツ視聴時間などのKPIを最大化したい
2. **推薦枠経由だけではなく、プラットフォーム全体で観測される**コンバージョン数や収益、コンテンツ視聴時間などのKPIを最大化したい

という2つの発展的なケースを想定したランキングシステム構築の手順を考えます。1つ目のケースについては、クリックよりもあとの段階でコンバージョンなどの追加的な情報が観測される構造をモデル化する必要があります。2つ目は推薦枠経由だけでなく、プラットフォーム全体について定義されたKPIについて望ましい結果を得たいケースです。ここでプラットフォーム全体について定義されたKPIとは、ある単一の推薦枠に限らず検索やメール配信など、さまざまな経路をたどって観測されるコンバージョンなどの総量のことを指します。

実は1つ目のケースとして扱う推薦枠経由のKPIを追っていては、プラットフォーム全体で定義されたKPIに変化を与えることができない可能性があります。にもかかわらず、無自覚に推薦枠経由のKPIを扱う場合と同じ手順を使い回している例がよく見られます。これが「推薦枠経由のKPIは改善されているのに、プラットフォーム全体のKPIにはまったく変化がない」という推薦システムを扱う人の多くが頭を悩ませる現象の1つの原因だと考えられます。本章の後半では、プラットフォーム全体で定義されるKPIを扱うための学習手順の導出に挑戦します。

5.2 推薦枠経由で観測される目的変数を最大化する

ここではまず、図5.1のようにコンバージョンや購入金額など、推薦枠でクリックが発生したあとに追加的な情報が観測される問題を想定し、ランキングシステムの学習手順を導きます。これによりクリックデータだけからでは難しい、期待売上や収益の最大化などEコマースプラットフォームの推薦でよくある設定を直接的に扱うことを目指します。またユーザ体験の向上に興味がある場合でも、クリックデータだけではなく「クリック発生後に観測される動画や楽曲の視聴時間」などよりユーザ体験をより直接的に表現した定量情報が得られる場合があります。この場合は、追加的な情報をうまく活用することで、ユーザ体験により直結するKPIを扱うことができます。

4章で扱ったクリックデータのみを活用する状況では、基本的には $C = O \cdot R$ とクリックが発生していたらユーザはアイテムのことを好んでいるだろう（$C = 1 \to R = 1$）と推察するしかありませんでした。しかし、クリックが発生したからといってユーザがアイテムのことを本当に好んでいるのかどうか分かりません。例えば動画推薦において、「タイトルやサムネイルに惹かれた動画を一度クリックしてはみたものの、動画の内容はあまり面白くなくすぐに視聴をやめてしまった」という場面は、$C = 1$ にもかかわらず $R = 0$ となってしまう典型例です。この状況を扱うためにクリックノイズを考慮するモデルを採用することもできましたが、クリックノイズパラメータの推定が複雑になるなどの問題がありました。クリックに加えてコンバージョンや視聴時間などの情報が得られているならば、それをうまく活用するに越したことはありません。

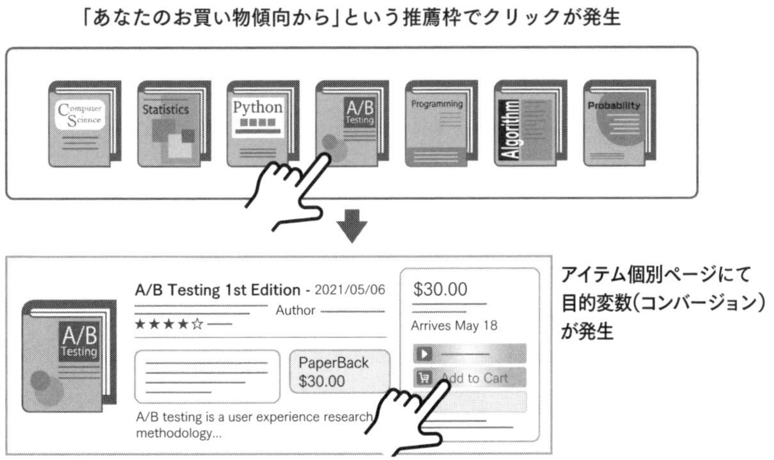

■ **図5.1**／クリックの発生後にアイテム個別ページで観測される目的変数

KPIを設定する

まず最初に取り組むべきステップは、**KPIを設定する**ことです。4章ではサブスクリプションサービスなどでの応用を想定し、嗜好度合いの総量をKPIとしていました。一方、ここで考えているようにコンバージョンや購入金額、視聴時間などの情報が使える場合は、それらの情報と対応するKPIを扱うことができます。追加的な情報が得られる場合は、より柔軟にKPIを設定したとしてもそれを直接的かつ容易に扱うことができるのです。

なおここからしばらくは、**推薦枠経由**で観測されるユーザ行動に関連して定義されるKPIに集中して話を進めます。もし**プラットフォーム全体で観測される**総コンバージョン数や総購入金額、総視聴時間などをKPIに設定したい場合は、検索やメール配信経由の流入など推薦枠外で発生する目的変数の存在も考慮する必要があります。本節で推薦枠内のKPIを扱う方法を導いて肩慣らししたあと、プラットフォーム全体で観測されるKPIを扱う手順は、次節で導くことにします。

データの観測構造をモデル化する

KPIを設定したあとに我々が行うべきなのは、**データの観測構造をモデル化する**ことでした。ここでは、クリックに加えクリック発生後にコンバージョンなどの目的変数が追加的に観測される状況をモデル化します。

まずプラットフォームに存在するユーザとアイテムを $u \in [n] = \{1, 2, \ldots, n\}$ と $i \in [m] = \{1, 2, \ldots, m\}$ で表します。次に本章で扱う問題設定では推薦枠経由の流入なのかそうではないのかが鍵となるわけですから、あるユーザ u に対するアイテム i の推薦の様子を記述するための記号を用意してあげると便利です。ここでは、 $K(u,i) \in \{0, 1, 2, \ldots, L\}$ という多値確率変数を導入することで、 u に対して i を推薦したポジションを表すことにします。 u に対して i をポジション $k\,(1 \leq k \leq L)$ で推薦した場合、 $K(u,i) = k$ が記録されます。一方で、 u に対して i が推薦されなかった状況は、 $K(u,i) = 0$ として記述します。なお、 L は推薦枠に提示できるアイテムの最大数です。また $C(u,i,k) \in \{0,1\}$ という2値確率変数で、アイテム i がユーザ u にポジション k で提示されたときのクリック発生有無を表します。ユーザ u がアイテム i をポジション k でクリックしていた場合は $C(u,i,k) = 1$ が、そうでない場合は $C(u,i,k) = 0$ が記録されます。最後に、**クリック発生後に観測される目的変数**を $R(u,i) \in \mathbb{R}$ で表します。例えば、KPIを総コンバージョン数に設定した場合、 $R(u,i)$ を用いてユーザ u とアイテム i の間のコンバージョン発生有無を表します。すなわち、 u と i の間にコンバージョンが発生していたら $R(u,i) = 1$ 、そうでない場合は $R(u,i) = 0$ となります。KPIを総購入金額に設定した場合は、 $R(u,i)$ をユーザ u がアイテム i に対して支払った金額として定義すればKPIと目的変数を対応させることができます。 $R(u,i)$ の定義は、取得できる情報や設定されているKPIに依存してデータ分析者が自身の判断で定めます。

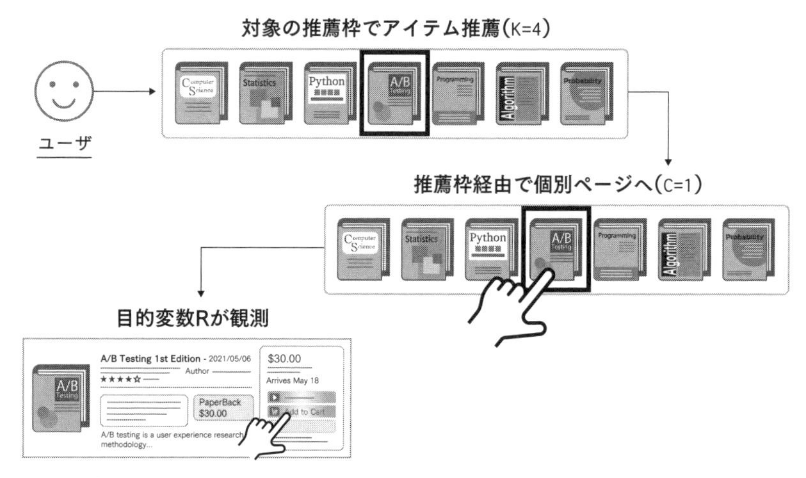

■ **図 5.2**／推薦枠経由で目的変数が観測されるまでの流れ

4章で繰り返し体験したように、ログデータとして得られる情報に対応する変数を導入したあとは、それらの重要な側面に記号を用意し、変数間に存在する関係式を問題設定に対応するように仮定することで、データの観測構造をモデル化します。

ここでは推薦ポジション・クリック発生有無・目的変数のそれぞれに対応する3種類の変数を導入したので、これらの変数がどのように関係するのか整理しておく必要があります。図5.2に示すように目的変数 R が観測されるまでの流れを整理すると、モデル化の見通しが良くなります。

$$
\begin{aligned}
e(u,i,k) &= P(K(u,i)=k) \\
CTR(u,i,k) &= \mathbb{E}[C(u,i,k)] = P(C(u,i,k)=1), \\
CTR(u,i,0) &= P(C(u,i,0)=1) = 0 \\
\mu(u,i) &= \mathbb{E}[R(u,i) \mid C(u,i,\cdot)=1],
\end{aligned}
$$

$e(u,i,k)$ は、ユーザ u に対してアイテム i がポジション k で推薦される確率を表します。また、$e(u,i,0)$ は u に対して i が推薦されない確率です。$CTR(u,i,k)$ は i が u にポジション k で推薦された場合にクリックが発生する確率を表します[*1]。またクリック発生有無に関して、$CTR(u,i,0)=0$ とい

＊1　CTR は Click Through Rate の略です。

う式をおいています。これは図5.2で示したように、ユーザ u にアイテム i が推薦されなければ、i が推薦枠においてクリックされることはない状況に対応させています。次に、$\mu(u,i)$ は i が u にクリックされたあとに観測される目的変数の期待値を表します。例えば目的変数 R がコンバージョン発生有無を表す場合、$\mu(u,i)$ は u と i について推薦枠経由で観測されるコンバージョン確率を表します。なお一度クリックが発生しアイテム個別ページに進んでしまえば、もはやユーザの行動にポジション k は関係しないと考え、$\mu(u,i)$ は k に依存しないものとしています。

さて4章ではクリックデータから真の嗜好度合いを抽出するために、クリックデータと真の嗜好度合いの間に存在する乖離(バイアス)をモデル化する工程が発生していました。具体的には、

- ポジションバイアスのみを考慮する場合
- ポジションバイアスとアイテム選択バイアスを考慮する場合
- ポジションバイアスとクリックノイズを考慮する場合

のそれぞれの場合を表現するための変数間の関係式やバイアスパラメータの存在を適宜仮定しました。これにより例えば、より下位のポジションに提示されたアイテムは嗜好度合いが過小評価されてしまうというポジションバイアスの影響を記述し、その記述に基づいて先のステップに進んでいました。しかし、クリック発生後に観測される目的変数 R が活用可能でそれに対応するKPIがあらかじめ設定されている場合、ポジションバイアスやクリックノイズなどのモデル化は必ずしも必要ではないと考えられます。なぜならば、KPIに直結する目的変数 R がアイテム個別ページで発生する状況を考えているからです。

図5.3に、クリックデータ C とクリック発生後に観測される目的変数 R の違いを示しました。クリックデータは推薦枠内のポジションや他の同時に提示されたアイテムの影響によってそれぞれのアイテムの真の嗜好度合いが歪められてしまうため、その歪みに関する適切な仮定をおく必要があります。一方クリック発生後にアイテム個別ページで観測される目的変数は、**ポジションや他に同時に提示されるアイテムなどによる影響を受**

けないと考えられるため、アイテムに対するユーザの意思決定を純粋に反映したものだと考えられます。したがって、クリック発生後にアイテム個別ページにて観測される目的変数が活用可能な場合、ポジションバイアスやクリックノイズなどについて頭を悩ませる必要はないと考えられるのです。このようにバイアスをモデル化する手間を軽減できるのも、追加的なデータを用いる利点と言えるでしょう。

クリックデータを用いる場合

ポジションや他のアイテムによる
影響をモデル化する必要がある

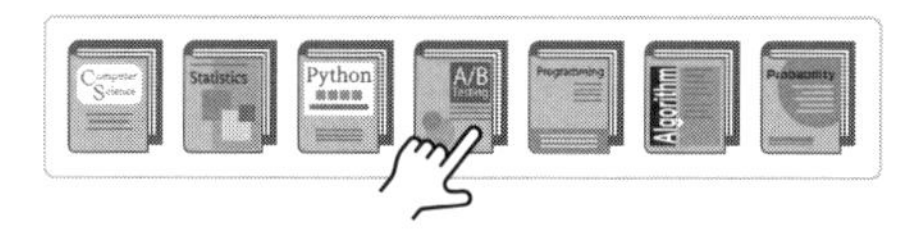

クリック発生後の目的変数を
用いる場合

アイテム個別ページで発生するため
ポジションや他のアイテムによる影響を
受けないと考えられる

■ 図 5.3／クリックとそのあとに観測される目的変数の違い

しかし、ここで考えている状況とは異なる構造で目的変数 R が観測される場合、それに適したモデルを採用する必要が出てくるかもしれません。クリック発生後に目的変数が観測される段階で、何かしら目的変数を歪める要素が存在する場合は注意が必要です。あくまで本書の内容を鵜呑みにせず、自分が現場で立ち向かっている状況との違いを常に意識することが重要なのはここでも同じです。

解くべき問題を特定する

ここまでは、クリックに加えてクリック発生後にビジネス興味やKPIに直結する目的変数が観測される場合のデータ観測構造をモデル化してきました。この次に行うべきなのは、**解くべき問題を特定する**ことです。

ここでは、あらかじめ設定されたKPIと目的変数 R の定義が対応関係にあることを想定しています。すなわち、KPIが推薦枠経由で発生する総コンバージョン数と定められていれば、それに対応して R は推薦枠経由で発生するコンバージョン有無として定義されているし、KPIが推薦枠経由で発生する総購入金額と定められていれば、それに対応して R は推薦枠経由で発生する購入金額として定義されているということです。

それを踏まえた上で、4章で用いた加法的ランキング評価指標に基づいて解くべき問題を書き下します。ここでは、$\mu(u,i)$ によりユーザ u とアイテム i の間で発生する目的変数の期待値を表しているので、この記号を用いて加法的ランキング評価指標の定義を自ら微修正することにします。すなわち決定的なランキングシステムを想定する場合は、

$$
\begin{aligned}
\mathcal{J}(f_\phi) &= \mathbb{E}_{u \sim p(u)}\left[\sum_{i\in[m]} \mu(u,i)\cdot\lambda(y_\phi(i))\right] \\
&= \sum_{u\in[n]} p(u) \sum_{i\in[m]} \mu(u,i)\cdot\lambda(y_\phi(i))
\end{aligned}
$$

とし、確率的なランキングシステムを想定する場合は、

$$
\begin{aligned}
\mathcal{J}(\pi_\phi) &= \mathbb{E}_{u\sim p(u)}\left[\mathbb{E}_{y\sim\pi_\phi(y|u)}\left[\sum_{i\in[m]} \mu(u,i)\cdot\lambda(y(i))\right]\right] \\
&= \sum_{u\in[n]} p(u) \sum_{y} \pi_\phi(y \mid u) \sum_{i\in[m]} \mu(u,i)\cdot\lambda(y(i))
\end{aligned}
$$

とすることで、加法的ランキング評価指標とデータの観測構造のモデル化に基づいたランキングシステムの性能を定義します。嗜好度合いの総量をKPIとしていた場合に $\gamma(u,i)$ とされていた部分が、本節のモデル化に合わせて目的変数の条件付き期待値 $\mu(u,i)$ で置き換えられています。また重み関数 $\lambda(k)$ は、自分の好みで設定できます。例えば上位のポジションにおけるアイテムのランキング精度を重視したければ、DCGなどを用いれば良いでしょう。一方で、ポジションごとの重要度が変わらないのであれば、各自の判断で $\lambda(k)=-1$ を用いることもできます。

このようにランキングシステムの性能を定義すると、我々が解きたい問題を次のように書き表すことができます。

- 決定的なランキングシステムを用いる場合

$$\phi^* = \arg\min_{\phi} \mathcal{J}(f_\phi)$$

- 確率的なランキングシステムを用いる場合

$$\phi^* = \arg\min_{\phi} \mathcal{J}(\pi_\phi)$$

すなわち推薦枠経由のKPIについて最も性能が良いランキングシステムを導くパラメータを見つける問題が、本節で解きたい具体的な問題となります。

観測データを用いて解くべき問題を近似する

さて解くべき問題を定義したわけですが、これまで同様その問題をすぐに解くことはできません。ここでは真の目的関数の中に目的変数に関する期待値 $\mu(\cdot)$ が現れるわけですが、我々はこの関数に直接アクセスできないのです。したがって、**観測可能なデータのみを用いて真の目的関数を近似する**ステップをこなす必要があります。

クリックに加えてクリック発生後にKPIと対応する目的変数が観測される設定で我々に与えられる学習データは、次のように記述できます。

$$\mathcal{D} = \{(u_j, k_j, c_j, r_j)\}_{j=1}^{N}$$

k_j, c_j, r_j はそれぞれこれまでに登場した記号を使って、

$$\begin{aligned} k_j &= (K(u_j, i))_{i=1}^{m}, \\ c_j &= (C(u_j, i, K(u_j, i)))_{i=1}^{m}, \\ r_j &= (R(u_j, i))_{i=1}^{m} \end{aligned}$$

と表されます。すなわち、k_j はユーザ u_j に対する m 個のアイテムの推薦ポジション、c_j はユーザ u_j と m 個のアイテムの間のクリック発生有無、r_j はユーザ u_j と m 個のアイテムの間でそれぞれ観測された目的変数の情報をそれぞれ含んでいます。

観測可能な学習データを確認したところで、それを使って解くべき問題を近似する方法を導きます。そのための準備としてここでは「観測不可能な $\mu(u,i)$ を単に推薦枠内で観測されている目的変数で置き換えて解くべき問題を近似したらどのようなことが起こるか？」を調べます。$\mu(u,i)$ を単に推薦枠内で観測されている目的変数で置き換えて解くべき問題を近似するというのはつまり、次のナイーブ推定量によって真の目的関数を近似することを意味します[*2]。

$$
\begin{aligned}
&\hat{\mathcal{J}}_{naive}(f_\phi;\mathcal{D})\\
&=\frac{1}{N}\sum_{j=1}^{N}\sum_{i\in[m]:C(u_j,i,K(u_j,i))=1} R(u_j,i)\cdot\lambda(y_\phi(i))\\
&=\frac{1}{N}\sum_{j=1}^{N}\sum_{i\in[m]} C(u_j,i,K(u_j,i))\cdot R(u_j,i)\cdot\lambda(y_\phi(i))
\end{aligned}
$$

このナイーブ推定量では、真の目的関数における観測不可能な $\mu(u,i)$ を、単に観測可能な目的変数 $R(u,i)$ で置き換えています。なおここで興味があるのはあくまで**推薦枠経由**で観測された目的変数でしたから、推薦枠でクリックが発生しアイテム個別ページまで進んだデータ（$C(u_j,i,K(u_j,i))=1$ となるデータ）のみを考慮することで推薦枠でクリックが発生した末に観測された目的変数のみに絞って計算しています。

クリック発生後にコンバージョンなどの追加的な目的変数が手に入る状況を扱ったことがある人は、もしかしたらここで定義したナイーブ推定量のように、アイテム個別ページまで進んだ活用しやすいデータのみに絞ってオフライン評価や学習を行ったことがあるかもしれません。では本当にこのナイーブ推定量が真の目的関数の妥当な代替になっているのか、その期待値を計算して確かめてみることにしましょう。例のごとく、一度自分で手を動かして計算してみてから読み進めると良いでしょう。

ある適当な決定的ランキングシステム f_ϕ が与えられたとき、その真の性能に対するナイーブ推定量の期待値は次のように計算できます。

＊2　以降では、数式の煩雑さを軽減するため決定的なランキングシステム f_ϕ について期待値計算などを行います。

$$
\begin{aligned}
&\mathbb{E}_{u,K,C,R}[\hat{\mathcal{J}}_{naive}(f_\phi;\mathcal{D})] \\
&= \mathbb{E}_{u,K,C,R}\left[\frac{1}{N}\sum_{j=1}^{N}\sum_{i\in[m]} C(u_j,i,K(u_j,i))\cdot R(u_j,i)\cdot\lambda(y_\phi(i))\right] \\
&= \frac{1}{N}\sum_{j=1}^{N}\mathbb{E}_u\left[\mathbb{E}_K[\mathbb{E}_{C,R}[C(u_j,i,K(u_j,i))\cdot R(u_j,i)]]\cdot\lambda(y_\phi(i))\right] \\
&= \mathbb{E}_u\left[\sum_{i\in[m]}\mathbb{E}_K[\mathbb{E}_{C,R}[C(u,i,K(u,i))\cdot R(u,i)]]\cdot\lambda(y_\phi(i))\right] \\
&= \mathbb{E}_u\left[\sum_{i\in[m]}\mathbb{E}_K[\mathbb{E}_C[C(u,i,K(u,i))]]\cdot\mathbb{E}_R[R(u,i)\mid C(u,i,\cdot)=1]\cdot\lambda(y_\phi(i))\right] \\
&= \mathbb{E}_u\left[\sum_{i\in[m]} CTR(u,i)\cdot\mu(u,i)\cdot\lambda(y_\phi(i))\right] \\
&= \sum_{u\in[n]} p(u)\sum_{i\in[m]} CTR(u,i)\cdot\mu(u,i)\cdot\lambda(y_\phi(i))
\end{aligned}
$$

ここで、

$$
\begin{aligned}
\mathbb{E}_{K,C}\left[C(u_j,i,K(u_j,i))\right] &= \mathbb{E}_K\left[\mathbb{E}_C[C(u_j,i,K(u_j,i))]\right] \\
&= \mathbb{E}_K\left[CTR(u_j,i,K(u_j,i))\right] \\
&= \sum_{k=0}^{L} CTR(u_j,i,k)\cdot P(K(u_j,i)=k) \\
&= \sum_{k=0}^{L} CTR(u_j,i,k)\cdot e(u_j,i,k) \\
&= \sum_{k=1}^{L} CTR(u_j,i,k)\cdot e(u_j,i,k) \quad \because CTR(\cdot,\cdot,0)=0 \\
&= CTR(u_j,i)
\end{aligned}
$$

としました。ここで $CTR(u,i)$ は、クリック発生有無 $C(u,i,k)$ のポジション k に関する期待値を表します。

さて、ここでのナイーブ推定量の期待値計算からもいくつかの示唆が得られています。まず1つ目として、ある特殊ケースを除いてナイーブ推定量の期待値は真の目的関数 $\mathcal{J}(f_\phi)$ に比例しないということです。その特殊ケースとは、次のように $CTR(u,i)$ がすべてのユーザ・アイテムペアについて同じ値をとるケースを指します。

$$CTR(u,i) = B \in (0,1], \quad \forall(u,i) \in [n] \times [m]$$

この場合、ナイーブ推定量の期待値は $\mathbb{E}[\hat{\mathcal{J}}_{naive}(f_\phi;\mathcal{D})] = B \cdot \mathcal{J}(f_\phi)$ となり、真の目的関数に比例します。しかし、$CTR(u,i)$ がすべての (u,i) についてある定数をとることは通常あり得ません。$CTR(u,i)$ はユーザ u が推薦されたアイテム i をクリックする確率であり、これはユーザの行動に依存するためデータ分析者の制御下にないからです。したがって、$CTR(u,i)$ を分析者の意図で定数にすることはできず、ナイーブ推定量の期待値が真の目的関数に比例することはまずないと言って良いでしょう。

またこのナイーブ推定量は、**推薦枠内でクリックが発生しやすいアイテムを学習において必要以上に重視する設計になってしまっている**ことが分かります。これはナイーブ推定量の期待値において、本来抽出したかったはずの $\mu(u,i) \cdot \lambda(y_\phi(i))$ が、ユーザ・アイテムペアについてのクリック発生確率 $CTR(u,i)$ で重み付けられていることから読み取れます。推薦枠内でクリックが発生しやすいとアイテム個別ページに遷移しやすく、結果として目的変数の情報がログデータに残りやすくなるため、その部分で偏りが発生しているのです。この問題を無視してしまうと、コンバージョンにはつながらないが過去に推薦されやすかったという理由でクリックされやすい傾向にあったアイテムに必要以上に大きなスコアが振られてしまいます。これにより、クリック数は稼げてもコンバージョン数は稼げないといった望ましくない状況が発生してしまいます。ここでも使えそうな観測データからやみくもに目的関数を設計してしまうと、単に観測されやすいだけのデータを意図せず重視してしまうのです。

最後にナイーブ推定量に代わる妥当な推定量を導きます。ナイーブ推定量の期待値計算の結果を見ると、ここでは比較的シンプルに妥当な推定量を導けることが分かります。すなわち、ここでのナイーブ推定量の期待値はバイアスの要因である $CTR(u,i)$ と、真の目的関数を近似するために

抽出したい $\mu(u,i)\cdot\lambda(y_\phi(i))$ が単純な積の形で現れています。したがって、対応するユーザ・アイテムペアに関する $CTR(u,i)$ の逆数で目的変数をあらかじめ重み付けることでバイアスの影響を考慮できそうだという想定が立ちます。クリック発生後に追加的な目的変数が観測されるという新たな問題設定に立ち向かう場合でも、これまでと同様に頭を働かせれば適当な推定量にたどり着けるのです。

最後の考察に基づいて、新たな推定量を定義してみましょう。

$$
\begin{aligned}
&\hat{\mathcal{J}}_{IPS}(f_\phi;\mathcal{D})\\
&=\frac{1}{N}\sum_{j=1}^{N}\sum_{i\in[m]:C(u_j,i,K(u_j,i))=1}\frac{R(u_j,i)}{CTR(u_j,i)}\cdot\lambda(y_\phi(i))\\
&=\frac{1}{N}\sum_{j=1}^{N}\sum_{i\in[m]}\frac{C(u_j,i,K(u_j,i))}{CTR(u_j,i)}\cdot R(u_j,i)\cdot\lambda(y_\phi(i))
\end{aligned}
$$

ここでは、対応するユーザ・アイテムペアの $CTR(u,i)$ の逆数で目的変数 R を重み付けるIPS推定量を定義しました。この重み付けにより、先にナイーブ推定量の期待値を計算することで浮かび上がったクリックの起こりやすさの違いに起因するバイアスの影響を考慮することがねらいです。

最後にIPS推定量の期待値を計算することで、この推定量が真の目的関数を近似できているのかを確認します。

$$
\begin{aligned}
&\mathbb{E}_{u,K,C,R}[\hat{\mathcal{J}}_{IPS}(f_\phi;\mathcal{D})]\\
&=\mathbb{E}_{u,K,C,R}\left[\frac{1}{N}\sum_{j=1}^{N}\sum_{i\in[m]}\frac{C(u_j,i,K(u_j,i))}{CTR(u_j,i)}\cdot R(u_j,i)\cdot\lambda(y_\phi(i))\right]\\
&=\frac{1}{N}\sum_{j=1}^{N}\mathbb{E}_u\left[\sum_{i\in[m]}\frac{\mathbb{E}_K[\mathbb{E}_{C,R}[C(u_j,i,K(u_j,i))\cdot R(u_j,i)]]}{CTR(u_j,i)}\cdot\lambda(y_\phi(i))\right]\\
&=\mathbb{E}_u\left[\sum_{i\in[m]}\frac{\mathbb{E}_K[\mathbb{E}_{C,R}[C(u,i,K(u,i))\cdot R(u,i)]]}{CTR(u,i)}\cdot\lambda(y_\phi(i))\right]\\
&=\mathbb{E}_u\left[\sum_{i\in[m]}\frac{\mathbb{E}_K[\mathbb{E}_C[C(u,i,K(u,i))]]}{CTR(u,i)}\cdot\mathbb{E}_R[R(u,i)\mid C(u,i,\cdot)=1]\cdot\lambda(y_\phi(i))\right]
\end{aligned}
$$

$$
\begin{aligned}
&= \mathbb{E}_u \left[\sum_{i \in [m]} \mu(u,i) \cdot \lambda(y_\phi(i)) \right] \quad \because \mathbb{E}_K[\mathbb{E}_C[C(u,i,K(u,i))]] = CTR(u,i) \\
&= \sum_{u \in [n]} p(u) \sum_{i \in [m]} \mu(u,i) \cdot \lambda(y_\phi(i)) \\
&= \mathcal{J}(f_\phi)
\end{aligned}
$$

ということで、IPS推定量の期待値はきちんと真の目的関数 $\mathcal{J}(f_\phi)$ に一致していることが分かりました。またこの結果はランキングシステム f_ϕ に依存せず成り立つので、IPS推定量はクリック発生後に観測される目的変数が活用できる状況において、推薦枠経由のKPIに関する真の目的関数に対する不偏推定量になっています。

さらに自らのモデル化に対応するIPS推定量を導出できたら、それを基本形としつつ2章で登場したDoubly Robust (DR) 推定量などの発展的な推定量を導入することもできます。例えば、本節で扱っている問題設定におけるDR推定量はIPS推定量を拡張する形で次のように定義されます。

$$
\begin{aligned}
&\hat{\mathcal{J}}_{DR}(f_\phi; \mathcal{D}) \\
&= \frac{1}{N} \sum_{j=1}^{N} \sum_{i \in [m]} \left(\frac{C(u_j,i,K(u_j,i))}{CTR(u_j,i)} (R(u_j,i) - \hat{\mu}(u_j,i)) + \hat{\mu}(u_j,i) \right) \cdot \lambda(y_\phi(i))
\end{aligned}
$$

$\hat{\mu}(u,i)$ は $\mu(u,i)$ に対する予測モデルで、機械学習などを用いて学習データから事前に学習します。状況や採用したモデル化に応じて、何がバイアスの原因なのか、どのようにしてバイアスに対応すべきなのかは変化します。よって必然的に、IPS推定量やDR推定量の見た目も2章で登場したものとは変わってきます。まずはナイーブ推定量の期待値を計算しバイアスの発生源を特定しつつ、基本形としてのIPS推定量を導くのが安全でしょう。その上で、余裕と必要があればDR推定量などの発展的な推定量の活用を探るのが着実です。

最後に、4章でも用いたリストワイズ損失を自分が使うことにした推定量で近似し、観測データから計算可能な目的関数を定義します。例えば、IPS推定量を用いると、

$$\hat{\mathcal{J}}_{IPS}(f_\phi;\mathcal{D})$$
$$= -\frac{1}{N}\sum_{j=1}^{N}\sum_{i\in[m]}\frac{C(u_j,i,K(u_j,i))}{CTR(u_j,i)}\cdot R(u_j,i)\cdot\log\frac{\exp(f_\phi(u_j,i))}{\sum_{i'\in[m]}\exp(f_\phi(u_j,i'))}$$

に基づいて、学習を進めることになるでしょう。

5.3 プラットフォーム全体で観測される目的変数を最大化する

ここまでは、推薦枠経由のKPIを最大化する手順を考えてきました。しかし、多くの場合最終的に達成したいのは推薦枠経由のKPIではなく、**プラットフォーム全体**について定義されるKPIの最大化でしょう。

ここでは、推薦枠経由だけではないプラットフォーム全体で観測される総コンバージョン数や総購入金額、総視聴時間などのKPIを扱うための手順を導きます。

KPIを設定する

プラットフォーム全体についてのKPIを扱うためには、**推薦枠を経由せずに発生する目的変数の存在**も考慮する必要があります。前節では推薦枠経由の流入に絞ってKPIが定義されていましたから、推薦枠を経由せずに発生する目的変数には興味がなく、特に考慮していませんでした。しかし本節で扱うケースでは、図5.4に示すように**推薦枠を経由せずに発生する目的変数**もKPIに寄与することを念頭に置かなくてはなりません。

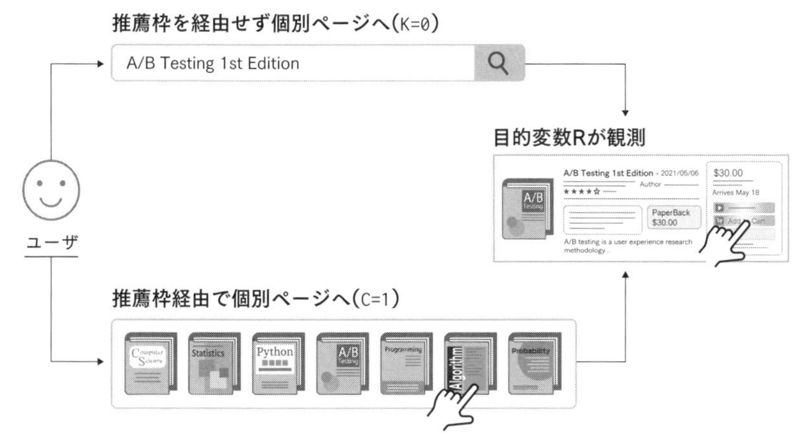

■ **図 5.4**／推薦枠非経由で観測される目的変数の存在も考慮したユーザ行動の遷移

図5.4では、これまで考慮していた推薦枠経由で発生する目的変数に加えて、検索などユーザの能動的な行動を起点とし、推薦枠以外の経路で発生する目的変数の存在も考慮しています。この場合、実は前節で扱った**推薦枠経由のKPIを最大化する手順をそのまま適用したところで、プラットフォーム全体で定義されたKPIを改善できるとは限りません**。これを次の簡単な数値例を使って確認します。

簡単な数値例

- ある1人のユーザのみが存在する
- ユーザに対して3つのアイテム（アイテム1～3）を推薦するか否かを決める
- 推薦できるのは3つのアイテムのうち1つのみ
- （推薦されなかったアイテムも含めた）プラットフォーム全体で発生する期待売上の最大化を目指す

また、それぞれのアイテムを推薦したときと推薦しなかったときのアイテムごとの期待売上を表5.1に示します。

▼ 表 5.1／3つのアイテムをそれぞれ推薦したときと推薦しなかったときのアイテムごとの期待売上

	推薦したとき	推薦しなかったとき	推薦による期待売上の増加量
アイテム1	100	100	0
アイテム2	50	45	5
アイテム3	10	0	10

ここで、それぞれのアイテムを推薦したときの推薦枠経由の期待売上とプラットフォーム全体における期待売上を計算し、どのような結果が得られるか見てみることにしましょう。

- アイテム1を推薦する場合

$$
\begin{aligned}
\text{推薦枠経由の期待売上} &= \text{アイテム 1 を推薦したときの期待売上} \\
&= 100 \\
\text{プラットフォーム全体の期待売上} &= \text{アイテム 1 を推薦したときの期待売上} \\
&\quad + \text{アイテム 2 を推薦しなかったときの期待売上} \\
&\quad + \text{アイテム 3 を推薦しなかったときの期待売上} \\
&= 100 + 45 + 0 \\
&= 145
\end{aligned}
$$

- アイテム2を推薦する場合

$$
\begin{aligned}
\text{推薦枠経由の期待売上} &= \text{アイテム 2 を推薦したときの期待売上} \\
&= 50 \\
\text{プラットフォーム全体の期待売上} &= \text{アイテム 1 を推薦しなかったの期待売上} \\
&\quad + \text{アイテム 2 を推薦したときの期待売上} \\
&\quad + \text{アイテム 3 を推薦しなかったときの期待売上} \\
&= 100 + 50 + 0 \\
&= 150
\end{aligned}
$$

- アイテム3を推薦する場合

$$
\begin{aligned}
\text{推薦枠経由の期待売上} &= \text{アイテム 3 を推薦したときの期待売上} \\
&= 10
\end{aligned}
$$

$$
\begin{aligned}
\text{プラットフォーム全体の期待売上} &= \text{アイテム 1 を推薦しなかったときの期待売上} \\
&\quad + \text{アイテム 2 を推薦しなかったときの期待売上} \\
&\quad + \text{アイテム 3 を推薦したときの期待売上} \\
&= 100 + 45 + 10 \\
&= 155
\end{aligned}
$$

ここでの簡単な計算から得られた結果を、表5.2にまとめました。

▼ **表 5.2**／3つのアイテムをそれぞれ推薦したときの推薦枠経由の期待売上とプラットフォーム全体の期待売上の比較

	推薦枠経由の期待売上	プラットフォーム全体の期待売上
アイテム1を推薦する場合	100	145
アイテム2を推薦する場合	50	150
アイテム3を推薦する場合	10	155

表5.2を見ると、**推薦枠経由の期待売上を最大化するための推薦とプラットフォーム全体の期待売上を最大化するための推薦がまったくもって異なる**ことが分かります。まず推薦枠経由の期待売上が最大化されるのはアイテム1を推薦する場合です。これは単純に、推薦したときの期待売上が最大のアイテムを推薦している場合にあたります。一方でアイテム1を推薦すると、プラットフォーム全体の期待売上は最も小さくなってしまっています。これは、アイテム1はたしかに期待売上は大きいものの仮に推薦しなくても期待売上が変わらないことから、**アイテム1を推薦することは推薦枠の無駄遣い**になってしまうからです。次にアイテム3を推薦する場合、推薦枠経由の期待売上は最も小さくなっています。これは単純に、アイテム3を推薦するときの期待売上が最も小さいからです。一方でアイテム3を推薦すると、プラットフォーム全体の期待売上が最も大きくなることが分かります。なぜならば、アイテム3は**推薦することによる期待売上の増加量が最も大きい**からです。アイテム3は他のアイテムと比較すると期待売上は小さいので一見推薦しない方が良いように思えるかもしれませんが、プラットフォーム全体のKPIに興味があるならば、最も推薦することに意味があるアイテムだったのです。この数値例を用いた考察を踏

まえると、5.2節で扱った推薦枠経由のKPIの改善を目指したり、その変動に一喜一憂することにどれだけ意味があるのか懐疑的にならざるを得ません。すなわち、推薦枠経由で観測される売上が増えたところで、結局のところはどの経路で売上が観測されるかの構成が変わっているだけで、単に他の経路で観測される売上を奪っているだけのように思えるからです。またA/Bテストは施策の性能を測ったり比べたりするために便利な道具として多くの現場で使われており、その結果は信頼できるものとして受け取られています。しかしその設計を間違えてしまうと、プラットフォーム全体の売上は一切変わらずとも、より多くの売上を推薦枠経由で発生させたというだけで、あたかも大きな改善がもたらされたかのように見えてしまうため注意が必要なのです。

さてここで確認した通り、推薦枠経由のKPIを最大化したい場合とプラットフォーム全体のKPIを最大化したい場合では、異なるアプローチを採用する必要があります。単に推薦枠経由の期待売上を最大化したいのであれば、推薦したときの期待売上が最も大きいアイテムを推薦すべきである一方で、プラットフォーム全体の期待売上を最大化したい場合は、推薦することによる期待売上の増加量が大きいアイテムを推薦すべきなのです。**ある推薦枠における新しい推薦施策を導入したところ、その推薦枠経由のKPIは改善されたが、プラットフォーム全体のKPIにはまったく影響を与えなかった**という残念な結果を導いてしまう要因の1つに、**推薦枠経由のKPIを扱う場合とプラットフォーム全体のKPIを扱う場合では異なるアプローチを採用する必要があるという事実を無視してしまっている**ことが挙げられるでしょう。ここで行ったように、簡単な数値例を用いて目指すべき方向性を丁寧に見極める癖をつけることが重要です。

データの観測構造をモデル化する

KPIをプラットフォーム全体で定義することを決めたところで、データの観測構造をモデル化します。前節と同様に、ユーザuに対してアイテムiを推薦したポジションを$K(u,i) \in \{0, 1, \ldots, L\}$で表します。$u$に対して$i$を推薦していなければ、$K(u,i)=0$となるのでした。次に、ユーザ$u$に対してアイテム$i$がポジション$k$で推薦されたときのクリック発

生有無を $C(u,i,k) \in \{0,1\}$ で表します。最後に、KPIと対応する目的変数を $R(u,i) \in \mathbb{R}$ で表します。

次に、これらの変数についての重要な要素を記号化したり変数間に存在する関係式を問題設定に対応するよう仮定することで、データの観測構造をモデル化します。

$$
\begin{aligned}
e(u,i,k) &= P(K(u,i) = k) \\
CTR(u,i,k) &= \mathbb{E}[C(u,i,k)] = P(C(u,i,k) = 1) \\
CTR(u,i,0) &= P(C(u,i,0) = 1) = 0, \\
\mu(u,i) &= \mathbb{E}[R(u,i) \mid C(u,i,\cdot) = 1], \\
\mu^{(0)}(u,i) &= \mathbb{E}[R(u,i) \mid K(u,i) = 0],
\end{aligned}
$$

$e(u,i,k)$ はユーザ u に対してアイテム i がポジション k で推薦される確率を、$CTR(u,i,k)$ は u がポジション k で推薦されたアイテム i をクリックする確率を表します。またアイテムが推薦されなければクリックは発生しませんから、$CTR(u,i,0) = 0$ であるのは前節と同様です。次に $\mu(u,i)$ は、推薦枠内でクリックが発生したあとにアイテム個別ページで観測される目的変数の期待値を表します。前節はここまでに登場した情報のみを用いていました。これは、アイテムが推薦されなかった場合（$K(u,i) = 0$）に推薦枠非経由で発生する目的変数には興味がないとする設定を扱っていたからです。しかし、推薦枠経由だけではなくプラットフォーム全体で定義されるKPIを扱いたい場合は、簡単な数値例で確かめた通り**推薦枠非経由で発生する目的変数**の存在も考慮する必要があります。したがってここでは、アイテムを推薦しなかった場合の目的変数の期待値である $\mathbb{E}[R(u,i) \mid K(u,i) = 0]$ に対して特別な記号 $\mu^{(0)}(u,i)$ を用意しているというわけです。

解くべき問題を特定する

次は**解くべき問題を特定する**ステップです。ここでも、先に設定されたKPIと目的変数 R の定義が対応関係にあることを想定します。

簡単な数値例で確認したように、プラットフォーム全体で定義されたKPIを最大化したいのであれば、**推薦枠経由と推薦枠非経由の目的変数の**

期待値の差が大きいアイテムを推薦する方針をとる必要がありました。この事実に基づいて加法的ランキング評価指標の定義を自ら微修正し、問題設定に整合する真の目的関数を定めます。

決定的なランキングシステムを想定する場合は、

$$
\begin{aligned}
\mathcal{J}(f_\phi) &= \mathbb{E}_{u \sim p(u)}\left[\sum_{i \in [m]} (\mu(u,i) - \mu^{(0)}(u,i)) \cdot \lambda(y_\phi(i))\right] \\
&= \sum_{u \in [n]} p(u) \sum_{i \in [m]} (\mu(u,i) - \mu^{(0)}(u,i)) \cdot \lambda(y_\phi(i)) \\
&= \mathcal{J}^{(1)}(f_\phi) - \mathcal{J}^{(0)}(f_\phi)
\end{aligned}
$$

であり、確率的なランキングシステムを想定する場合は、

$$
\begin{aligned}
\mathcal{J}(\pi_\phi) &= \mathbb{E}_{u \sim p(u)}\left[\mathbb{E}_{y \sim \pi_\phi(y|u)}\left[\sum_{i \in [m]} (\mu(u,i) - \mu^{(0)}(u,i)) \cdot \lambda(y(i))\right]\right] \\
&= \sum_{u \in [n]} p(u) \sum_{y} \pi_\phi(y \mid u) \sum_{i \in [m]} (\mu(u,i) - \mu^{(0)}(u,i)) \cdot \lambda(y(i)) \\
&= \mathcal{J}^{(1)}(\pi_\phi) - \mathcal{J}^{(0)}(\pi_\phi)
\end{aligned}
$$

とすることで、プラットフォーム全体のKPIを見据えたランキングシステムの性能を目的関数として定義します。なおここでは便宜上、

$$
\mathcal{J}^{(1)}(f_\phi) = \mathbb{E}_{u \sim p(u)}\left[\sum_{i \in [m]} \mu(u,i) \cdot \lambda(y_\phi(i))\right]
$$

$$
\mathcal{J}^{(0)}(f_\phi) = \mathbb{E}_{u \sim p(u)}\left[\sum_{i \in [m]} \mu^{(0)}(u,i) \cdot \lambda(y_\phi(i))\right]
$$

としています(確率的ランキングシステム π_ϕ についても同様)。基本的には推薦枠経由のKPIを考えていたときに**推薦枠経由で発生した目的変数の期待値**とされていた部分が、**推薦枠経由と推薦枠非経由のそれぞれで観測される目的変数の期待値の差**で置き換えられているだけです。推薦した

ときとしなかったときの期待売上の差が大きいアイテムを推薦することで、プラットフォーム全体の期待売上を最大化できた先ほどの数値例を思い出せば自然でしょう。

このようにランキングシステムの性能を定義すると、解きたい問題は次のように書き表すことができます。

- 決定的なランキングシステムを用いる場合

$$\phi^* = \arg\min_{\phi} \left(\mathcal{J}^{(1)}(f_\phi) - \mathcal{J}^{(0)}(f_\phi) \right)$$

- 確率的なランキングシステムを用いる場合

$$\phi^* = \arg\min_{\phi} \left(\mathcal{J}^{(1)}(\pi_\phi) - \mathcal{J}^{(0)}(\pi_\phi) \right)$$

すなわちプラットフォーム全体で定義されるKPIについて最も性能が良いランキングシステムを導くパラメータを見つける問題が、本節で解きたい具体的な問題というわけです。

観測データを用いて解くべき問題を近似する

さて、プラットフォーム全体で定義されるKPIの最大化を目指すために解くべき問題を定義しました。しかしここでは、推薦枠経由と推薦枠非経由の目的変数の期待値の差 $\mu(u,i) - \mu^{(0)}(u,i)$ が手元に観測されないため真の目的関数を直接計算することが不可能です。よってここでも、学習に移る前に観測可能なデータのみを用いて真の目的関数を近似しておく必要があります。

推薦枠非経由の目的変数も考慮する必要がある設定で我々に与えられる学習データは、次のように記述できます。

$$\mathcal{D} = \{(u_j, k_j, c_j, r_j)\}_{j=1}^{N}$$

ここで、 k_j, c_j, r_j はそれぞれ、

$$k_j = (K(u_j, i))_{i=1}^m,$$
$$c_j = (C(u_j, i, K(u_j, i)))_{i=1}^m,$$
$$r_j = (R(u_j, i))_{i=1}^m,$$

と表されます。ログデータ $\mathcal{D}$ の見た目自体は、推薦枠経由のKPIに興味があった前節の場合と変わっていません。しかし、**推薦枠非経由で観測される目的変数も考慮するモデル化や目的関数を我々が想定している点が異なります**。

観測可能な学習データを確認したところで、真の目的関数を近似する方法を考えます。実は、もうすでに真の目的関数の一部に対する推定量は構築済みです。ここで近似したい真の目的関数は、

$$\begin{aligned}\mathcal{J}(f_\phi) &= \mathbb{E}_{u \sim p(u)}\left[\sum_{i \in [m]} (\mu(u,i) - \mu^{(0)}(u,i)) \cdot \lambda(y_\phi(i))\right] \\ &= \mathcal{J}^{(1)}(f_\phi) - \mathcal{J}^{(0)}(f_\phi)\end{aligned}$$

でした（決定的ランキングシステムの場合）。ここで、

$$\mathcal{J}^{(1)}(f_\phi) = \mathbb{E}_{u \sim p(u)}\left[\sum_{i \in [m]} \mu(u,i) \cdot \lambda(y_\phi(i))\right]$$

であり、$\mathcal{J}^{(1)}(f_\phi)$ は前節で推薦枠経由のKPIの最大化を考えていたときの真の目的関数 $\mathcal{J}(f_\phi)$ に一致しています。したがって、

$$\hat{\mathcal{J}}_{IPS}^{(1)}(f_\phi; \mathcal{D}) = \frac{1}{N} \sum_{j=1}^{N} \sum_{i \in [m]} \frac{C(u_j, i, K(u_j, i))}{CTR(u_j, i)} \cdot R(u_j, i) \cdot \lambda(y_\phi(i))$$

という推定量を定義すると、これは $\mathcal{J}^{(1)}(f_\phi)$ に対する不偏性を満たします*3。すなわち、ここで新たに考えなければならないのは $\mathcal{J}^{(0)}(f_\phi)$ をログデータから近似する方法です。例によって、観測不可能な $\mu^{(0)}(\cdot)$ を、単に推薦枠非経由で観測される目的変数で置き換えて近似する次のナイーブ推定量の性質を調べ、推定量構築に活かします。

---

*3 $\mathbb{E}_{u,K,C,R}[\hat{\mathcal{J}}_{IPS}(f_\phi; \mathcal{D})] = \mathcal{J}^{(1)}(f_\phi)$

$$\begin{aligned}\hat{\mathcal{J}}^{(0)}_{naive}(f_\phi; \mathcal{D}) &= \frac{1}{N}\sum_{j=1}^{N}\sum_{i\in[m]:K(u_j,i)=0} R(u_j,i)\cdot\lambda(y_\phi(i)) \\ &= \frac{1}{N}\sum_{j=1}^{N}\sum_{i\in[m]} \mathbb{I}\{K(u_j,i)=0\}\cdot R(u_j,i)\cdot\lambda(y_\phi(i))\end{aligned}$$

$\mathbb{I}\{\cdot\}$ は指示関数です。このナイーブ推定量では真の目的関数 $\mathcal{J}^{(0)}(f_\phi)$ における観測不可能な $\mu^{(0)}(\cdot)$ を、推薦枠非経由（ $K(u,i)=0$ ）で観測される目的変数 $R(u,i)$ により置き換えています。$\mu^{(0)}$ が、推薦枠非経由で観測される目的変数の期待値であることを思い出せば自然でしょう。ここでも、このナイーブ推定量の期待値がどのような形をしているのかを計算して確かめます。

ある確率的ランキングシステム f_ϕ が与えられたとき、ナイーブ推定量 $\hat{\mathcal{J}}^{(0)}_{naive}(\pi_\phi; \mathcal{D})$ の期待値は次のように計算できます。

$$\begin{aligned}&\mathbb{E}_{u,K,R}\left[\hat{\mathcal{J}}^{(0)}_{naive}(f_\phi; \mathcal{D})\right] \\ &= \mathbb{E}_{u,K,R}\left[\frac{1}{N}\sum_{j=1}^{N}\sum_{i\in[m]} \mathbb{I}\{K(u_j,i)=0\}\cdot R(u_j,i)\cdot\lambda(y_\phi(i))\right] \\ &= \frac{1}{N}\sum_{j=1}^{N}\mathbb{E}_u\left[\sum_{i\in[m]}\mathbb{E}_{K,R}\left[\mathbb{I}\{K(u_j,i)=0\}\cdot R(u_j,i)\right]\cdot\lambda(y_\phi(i))\right] \\ &= \mathbb{E}_u\left[\sum_{i\in[m]}\mathbb{E}_{K,R}\left[\mathbb{I}\{K(u,i)=0\}\cdot R(u,i)\right]\cdot\lambda(y_\phi(i))\right] \\ &= \mathbb{E}_u\left[\sum_{i\in[m]}\mathbb{E}_K[\mathbb{I}\{K(u,i)=0\}]\cdot\mathbb{E}_R[R(u,i)\mid K(u,i)=0]\cdot\lambda(y_\phi(i))\right] \\ &= \mathbb{E}_u\left[\sum_{i\in[m]} e(u,i,0)\cdot\mu^{(0)}(u,i)\cdot\lambda(y_\phi(i))\right] \\ &= \sum_{u\in[n]} p(u)\sum_{i\in[m]} e(u,i,0)\cdot\mu^{(0)}(u,i)\cdot\lambda(y_\phi(i))\end{aligned}$$

なおここでは、

$$\begin{aligned}\mathbb{E}_K[\mathbb{I}\{K(u_j,i)=0\}] &= \sum_{k=0}^{L} \mathbb{I}\{k=0\} \cdot P(K(u_j,i)=k) \\ &= P(K(u_j,i)=0) \\ &= e(u_j,i,0)\end{aligned}$$

であることを用いました。

さてここで期待値を計算した $\mathcal{J}^{(0)}(f_\phi)$ に対するナイーブ推定量は、**推薦されにくいデータを必要以上に重視してしまう**設計になってしまっています。このことは、ナイーブ推定量において $\mu^{(0)}(u,i) \cdot \lambda(y_\phi(i))$ が、ユーザ u_j にアイテム i を**推薦しない確率** $e(u_j,i,0)$ で重み付けられていることから分かります。

最後にナイーブ推定量の期待値計算に基づいて、$\mathcal{J}^{(0)}(f_\phi)$ に対する妥当な推定量を導きます。ここでもシンプルに $e(u_j,i,0)$ と抽出したい $\mu^{(0)}(u_j,i) \cdot \lambda(y_\phi(i))$ が単純な積の形で出現していることが分かります。したがって、ユーザ u にアイテム i が推薦されない確率の逆数で推薦枠非経由で観測される目的変数をあらかじめ重み付けることで、$\mathcal{J}^{(0)}(f_\phi)$ に対する推定量を構築できそうです。

最後の考察に基づいて、新たな推定量を定義してみましょう。

$$\begin{aligned}&\hat{\mathcal{J}}^{(0)}_{IPS}(f_\phi;\mathcal{D}) \\ &= \frac{1}{N}\sum_{j=1}^{N} \sum_{i\in[m]:K(u_j,i)=0} \frac{1}{e(u_j,i,0)} \cdot R(u_j,i) \cdot \lambda(y_\phi(i)) \\ &= \frac{1}{N}\sum_{j=1}^{N} \sum_{i\in[m]} \frac{\mathbb{I}\{K(u_j,i)=0\}}{e(u_j,i,0)} \cdot R(u_j,i) \cdot \lambda(y_\phi(i))\end{aligned}$$

ここでは、ユーザ u にアイテム i が推薦されない確率 $e(u,i,0)$ の逆数で推薦枠非経由の目的変数 R を重み付けた推定量を定義しました。最後に、この推定量が真の目的関数 $\hat{\mathcal{J}}^{(0)}_{IPS}(f_\phi;\mathcal{D})$ を近似できているのかを確認します。

$$
\begin{aligned}
&\mathbb{E}_{u,K,R}\left[\hat{\mathcal{J}}_{IPS}^{(0)}(f_\phi;\mathcal{D})\right] \\
&= \mathbb{E}_{u,K,R}\left[\frac{1}{N}\sum_{j=1}^{N}\sum_{i\in[m]}\frac{\mathbb{I}\{K(u_j,i)=0\}}{e(u_j,i,0)}\cdot R(u_j,i)\cdot\lambda(y_\phi(i))\right] \\
&= \frac{1}{N}\sum_{j=1}^{N}\mathbb{E}_u\left[\sum_{i\in[m]}\frac{\mathbb{E}_{K,R}\left[\mathbb{I}\{K(u_j,i)=0\}\cdot R(u_j,i)\right]}{e(u_j,i,0)}\cdot\lambda(y_\phi(i))\right] \\
&= \mathbb{E}_u\left[\sum_{i\in[m]}\frac{\mathbb{E}_{K,R}\left[\mathbb{I}\{K(u,i)=0\}\cdot R(u,i)\right]}{e(u,i,0)}\cdot\lambda(y_\phi(i))\right] \\
&= \mathbb{E}_u\left[\sum_{i\in[m]}\frac{\mathbb{E}_K[\mathbb{I}\{K(u,i)=0\}]}{e(u,i,0)}\cdot\mathbb{E}_R[R(u,i)\mid K(u,i)=0]\cdot\lambda(y_\phi(i))\right] \\
&= \mathbb{E}_u\left[\sum_{i\in[m]}\mu^{(0)}(u,i)\cdot\lambda(y_\phi(i))\right]\quad\because\mathbb{E}_K[\mathbb{I}\{K(u_j,i)=0\}]=e(u_j,i,0) \\
&= \sum_{u\in[n]}p(u)\sum_{i\in[m]}\mu^{(0)}(u,i)\cdot\lambda(y_\phi(i)) \\
&= \mathcal{J}^{(0)}(f_\phi)
\end{aligned}
$$

ということで、IPS推定量の期待値はきちんと真の目的関数 $\mathcal{J}^{(0)}(f_\phi)$ に一致します。この結果はランキングシステム f_ϕ に依存せず成り立つので、$\hat{\mathcal{J}}_{IPS}^{(0)}(f_\phi;\mathcal{D})$ は $\mathcal{J}^{(0)}(f_\phi)$ に対する不偏推定量になっていることが分かります。

この結果と前節であらかじめ導いていた $\mathcal{J}^{(1)}(f_\phi)$ に対する不偏推定量を組み合わせて使えば、プラットフォーム全体で定義されたKPIの最適化を目指す際の真の目的関数に対する不偏推定量を次のように導くことができます。

$$
\begin{aligned}
&\hat{\mathcal{J}}_{IPS}^{(1)}(f_\phi;\mathcal{D})-\hat{\mathcal{J}}_{IPS}^{(0)}(f_\phi;\mathcal{D}) \\
&=\frac{1}{N}\sum_{j=1}^{N}\sum_{i\in[m]}\left(\frac{C(u_j,i,K(u_j,i))}{CTR(u_j,i)}-\frac{\mathbb{I}\{K(u_j,i)=0\}}{e(u_j,i,0)}\right)\cdot R(u_j,i)\cdot\lambda(y_\phi(i))
\end{aligned}
$$

最後に、リストワイズ損失をIPS推定量で近似することで、ログデータから計算可能な目的関数を定義します。

$$
\hat{\mathcal{J}}_{IPS}(f_\phi;\mathcal{D})
$$
$$
= -\frac{1}{N}\sum_{j=1}^{N}\sum_{i\in[m]}\left(\frac{C(u_j,i,K(u_j,i))}{CTR(u_j,i)} - \frac{\mathbb{I}\{K(u_j,i)=0\}}{e(u_j,i,0)}\right)\cdot R(u_j,i)\cdot
$$
$$
\log\frac{\exp(f_\phi(u_j,i))}{\sum_{i'\in[m]}\exp(f_\phi(u_j,i'))}
$$

実際には、この計算可能な目的関数を最小化する基準でランキングシステムを学習し、プラットフォーム全体で定義されるKPIの最適化を目指します。

5.4 PyTorchを用いた実装と簡易実験

本節では、

- 推薦枠経由で観測される目的変数のみを考慮する場合(5.2節)
- 推薦枠外で発生する目的変数も考慮する場合(5.3節)

のそれぞれの学習手順を実装し、半人工データを用いた挙動の検証を行います。

5.4.1 半人工データの生成

性能検証には4章でも登場したMicrosoft Learning to Rank Datasets (MSLR)を使います。ここでは、4章とは異なる前処理をデータに施し、本章の内容に関する性能検証に適した半人工データを生成します。

まず始めに、元のMSLRデータセットに収録されている5段階の嗜好度合いデータを $[0,1]$ のスケールに変換し、$\mu(u,i)=\mathbb{E}[R(u,i)\mid C(u,i,\cdot)=1]$ を生成します。

$$\mu(u,i) = 0.1 + 0.9 \cdot \frac{2^{\mathrm{rel}(u,i)-1}}{2^{\mathrm{rel\_max}} - 1}$$

$\mathrm{rel}(u,i)$ は元のデータセットに付与されている5段階の嗜好度合いデータです。以降、半人工データと現実のつながりを想像しやすくするために $\mu(u,i)$ をコンバージョン確率として具体性を持たせて話を進めます。

次に、プラットフォーム全体で定義されるKPIを扱う状況を半人工データで表現するために、アイテムが推薦されなかったときのコンバージョン確率 $\mu^{(0)}(u,i) = \mathbb{E}[R(u,i) \mid K(u,i) = 0]$ も生成しておきます。ここでは次のようにして $\mu^{(0)}(u,i)$ を生成します。

$$\begin{aligned}\mu^{(0)}(u,i) = \mu(u,i) &+ 0.1 \cdot \mathbb{I}\{\mathrm{rel}(u,i) = 3\} + 0.05 \cdot \mathbb{I}\{\mathrm{rel}(u,i) = 2\} \\ &- 0.1 \cdot \mathbb{I}\{\mathrm{rel}(u,i) = 1\} - 0.05 \cdot \mathbb{I}\{\mathrm{rel}(u,i) = 0\}\end{aligned}$$

すなわち、元データセットで $\mathrm{rel}(u,i) = 1$ や $\mathrm{rel}(u,i) = 0$ となっているデータについては $\mu(u,i) > \mu^{(0)}(u,i)$ であり、推薦枠を活用することでコンバージョン確率の増加が見込めます。よってこれらのアイテムは、プラットフォーム全体で定義されるKPIを扱う場合には優先して推薦すべきアイテムです。一方、元データセットで $\mathrm{rel}(u,i) = 3$ や $\mathrm{rel}(u,i) = 2$ となっているデータについては $\mu(u,i) < \mu^{(0)}(u,i)$ となり、推薦することでコンバージョン確率が減少してしまうので、推薦してはいけないアイテムということになります。仮に推薦枠経由で観測されるコンバージョン確率を最大化したいならば $\mu(u,i)$ のみを考えればよく、この値が大きいアイテムを優先して推薦することを目指せば良いでしょう。一方で、推薦枠非経由で観測されるコンバージョンもKPIに寄与する場合、推薦枠を使ってもコンバージョン確率が増大しないアイテムを推薦することに意味はありません。よってその場合、この半人工データでは $\mathrm{rel}(u,i) = 1$ や $\mathrm{rel}(u,i) = 0$ となるアイテムのみに絞って推薦するのが最善です。このように本節では、**推薦枠内のKPIを追う場合とプラットフォーム全体のKPIを追う場合で推薦すべきアイテムが異なる状況**を検証目的で作り出しています。

5.4.2 PyTorchを用いた実装

次に、推薦枠内のKPIを追う場合とプラットフォーム全体のKPIを追う場合の両方に対応可能なランキングシステムの学習手順を実装します。なおここでも誌面の関係上、重要な部分を抜粋して解説します。実装全体は、https://github.com/ghmagazine/ml_design_book/blob/master/python/ch05/を参照してください。

実装は主に、

1. スコアリング関数の実装
2. 損失関数の実装
3. 学習過程の実装

の3つのパートに分けられます。ただし「スコアリング関数の実装」「学習過程の実装」の2つのパートは4章と同様の内容になるため、解説を割愛します。必要に応じて4.3節の該当部分を確認してください。ここでは4章の実装から変更の必要がある「損失関数の実装」に絞って解説します。

「損失関数の実装」では、4章で実装したMLPScoreFuncのパラメータ ϕ を得る際に用いる損失関数を実装します。具体的には、推薦枠内のKPIを追う場合とプラットフォーム全体で定義されるKPIを追う場合、それぞれのIPS推定量に対応可能なリストワイズ損失関数を実装します。

```
from typing import Optional

from torch import ones_like, FloatTensor
from torch.nn.functional import log_softmax


def listwise_loss(
    scores: FloatTensor, # f_{\phi}
    click: FloatTensor, # C(u,i,k)
    conversion: FloatTensor, # R(u,i)
```

```
    recommend: Optional[FloatTensor] = None, # \mathbb{I}{K(u,i) \neq 0}
    pscore: Optional[FloatTensor] = None, # CTR(u,i)
    pscore_zero: Optional[FloatTensor] = None, # e(u,i,0)
) -> FloatTensor:
    """リストワイズ損失関数."""
    if recommend is None:
      recommend = ones_like(click)
    if pscore is None:
      pscore = ones_like(click)
    if pscore_zero is None:
      pscore_zero = ones_like(click)
    weight = ((click / pscore) - ((1 - recommend) / pscore_zero))
    weight *= conversion
    loss = - weight * log_softmax(scores, dim=-1)
    return loss.sum(1).mean()
```

ここで実装したlistwise_lossは、6つの入力からリストワイズ損失を計算する関数です[*4]。入力はそれぞれ、

- scores：スコアリング関数MLPScoreFuncの出力（$f_{\phi}(u,i)$）
- click：推薦枠内で発生する2値のクリック発生有無データ（$C(u,i,k)$）
- conversion：2値のコンバージョン発生有無データ（$R(u,i)$）
- recommend：アイテムを推薦していたか否かを表す2値変数（$\mathbb{I}\{K(u,i) \neq 0\}$）
- pscore：アイテムiがユーザuに推薦枠内でクリックされる確率（$CTR(u,i)$）
- pscore_zero：アイテムiがユーザuに推薦されない確率（$e(u,i,0)$）

です。これらの情報を与えることでlistwise_lossは、5.3節で定義した次の目的関数を出力するよう実装されています。

＊4　実際はクエリごとに評価値が与えられているドキュメントの数が異なるため、listwise_lossに追加的な工夫をして実装しています。しかしこの点は本書の内容において重要ではないため、4章と同様にここでは省略しています。詳細が気になる方は、GitHubリポジトリを確認してください。

$$\hat{\mathcal{J}}_{IPS}(f_\phi;\mathcal{D})$$
$$= -\frac{1}{N}\sum_{j=1}^{N}\sum_{i\in[m]}\left(\frac{C(u_j,i,K(u_j,i))}{CTR(u_j,i)} - \frac{\mathbb{I}\{K(u_j,i)=0\}}{e(u_j,i,0)}\right)\cdot R(u_j,i)\cdot$$
$$\log\frac{\exp(f_\phi(u_j,i))}{\sum_{i'\in[m]}\exp(f_\phi(u_j,i'))}$$

なお、recommend=Noneとすると推薦有無の情報は使わなくなり、5.2節で扱った推薦枠内のKPIを考慮する場合の目的関数を出力します。また、pscore=Noneやpscore_zero=Noneなどとすることで、バイアスの影響を考慮しないナイーブ推定量を検証目的で出力できます。なお、DR推定量など発展的な推定量に基づいた学習手順を実装したい場合にも、listwise_lossを実装し直すだけで他の部分を変更することなく対応できます。

5.4.3 半人工データを用いた性能検証

本章で扱ったクリック発生後に追加的な目的変数が観測される状況に対応するためのリストワイズ損失関数を実装したところで、半人工データを用いて簡単な性能検証を行います。まずは準備として、オリジナルのMSLRデータセットを読み込んでおきます。

```
from pytorchltr.datasets import MSLR30K

# オリジナルのMSLR30Kデータセットを読み込む
train = MSLR30K(split="train")
test = MSLR30K(split="test")
```

また、本節では一貫して次の実験設定を用いることにします。

```
from torch.optim import Adam

from model import MLPScoreFunc
from train import train_ranker
```

```
# 実験設定
batch_size = 32 # バッチサイズ
hidden_layer_sizes = (10,10) # 多層パーセプトロンの構造
learning_rate = 0.0001 # 学習率
n_epochs = 200 # エポック数

torch.manual_seed(12345)
# スコアリング関数
score_fn = MLPScoreFunc(
    input_size=train[0].features.shape[1],
    hidden_layer_sizes=hidden_layer_sizes,
)
# モデルパラメータの最適化手法
optimizer = Adam(score_fn.parameters(), lr=learning_rate)
```

準備ができたところで、性能検証を行います。最初に検証するのは、**推薦枠経由**のKPIを扱う場合のナイーブ推定量とIPS推定量のランキング性能です。これは著者が実装したtrain_rankerという関数を用いて検証できます。train_rankerの実装自体は、性能検証が目的で一般性はないため詳細な解説は行いません*5。ここでは次のように、train_rankerに実験設定や用いる推定量を与えることでテストデータにおけるランキング性能(nDCG@10)の推移を出力します。

```
ndcg_score_list_ips = train_ranker(
    score_fn=score_fn, # スコアリング関数
    optimizer=optimizer, # モデルパラメータ最適化手法
    estimator="ips-via-rec", # 推定量. 'naive' or 'ips-via-rec'
    objective="via-rec", # KPI設定. 'via-rec' (推薦枠経由) or `platform`
    train=train, # トレーニングデータ
    test=test, # テストデータ
    batch_size=batch_size, # バッチサイズ
    n_epochs=n_epochs, # エポック数
)
```

*5 内部実装は、https://github.com/ghmagazine/ml_design_book/blob/master/python/ch05/train.py から確認できます。

estimatorに"naive"を設定することで、ナイーブ推定量を用いてバイアスの影響を無視したときのランキング性能を検証できます。またobjectiveに"via-rec"と指定することで、推薦枠経由で観測されるコンバージョン確率をKPIに設定する場面を想定して性能検証を行うことにしています。ここではestimatorとして"naive"と"ips-via-rec"を設定することで、

- ナイーブ推定量を用いたとき
- 推薦枠経由のKPIを扱うためのIPS推定量を用いたとき

のそれぞれについてスコアリング関数 f_ϕ を学習しました。そして得られたスコアリング関数のテストデータにおけるランキング性能(nDCG@10)の推移を図5.5に描画しました[*6]。

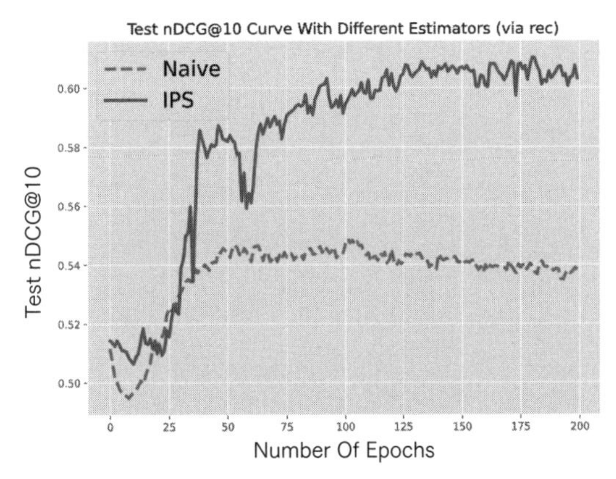

■ 図5.5／推薦枠経由で観測されるコンバージョン数をKPIに設定した場合のランキング性能の比較

縦軸はテストデータに対するnDCG@10を、横軸は学習におけるエポック数を表しています。なお、テストデータに対するnDCG@10は真のコンバージョン確率 $\mu(u,i)$ をそのまま使って次のように計算しています。5.2節で設定した我々が本来解きたかった次の問題を思い出せば自然でしょう。

＊6　図5.5~図5.6について、カラーバージョンはhttps://github.com/ghmagazine/ml_design_book/tree/master/python/ch05のnotebookファイルをご覧ください。

$$\mathcal{J}(f_\phi) = \sum_{u \in [n]} p(u) \sum_{i \in [m]} \mu(u,i) \cdot \lambda_{nDCG@10}(y_\phi(i))$$

さて図5.5では、IPS推定量を用いてバイアスに対応しながらスコアリング関数を学習した際の性能を実線で、ナイーブ推定量を用いてバイアスの存在を無視したときの性能を点線で描いています。この結果を見ると、ナイーブ推定量を用いてバイアスの存在を無視すると、性能の面でIPS推定量に大きく劣ってしまうことが分かります。この検証から、クリック発生後にコンバージョンなど追加的な目的変数が観測される設定においても、実環境と観測データの間に存在するバイアスの影響を考慮することがランキング性能を担保する上で重要であることが確認できます。

次に、KPIが**プラットフォーム全体で観測されるコンバージョン確率**で定義されていた場合の性能を検証します。これは、train_ranker関数においてobjective="platform"と設定することで検証可能です。

```
ndcg_score_list_ips_platform = train_ranker(
    score_fn=score_fn,
    optimizer=optimizer,
    estimator="ips-platform",
    objective="platform", # プラットフォーム全体でKPIを定義
    train=train,
    test=test,
    batch_size=batch_size,
    n_epochs=n_epochs,
)
```

ここではobjective="platform"とすることで、KPIがプラットフォーム全体で定義されるものであるとしています。これにより5.3節で設定した推薦によるコンバージョン確率の増加量が大きいアイテムをより上位に並べられているかどうかを定量化した次の指標でランキングシステムの性能を評価できます。

$$\mathcal{J}^{(1)}(f_\phi) - \mathcal{J}^{(0)}(f_\phi)$$
$$= \sum_{u \in [n]} p(u) \sum_{i \in [m]} (\mu(u,i) - \mu^{(0)}(u,i)) \cdot \lambda_{nDCG@10}(y_\phi(i))$$

また、estimatorに"ips-platform"と設定することで、プラットフォーム全体のKPIを扱う場合の次のIPS推定量をもとにランキングシステムを学習できます。

$$\hat{\mathcal{J}}^{(1)}_{IPS}(f_\phi;\mathcal{D}) - \hat{\mathcal{J}}^{(0)}_{IPS}(f_\phi;\mathcal{D})$$
$$= \frac{1}{N}\sum_{j=1}^{N}\sum_{i \in [m]} \left(\frac{C(u_j,i,K(u_j,i))}{CTR(u_j,i)} - \frac{\mathbb{I}\{K(u_j,i)=0\}}{e(u_j,i,0)} \right) \cdot R(u_j,i) \cdot \lambda(y(i))$$

一方objective="platform"と設定した上で、estimatorに"ips-via-rec"と設定すると、**プラットフォーム全体のKPIを扱っているにもかかわらず推薦枠経由のKPIを扱うためのIPS推定量を目的関数として用いてしまう食い違い**を再現できます。これにより、バイアスの存在には気を払っていたものの推薦枠経由のKPIとプラットフォーム全体のKPIを追う場合でとるべき方針が異なることに気づいていなかった状況におけるランキングシステムの挙動を検証できます。ここではestimatorとして、"naive"・"ips-via-rec"・"ips-platform"を使い分けることで、

- ナイーブ推定量を用いたとき
- 推薦枠経由のKPIを扱うためのIPS推定量を用いたとき
- プラットフォーム全体のKPIを扱うためのIPS推定量を用いたとき

のそれぞれでスコアリング関数f_ϕを学習しました。そして得られたスコアリング関数のテストデータにおけるランキング性能（nDCG@10）の推移を、図5.6に描画しました。

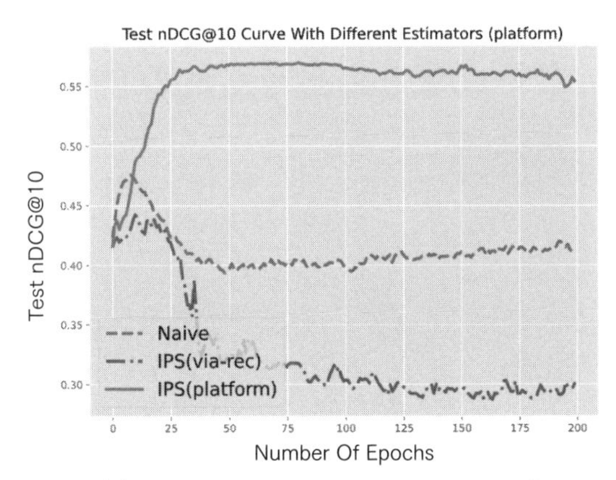

■ 図5.6／プラットフォーム全体で観測されるコンバージョン数をKPIに設定した場合のランキング性能の比較

面白い現象が起こっています。まずは、estimator="ips-platform"と設定したときのランキング性能が最も良いことが確認できます。ここではプラットフォーム全体のKPIを扱っている場面を想定した目的関数で評価していましたから、バイアスの扱いについて考える前にまずは設定されたKPIを追求するための理想的な方針をきちんと突き止めた上で先に進むことが重要であることが分かります。次に、estimator="ips-via-rec"と設定したときの性能が最も悪くなっていることが見てとれます。またよく見てみると、ナイーブ推定量を使ったときの性能よりも悪くなっているのと同時に、学習が進むにつれてプラットフォーム全体で定義されたKPIをむしろ悪化させてしまっています。すなわち、**目指すべき方針を最初に見誤ってしまうと、そのあとの手順がいくら完璧だったとしても、不利益を被ってしまう可能性がある**ことが分かります。

本節で行った検証では、実践でよく見られる「推薦枠内で観測されるKPIは改善されたが、プラットフォーム全体のKPIは改善されなかった」という現象が浮かび上がりました。すなわち、コンバージョン確率が高いアイテムを優先的に推薦する方針をとれば、推薦枠経由のKPIは改善される(図5.5)一方で、そのような単純な方針では、肝心のプラットフォーム全体で定義されるKPIはまったく改善されない(どころか場合によっては逆効果を生じる)可能性があるのです(図5.6)。

5.5 本章のまとめと発展的な内容の紹介

本章では、発展的かつ実践的な内容としてクリックに加えてKPIと直接関連のある目的変数がクリック発生後に観測される状況を扱いました。具体的には、推薦枠経由のKPIとプラットフォーム全体のKPIをそれぞれ観測可能なデータのみから最適化する手順を導出しました。特に推薦枠経由のKPIを扱う場合とプラットフォーム全体で定義されるKPIを扱う場合で、考え方を切り替える必要がある点には注意が必要でした。推薦枠経由のKPIのみを考えている場合は単にコンバージョン確率や期待売上の大きいアイテムを推薦していればよいわけですが、プラットフォーム全体のKPIを追求する際には、推薦枠を使うことによる目的変数の増分が大きい（推薦枠を使うことに意味がある）アイテムを優先して推薦する必要がありました。そもそも自分が目指している目的を達成するためには**どのような方針が適切なのか簡単な数値例を自作することなどにより特定**し、スタートでつまずかないことが重要です。最初に正しい方針を立てることができたら、あとはこれまでと同様のフレームワークを参考にすることで、適切な学習手順にたどり着ける可能性が高まるでしょう。

一方5.3節の性能検証で確認した通り、最初のステップでつまづいて機械学習にちぐはぐな問題を解かせてしまうと、そのあとのステップがたとえ完璧だったとしても望ましい結果が得られないことがあります。機械学習に解かせている問題がそもそも興味がある問題ではない状態で、データ数を増やしたり精度を追求したところで、興味のない問題に対する性能を無意味に改善するだけです。しかしビジネスの現場では、しばしば失敗の原因がデータ数が少ないことや機械学習の精度が悪かったこととして片付けられがちなので注意が必要です。機械学習に解かせている問題が本当に興味がある問題なのか、自問自答しながら細心の注意を払って歩みを進める癖をつけることがやはり重要なのです。

なお本章で扱った内容は、学術コミュニティでも比較的議論が成熟していない先端的なものです。本章で行ったように、自らが扱っている状況をそっくりそのまま記述している論文や書籍が存在しなかったとしても（存在しないのがむしろ普通です)、汎用的なフレームワークに基づき適切な学習手順を導けることが重要です。しいて言えばクリック発生後に追加的な目的変数が観測される設定は、[Saito20]が参考になるでしょう。また[Sato20]は、推薦枠外で発生する目的変数も考慮した推薦・ランキング学習における学習アルゴリズムの設計部分について詳細に記述しており参考になります。

最後になりましたが、これまで1章で本書の核となるフレームワークを導入したあと、2～5章ではそれぞれ異なる問題設定について、機械学習モデルの学習手順を導出する流れを体験してきました。ここでぜひ、「まえがき」と「1章」を読み返してみてください。2～5章まで頭を働かせながら読み進めたあとにこれらの章を読み返すと、最初に読んだときよりも著者の意図が伝わるのではないかと思います。またさらなる学習のために、付録としていくつかの演習問題を用意しています。どれも骨のある問題ですが、これまでの本書の内容で十分基礎的な考え方を学んできているはずですから、付録ではぜひ「自分自身で何を信じるべきか決めなければならない」という実践に近い状況を体感してみてください。

参考文献

- [Sato20] Masahiro Sato, Sho Takemori, Janmajay Singh, and Tomoko Ohkuma. "Unbiased Learning for the Causal Effect of Recommendation." In Proceeding of the Fourteenth ACM Conference on Recommender Systems, 2020, pp. 378-387.
- [Saito20] Yuta Saito. "Doubly Robust Estimator for Ranking Metrics with Post-Click Conversions." In Proceeding of the Fourteenth ACM Conference on Recommender Systems, 2020, pp. 92-100.

付録A

演習問題

本書では1章で根幹となるフレームワークを導入し、2〜5章では問題設定を変えつつ、機械学習を機能させるための手順を導出してきました。「はじめに」の「想定読者と読者に望む姿勢」で述べたように、単に本書の内容を単一の正解として眺めるだけではなく「自分が扱っている問題設定ではこのような手順をとると良さそうだ」「この本では○○という流れで学習につなげているが、私ならこうするだろう」など頭を動かしながら能動的な姿勢で読み進められていたら、相当な実力と自由な感覚が身に付いていることでしょう。とは言いつつも、学生の方やまだ実践で機械学習を活用した経験がない方などにとっては、能動的に取り組むにあたって何を自分で考えれば良いのか材料がないかもしれません。そういった方でも機械学習を実践で活用するための訓練を積めるよう、演習問題をいくつか用意しました。

なお演習問題の解答例は本書では掲載しません。解答例があった方が勉強しやすいと感じる方も多いかもしれませんが、解答例を掲載してしまうとそれに考えが縛られてしまう可能性があり、本書のスタンスにそぐわないと判断しました。骨のある問題が多いですが、これまでに本書で基礎となる考え方を学んできているはずですから、ここではぜひ「自分自身で何を信じるべきか決めなければならない」という実践に近い状況を体感してみてください。もし同僚や知り合いで本書を読んでいる人がいたら、協力して問題に取り組んだり、それぞれの解答を見比べどちらがより適切か議論してみると楽しいかもしれません。

A.1 2章の内容に関連する演習問題

2章では「機械学習実践のための基礎技術」と題し、正確な予測モデルを学習したい場合と高性能な意思決定モデルを学習したい場合について、実践でたどるべき手順を確認しました。ここでは、2章の内容に関連する演習問題を2問用意しました。

演習問題1 施策における重要度がユーザごとに異なる場合の機械学習モデルの学習手順を導出せよ（参考：2.1〜2.2節）

まずはじめに初歩的な問題を用意しました。

2.1節ではセグメント拡張におけるユーザの属性予測の問題を扱いました。「解くべき問題を特定する」ステップでは、次の非会員ユーザに対する期待予測損失を真の目的関数として定義し、予測モデルの学習手順の導出を行いました。

$$\mathcal{J}(f_\phi) = \mathbb{E}_X[\ell(Y, f_\phi(X)) \mid O = 0]$$

また2.2節では、広告画像選択の問題を扱いました。「解くべき問題を特定する」ステップでは、次の期待クリック確率を真の目的関数として定義し、意思決定モデルの学習手順の導出を行いました。

$$\mathcal{J}(\pi_\phi) = \mathbb{E}_X\left[Y(\pi_\phi(X))\right]$$

これらの真の目的関数を定義する際に本書では、「施策に関係するユーザの重要度は等しい」という暗黙の設定を想定していました。しかし実応用では、「昔はよく商品購買していたのに、最近はなかなか商品購買してくれない休眠ユーザに対する広告配信の精度を重視したい」など、施策ごとに優先して予測もしくは意思決定の精度を担保したいユーザ群がいることがあります。ここではユーザiの重要度がw_iで表されるという追加的な設定を想定した場合について、

- 2.1節で扱ったセグメント拡張の問題における予測モデルの学習手順
- 2.2節で扱った広告画像選択の問題における意思決定モデルの学習手順

をそれぞれ修正してみてください。また余裕がある人は、

- 自分が導いた学習手順をscikit-learnを用いて実装する方法
- 自分が過去に経験したプロジェクトで実際にあった制約や特殊事情を目的関数の特定や観測構造のモデル化に見込んだ場合の学習手順

について考えてみると、より良い勉強になるでしょう。

演習問題 2 メールによるクーポン配布施策において性能を発揮できる機械学習モデルの学習手順を導出せよ（参考：2.1～2.2節）

次に、実践でよくありそうなメール配信が絡む施策に関する問題を用意しました。

Eコマースサイトなどでは、購買行動を刺激するためにユーザにメールでクーポンを配布する施策を行うことがあります。ここでは売上を最大化すべく、ユーザごとにどのクーポンを配れば良いかを決定する機械学習モデルを得たいとします。問題に具体性を持たせるため、クーポンは3種類あるとしておきましょう。クーポンの種類（○○円以上ご購入の場合につき、XX円割引など）が違えば、割引金額や利用条件などが違うとします。またクーポンを配らない（メールを配信しない）という選択肢も考慮することにしましょう。この手のメール配信を快く思わないユーザに対してわざわざメールを送ることは、逆効果になりかねないからです。

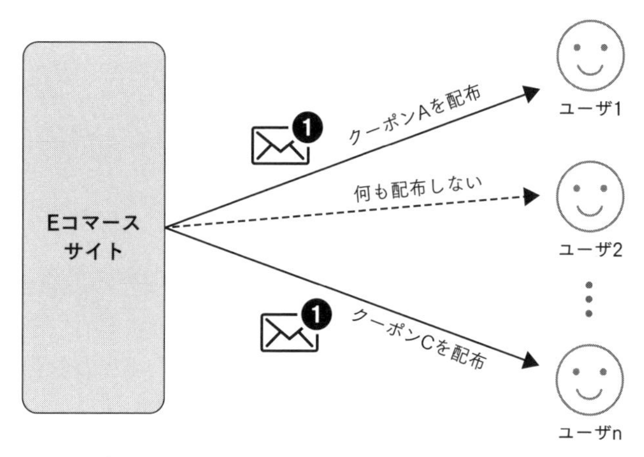

■ 図 A.1／メール配信によるクーポン配布施策

▼ 表 A.1／メール配信によるクーポン配布施策において活用可能なログデータの例

ユーザ	メール配布有無	配布したクーポンの種類	支払い金額
ユーザ1	あり	クーポンA	3000
ユーザ2	なし	配布なし	0
ユーザ3	あり	クーポンB	500
…	…	…	…
ユーザn	なし	クーポンC	0

図A.1にメールによるクーポン配布施策の簡単なイメージを示しました。また表A.1に、クーポン配布の問題で活用できるログデータの例を示しました。これらと主に2章の内容を参考にしながら、売上最大化のためにたどるべき手順を丁寧に記述してみましょう。この問題も基本的には、本書で繰り返しなぞってきた以下の手順を参考に進めると良いでしょう。

1. クーポン配布の問題におけるデータ観測構造のモデル化・ログデータの記述
2. 理想的に解きたい問題・真の目的関数の特定（簡単な数値例を自作して、どの問題を機械学習に解かせるべきか丁寧に検討すると良い）
3. ログデータを用いた真の目的関数の近似
4. 自らが導出した学習手順の実装方法

またここで導入した問題設定が少々単純すぎる、自分が扱っている問題ではもっと複雑な事情(プラットフォームの収益構造など)がある、という方は各自で問題設定を微調整した上で学習手順の導出に取り組んでみると良いでしょう。

A.2 3章の内容に関連する演習問題

3章では「Explicit Feedbackを用いた推薦システム構築」と題して、ユーザがアイテムに付与するレーティングデータなどの正確な嗜好度合いデータが手に入っていた場合の推薦システム構築手順を導出しました。特に、ユーザとアイテムのペアごとに嗜好度合いデータが観測される確率が異なることに由来するバイアスの存在を認識し、それに対処することが重要でした。ここでは、3章の内容に関連する演習問題を1問用意しました。

演習問題 3 Explicit Feedbackに基づいて直接的にランキング性能を最適化するための学習手順を導出せよ(参考:3.3節)

3章では導入として推薦システム構築を嗜好度合いデータに対する予測誤差の最小化問題として定式化していました。仮に嗜好度合いの正確な予測値が必要な問題に立ち向かっているのであればこの選択もあり得るでしょう。しかし4章や5章でそうしたように、3章のExplicit Feedbackが得られている場合でも予測精度ではなく推薦の意思決定の性能やランキング性能がビジネス上の興味であることがほとんどです。ここでは4章の内容を適宜参考にしつつ、3章のExplicit Feedbackが得られている設定においてランキング性能(加法的ランキング評価指標)を最大化するための学習手順を導出してみてください。

A.3 4章の内容に関連する演習問題

4章では「Implicit Feedbackを用いたランキングシステム構築」と題して

- ポジションバイアスのみを考慮する場合
- ポジションバイアスとアイテム選択バイアスを考慮する場合
- ポジションバイアスとクリックノイズを考慮する場合

のそれぞれについて、データの観測構造のモデル化とそれに基づいた真の目的関数に対する推定量を導出する手順を追いました。ここでは、これら4章の内容に関連する演習問題を4問用意しました。

演習問題 4 アフィン推定量の不偏性を簡易な数値例を自作して確認せよ(参考:4.2.4項)

肩慣らしのための問題です。ポジションバイアスのみを考慮する場合のIPS推定量やアイテム選択バイアスも考慮する場合のpolicy-aware推定量については簡単な数値例を用意し、推定量の不偏性を具体的に手を動かしながら確かめました[*1]。この計算は、推定量の扱いに慣れさせてくれるだけではなく、単にローマ字が羅列された数式を見つめているだけでは気づかない推定量の性質を教えてくれることがあります。ここでは、ポジションバイアスとクリックノイズを考慮する場合を想定して導出したアフィン推定量の不偏性を自分自身で数値例を作成して確かめてみてください。

演習問題 5 ポジションバイアス+アイテム選択バイアス+クリックノイズのすべてを考慮する場合の学習手順を導出せよ(参考:4.2節)

4章では、ポジションバイアスのみを考慮する場合、ポジションバイアスとアイテム選択バイアスを考慮する場合、そしてポジションバイアスと

＊1 IPS推定量に関する数値例は表4.2付近に、policy-aware推定量に関する数値例は表4.5付近に掲載しています。

クリックノイズを考慮する場合について、ランキングシステムの学習手順を導出しました。その他のあり得るパターンとして「ポジションバイアス・アイテム選択バイアス・クリックノイズのすべてのバイアスを見込む場合」のモデル化と推定量を考えることもできます。ここでは、3種類すべてのバイアスに対応できるデータ観測構造のモデル化とそれに基づく真の目的関数の推定量を導出してみましょう。この問題まで自力で解くことができたら、本章で扱っている内容を臨機応変に応用するための基礎が身に付いていると言って良いでしょう。

演習問題 6 メール配信を通じてアイテムを推薦するためのランキングモデルの学習手順を導出せよ（参考：2.1節・4.2節）

ここでは、メール配信を通じてユーザにおすすめアイテムをランキングで提示するためのランキングモデルの学習に関する問題を用意しました。

Amazon などのEコマースサイトやNetflix・Spotify などのコンテンツ配信プラットフォーム、その他類似のサービスを利用している方は「新着のおすすめ商品」などが詰め込まれたメールを受信することがあるのではないでしょうか。ここでは、そのようなメール配信を通じた推薦施策のためのランキングモデルの学習手順を導出してみましょう。

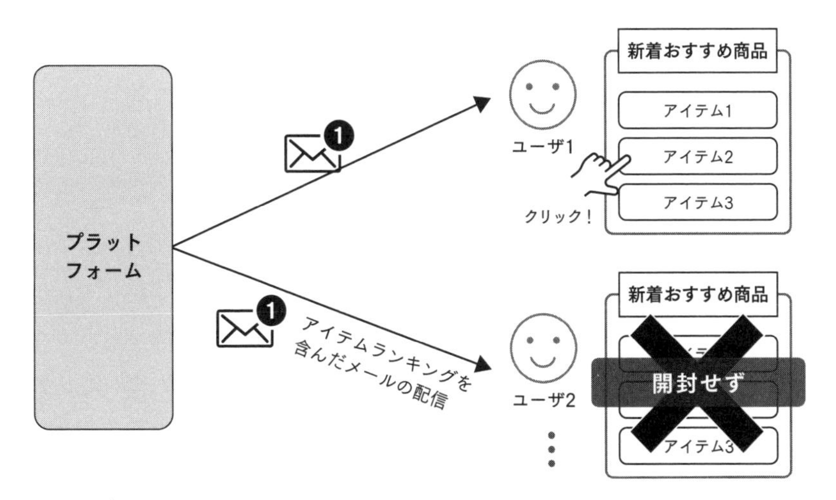

■ 図 A.2／メール配信を通じた推薦施策

図A.2にメール配布を通じた推薦施策の問題のイメージを示しました。ここで注意が必要なのが、ユーザがメールを開封してくれなければアイテムのクリックは発生し得ないということです。図A.2の例では、ユーザ1はメールを開封した上で2番目のアイテムをクリックしたようですが、ユーザ2はメールを開封しておらず、ランキングそのものを見ていないようです。そのことを踏まえた上で、次の流れを参考にランキングモデルの学習手順を導いてみましょう。

1. メール配信を通じた推薦施策におけるデータ観測構造のモデル化・ログデータの記述
2. 理想的に解きたい問題・真の目的関数の特定
3. ログデータを用いた真の目的関数の近似
4. (必要ならば) バイアスパラメータ (PBMにおける $\theta(k)$ に対応するものなど) をログデータから推定する方法

演習問題 7　スクロールログが活用できるケースについてランキングモデルを学習する手順を導出せよ。またスクロールログを活用することで得られるメリットを説明せよ (参考：4.2節)

ここでは、実践的かつ手応えのある問題を用意しました。4章で解説した通り、ポジションバイアスパラメータ $\theta(k)$ を推定するためには、Pair Result RandomizationやRegression-EMなど少々面倒な手順を踏む必要がありました。しかし、これは4章で扱った「どのポジションでどのアイテムがクリックされたか」というクリック発生有無の情報のみがログデータとして残っている設定での話です。実は追加的な情報が手に入っている場合、この手順をかなり単純化できる可能性があります。ここでは、その追加的な情報として**スクロールログ**が残っている状況を考えます。スクロールログとは、ユーザが推薦枠のどのポジションまでスクロールしたのかを表す情報のことです。このスクロールログが明示的に記録されていなくても、スクロールしたポジションまでのクリック発生有無しかログとして残っていなければ、その情報をもとにスクロールログを事後定義できるため、この問題の状況に当てはまります。

ポジション	アイテム	嗜好情報	スクロール有無	クリック発生有無
k=1	アイテム1	観測不可能	**スクロールされた**	**発生**
k=2	アイテム2			未発生
…	…		スクロールされなかった	…
k=9	アイテム9			未発生
k=10	アイテム10			未発生

■ **図 A.3**／スクロールログが得られる状況で観測される情報の例

図A.3にスクロールログの視覚的なイメージを示しました。このように**ユーザがどのポジションまでスクロールしたのか**という情報がログデータに入っている状況をこの問題では想定します。このスクロールに関する追加情報をうまく活用することで、より簡単に実行可能なランキングシステムの学習手順を導出してみてください。なおこの問題ではポジションバイアスのみを見込むことにし、次の4つの要素を自ら構築することを想定しています。

1. スクロールログが観測される状況におけるデータ観測構造のモデル化・ログデータの記述
2. 理想的に解きたい問題・真の目的関数の特定
3. ログデータを用いた真の目的関数の近似
4. (必要ならば) バイアスパラメータ (PBMにおける $\theta(k)$ に対応するもの) をログデータから推定する方法

最後に、自作したモデル化や推定量が想定通りに挙動するための条件やスクロールログを活用することで得られるメリットについて議論してみてください。

A.4 5章の内容に関連する演習問題

5章では発展的な話題として、クリック発生後にコンバージョンなどの追加的な情報が観測される場合において、推薦枠内で定義されるKPIやプラットフォーム全体で定義されるKPIを扱うための手順を導出しました。ここでは、5章の内容に関連する演習問題を3問用意しました。

演習問題 8 プラットフォーム全体で定義されるKPIを扱うためのIPS推定量をDR推定量に拡張せよ。またその不偏性を確かめよ（参考：5.3節）

とても単純な問題です。5.3節では、プラットフォーム全体で定義されるKPIを扱うために次のIPS推定量を導出しました。

$$
\begin{aligned}
&\hat{\mathcal{J}}^{(1)}_{IPS}(f_\phi;\mathcal{D}) - \hat{\mathcal{J}}^{(0)}_{IPS}(f_\phi;\mathcal{D}) \\
&= \frac{1}{N}\sum_{j=1}^{N}\sum_{i\in[m]}\left(\frac{C(u_j,i,K(u_j,i))}{CTR(u_j,i)} - \frac{\mathbb{I}\{K(u_j,i)=0\}}{e(u_j,i,0)}\right)\cdot R(u_j,i)\cdot\lambda(y(i))
\end{aligned}
$$

5.2節で推薦枠内で定義されるKPIを扱った際はDR推定量への拡張まで解説していましたが、5.3節ではあえてIPS推定量までの説明に留めていました。ここでは、プラットフォーム全体で定義されるKPIを扱う際のDR推定量を定義してみてください。また自ら定義したDR推定量が、IPS推定量と同様に5.3節における真の目的関数 $\mathcal{J}(f_\phi)$ に対して不偏であることを期待値計算により確かめてみてください。

演習問題 9 DR推定量を用いる際に必要な予測モデル $\hat{\mu}(u,i)$ をログデータから得る手順を導出せよ（参考：5.2節）

5.2節では推薦枠内のKPIを扱うためのIPS推定量を導出してから、それをDR推定量へと拡張しました。これは次のように定義される推定量でした。

$$\hat{\mathcal{J}}_{DR}(f_\phi;\mathcal{D}) = \frac{1}{N}\sum_{j=1}^{N}\sum_{i\in[m]}\left(\frac{C(u_j,i,K(u_j,i))}{CTR(u_j,i)}(R(u_j,i)-\hat{\mu}(u_j,i))+\hat{\mu}(u_j,i)\right)\cdot\lambda(y_\phi(i))$$

さてこのDR推定量の定義に登場する $\hat{\mu}(u,i)$ は $\mu(u,i)$ を近似するための予測モデルであり、私たち自身がデータから獲得しなければなりません。そこで、5.2節で我々に与えられた学習データ $\mathcal{D}$ のみを用いて $\hat{\mu}(u,i)$ を得る（正確には $\hat{\mu}_\phi$ と定義したときのパラメータ ϕ を得る）ための手順を導出してみてください。この問題は、おおよそ次の手順で進めると良いでしょう。

0. （データの観測構造のモデル化）
1. 理想的に解きたい問題・真の目的関数の特定
2. ログデータを用いた真の目的関数の近似

データの観測構造のモデル化はすでに5.2節で終えているので、ここでは0番目のステップとしました。よってこの演習問題で考えるべきなのは「1. 理想的に解きたい問題・真の目的関数の特定」と「2. ログデータを用いた真の目的関数の近似」です。本節のランキングシステムを学習する目的で出現したDR推定量内部に登場する $\hat{\mu}(u,i)$ を得るという本書では深く踏み込んでいない副次的な工程をここでは格好の練習題材ととらえ、そのあるべき学習手順を導出してみましょう。

演習問題 10　クリックデータとクリック発生後に観測される目的変数の両方を余すことなく活用してランキング精度を向上させる方法を導出せよ（参考：5.2〜5.3節）

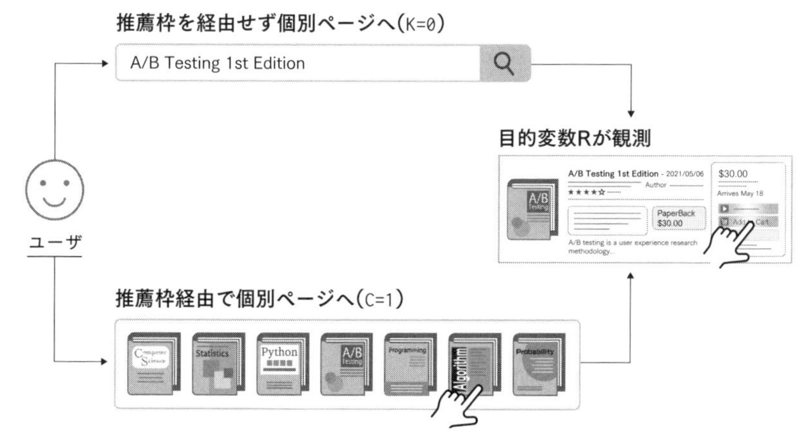

■ 図 A.4／目的変数の観測にいたるユーザ行動

最後に難易度と自由度が高い問題を用意しました。5章では頑なに最終的に観測されるコンバージョンなどの情報 $R(u,i)$ のみをいわゆる目的変数として活用し、ランキングシステムの構築につなげてきました。コンバージョンはたしかにビジネスKPIと直接的に結びついている場合が多いものの、現実世界では疎（スパース）である場合も多く、適切な手順を導出できたとしても学習が難しい可能性があります。よってここでは、5章では活用していなかったクリックデータ $C(u,i,k)$ にも目的変数としての役割を担わせることで、利用可能な情報源を余すことなく活用した学習手順を導いてみましょう。この問題では、次の4つの要素を自ら構築することを想定しています。

1. クリックデータにも目的変数としての役割を想定したデータ観測構造のモデル化
2. 理想的に解きたい問題・真の目的関数の特定
3. ログデータを用いた真の目的関数の近似
4. 導出した真の目的関数の近似方法に基づくランキングシステムの学習

演習問題はこれで以上です。ぜひ自分なりの機械学習の実践手順を自在にデザインする過程を楽しんでください。

あとがき

本書では、これまで語られてこなかった**機械学習の実践においてたどるべき思考回路**を扱いました。1章では機械学習を機能させるために必要なステップを記したフレームワークを導入し、2〜5章では厳選した実践トピックに対してフレームワークを適用する流れを繰り返し体験しました。

これから各自が取り組んでいる問題に本書の内容を応用するためにも、基礎知識をある程度吸収することは必要でしょう。しかし、本書を正解が書かれたものとして受動的に消費するだけでは限られた問題設定にしか対応できず、未知の状況に立ち向かうための応用力が身に付くことはありません。実践では、自力で機械学習が機能する状況を導かねばならないのです。したがって、自分自身が今現在取り組んでいるプロジェクトもしくは過去に取り組んでいたプロジェクトについて

- 機械学習にどんな問題を解かせるべきだろうか
- データの観測構造はどのようにモデル化すべきだろうか
- 目的関数をいかに観測データから近似すべきだろうか
- プロジェクトに存在する特殊事情は機械学習や施策の性能にどのような影響を及ぼすだろうか

などを自分で考えたり、手を動かして書き起こしてみることがとても大事です。またこういった取り組みの中で、自分が持っているモデル化や推定に関する選択肢・武器が足りないと感じることがあるでしょう。そんなときは、論文のサーベイが役立ちます。ただし研究者は、皆さんが取り組んでいる固有の問題に対する解を考えているわけではありませんから、論文はあくまで基礎となる選択肢を増やしてくれるものと捉えるのが良いでしょう。例えば、本書で登場したIPS推定量やDR推定量よりも洗練され、より正確な推定が可能だとされる推定量を論文から仕入れたとします。しかし、その論文による推定量の定義をそのまま応用できるとは限りません。なぜならば、推定量をどのように使うべきかは、推定について考えるよりも前の段階であるデータの観測構造のモデル化などに依存して変化するからで

す。よって論文から仕入れた手法をそのまま使ってみたところで、成果に直結するわけではありません。あくまで我々自身が、それらを修正したり組み合わせたりしながら独自の学習手順を作り上げなければならないのです。そしてこういった泥臭い鍛錬や実践を積み重ねてこそ、本書が一貫して説いてきた根源的な考え方が真価を発揮するのです。本書の目標が達成されるか否かの最後のワンピースは、みなさんの能動的な取り組みです。

さて本書の執筆は当初、機械学習と因果推論を融合した「反実仮想機械学習（Counterfactual Machine Learning；CFML）」に関する理論や方法論を解説する内容を想定して出発しました。しかしその内容で執筆を進める中で、**理論や方法論に焦点を当てているだけでは執筆した内容をそのまま受け取ってもらうことしかできず、反実仮想機械学習の分野から学ぶべき思考法を伝えることはできない**というモヤモヤが募っていきました。私自身がこれまでに多くの実践者と会話する中で感じてきた**理論・方法論と実践の間に存在するギャップ**を自分ならではの方法で書き残してみたい、という気持ちが執筆を進める中でくすぐられたのでしょう。より多くの機械学習エンジニアやデータサイエンティストの問題意識に関連し、かつまだ誰も解説していない**機械学習の実践においてたどるべき思考回路**を、未知の状況に対しても応用可能な汎用的なものとして書き残すことに面白味を感じたのです。それは前例がないという意味で困難な挑戦になることは目に見えていましたが、そのような挑戦をしないのであればわざわざ時間をかけて執筆する意味がないと思い、そちらへ舵を切ることにしました。私のわがままを快く受け入れ、思う存分書きたい内容を書かせてくれた関係者の皆様には頭が上がりません。本書が機械学習を実践で活用する上での一助となり、ひいては多くの実践者の教養として受け入れられることを願っています。

謝辞

本書の執筆は、多くの方のご協力に支えられ成り立っていました。

安井さんは、私がまだ学部3年生で今よりもさらに何も知らなかった頃に声をかけていただき、サイバーエージェントのAI Labで研究をはじめるきっかけを与えてくれました。この機会が与えられていなければ、本書を執筆するために必要だった知識や発想が得られることはなかったと思います。また安井さんが技術評論社の高屋さんに企画を持ちかけてくれなければ、本書の執筆が始まることはなかったことでしょう。安井さんの長期にわたる多方面からのご協力に改めて感謝します。

またその高屋さんも、書籍の執筆が初めてだった私を根気強く献身的にサポートしてくださいました。私の不安定な執筆ペースに合わせたスケジュール調整などなど、私の見えないところでもたくさん動いてくださっていたことと想像します。また経験の浅い世間知らずな若者に執筆の大半を任せるのは、不確実性が大きな話だったことだろうと思います。出版にこぎつけるまでは執筆に精一杯で今回の経験を振り返る余裕がありませんでしたが、一段落ついた今となっては執筆に関わることができて本当に良かったなと思っていますし、とても勉強になる1年半弱でした。

全編を通じ加筆・修正に合わせて何度もレビューしていただいた江口さん・清水さん・高柳さんにも感謝を申し上げたいと思います。みなさんの実務経験に根ざしたアドバイスと励ましの言葉がなければ、本書を最後まで書き上げることは出来なかったです。

またこれまでに勉強会などでお会いした多くの方々にも感謝させていただきたいです。特に「CFML勉強会」と「RecSys論文読み会」の運営、発表者、参加者の方々に感謝いたします。これらの勉強会で発表を聞いたり、私の発表に対してコメントをいただいたり、また勉強会後の懇親会において機械学習を実応用されている方々とお話しさせていただく中で、徐々に本書のコンセプトが形作られていきました。今後もこれらの勉強会にはできる限り参加し、多くの方と交流を持ち、願わくば次の執筆に向けたアイデアを醸成したいと思っているところです。

齋藤 優太

索引

■著者プロフィール

齋藤優太(Yuta Saito)

2021年に、東京工業大学で経営工学学士号を取得。大学在学中から、因果推論と機械学習の融合技術(反実仮想機械学習)や、バイアスを含むユーザの行動ログに基づく推薦・ランキング学習に関する研究を行う。その過程で、ICML・RecSys・SIGIR・WSDM・SDMなどの機械学習・データマイニング領域におけるトップレベル国際会議にて査読付論文を発表。2020年には、半熟仮想株式会社を共同創業。以降当社の科学統括として、複数の国内テクノロジー企業との共同研究の取りまとめを担当、専門技術の社会実装や大規模実証研究に取り組み、その研究成果の一部が日本オープンイノベーション大賞・内閣総理大臣賞を受賞。2021年秋からは、Cornell University, Department of Computer Science (Ph.D. program)に進学し、関連領域の研究を継続する。

- Twitter：@usait0
- Website：usaito.github.io

安井翔太(Shota Yasui)

2013年にNorwegian School of Economicsにて経済学修士号を取得しサイバーエージェント入社。入社後は広告代理店にて広告効果検証等を行い，その後2015年にアドテクスタジオへ異動。以降はDMP・DSP・SSPと各種のアドテクプロダクトにおいて，機械学習に関する業務やデータを元にした意思決定のコンサルティングを担当。現在はAILabの経済学チームのリーダーとして経済学と機械学習の融合に関する研究を行う一方で，Data Science Centerの副所長として社内のデータサイエンスプロジェクトのコンサルティングも担当。著書に「効果検証入門」(技術評論社, 2020)がある。

- Twitter：@housecat442
- blog：http://www.housecat442.com/

■制作協力者プロフィール

株式会社ホクソエム(HOXO-M Inc.)

本書の監修を担当。
マーケティング・製造業・医療等の事業領域において、受託研究、分析顧問、執筆活動を展開している。最近は分析顧問案件増加中。各メンバーが修士・博士号取得者であることを生かし、アカデミアとの共同研究も展開。能管(能の笛)を探しています。家族・親戚・知人に蔵をお持ちの方、ご紹介ください。

- 連絡先：ichikawadaisuke@gmail.com

清水琢人(Takuto Shimizu)

本書のレビューを担当。
都内のIT企業で人事データやECサイト注文データ等の分析に従事。
最近興味があることは、因果推論+機械学習、差分プライバシーなどのプライバシー保護技術、shinyによるアプリ開発、スパイスカレー作りなど。

- Twitter: @saltcooky

●カバーデザイン　図エファイブ
●本文デザイン・DTP　BUCH+
●担当　高屋卓也

施策デザインのための機械学習入門
データ分析技術のビジネス活用における正しい考え方

2021年8月17日　初版　第1刷　発行

著　者　齋藤優太、安井翔太
監　修　株式会社ホクソエム
発行者　片岡 巌
発行所　株式会社技術評論社
東京都新宿区市谷左内町21-13
電話　03-3513-6150　販売促進部
03-3513-6177　雑誌編集部
印刷／製本　港北出版印刷株式会社

定価はカバーに表示してあります

ISBN 978-4-297-12224-9 C3055
Printed in Japan

【お問い合わせについて】
本書についての電話によるお問い合わせはご遠慮ください。質問等がございましたら、下記までFAXまたは封書でお送りくださいますようお願いいたします。

〒162-0846
東京都新宿区市谷左内町21-13
株式会社技術評論社雑誌編集部
「施策デザインのための機械学習入門」係
FAX：03-3513-6173

FAX番号は変更されていることもありますので、ご確認の上ご利用ください。
なお、本書の範囲を超える事柄についてのお問い合わせには一切応じられませんので、あらかじめご了承ください。